確率論教程シリーズ
6
池田信行・高橋陽一郎 共編

統計力学
相転移の数理

黒田耕嗣・樋口保成 共著

培風館

本書の無断複写は，著作権法上での例外を除き，禁じられています。
本書を複写される場合は，その都度当社の許諾を得てください。

「確率論教程シリーズ」発刊にあたって

　確率論は，その歴史は古いが，20世紀に飛翔し，数学の一分野として急速に発展するとともに，物理学や生物学，工学などとの関わりの中で大きく広がってきている．20世紀末からは，金融のような実務の世界でも，確率論に基づいた数理ファイナンスが重要な役割を果たすようになった．
　この『確率論教程シリーズ』は，このような現代確率論に関して基礎から応用までその全貌を視野に入れ，確率論の初歩からはじめて，学部や大学院のレベルに至るまでをシリーズ化している．このような試みは日本ではもちろん初めてであり，また世界的にもあまり例がないように思われる．

　古くから人間は偶然性に興味を示していた．遊びを通して偶然性を楽しみ，あるいは，必然と偶然を哲学として論じてきた歴史は長い．しかしながら，その中にひそむ法則を数学の言葉で語ることに成功するためには，パスカルとフェルマが1654年の往復書簡で賭金の公平な分配の問題に取り組むまで待たねばならなかった．このとき確率論が始まったと現在では考えられている．場合の数に基づく確率論は，やがて，当時は創成期にあった微分積分学と結びつき，その最初の興隆期が1812年のラプラスの著書『確率論の解析的理論』が発刊された頃に訪れる．この頃の確率論を古典確率論という．
　現代確率論への飛翔は20世紀の前半に訪れる．その契機になったことが二つある．ひとつは，ウィーナーが1920年代初頭の一連の論文でブラウン運動を論ずるための確率測度の導入に成功したこと，もうひとつは，コルモゴロフが1933年の著書『確率論の基礎概念』でルベーグの考えを用いて確率論の基礎を確立したことである．その頃から現代数学の中に確率論の考えが深く根付きはじめ，また，解析学の諸問題や統計力学をはじめとする新たな諸問題への応用が可能になる．その結果として，確率論は急速に深化するとともに多様化して

大きな広がりをみせる．現在では，個々の課題の研究は独自の展開をみせ，それら自身が一つ体系をつくっていることも多い．一面このような発展にともない，それらの相互のつながりを理解し，確率論の全貌を知ることは容易でなくなっている．

このシリーズでは，その全体を広い範囲の人々に開かれたものとし，多くの読者がこのような確率論の全貌を理解できることを目標としている．また，各巻では，それぞれの課題についてできるだけ単純で典型的な例を通してその本質を明らかにし，課題相互のつながりを前面に浮かびあがらせることを目指している．

たとえば，入門的な2巻『確率論入門 I, II』では，確率論に初めて出合う読者を想定して，多くの場合に論理的な推論はあえて概要にとどめ，仮定は一般性にこだわらず典型的な条件のもとで定理を述べ，話の筋と偶然現象に関する直観的理解を重視して書かれている．また，コンピュータによるシミュレーションを積極的に活用し，確率論の特徴を視覚的に捉える工夫をして，現実の偶然現象と確率論をつなぐ道案内の指針となることを目指した．これらのシミュレーションでは最新の"擬似乱数"を利用している．この2巻に続く『確率過程入門』において，読者は現代数学としての確率論の基礎を学ぶことになる．確率論ではさまざまな偶然現象の時間発展を論じる．これらを取り扱うために，古くから典型的な確率過程が用いられている．このシリーズでは，まず，マルコフ過程やガウス過程などがそれぞれ，どのようなところで，どのように用いられているかを論ずる．さらに，確率論全体の枠組みの中での個々の特徴を探る．それらの議論をふまえて，とくに重要な確率過程のいくつかについては個別に取り上げ，体系的に詳しく紹介する．

また，確率論がフーリエ解析，偏微分方程式論，ポテンシャル論，微分幾何などの数学の諸分野と深いつながりをもつことは広く知られているが，近年の確率解析の進歩はその範囲を飛躍的に広げている．数学の思わぬところに確率論の考えが生きているもっともやさしい例としては，ワイエルシュトラスの多項式近似定理（ベルンシュタインによる証明）が有名である．近年，このような意外な例が数多く知られるようになった．その事情を一般論ではなく，可能な限り単純な場合に紹介することもこのシリーズの目標のひとつである．

伝統的に，エルゴード理論・力学系，統計力学，数理生物学，情報理論，数理統計学などは，多くの課題の源を確率論に提供してきた分野である．これら

はそれぞれがひとつの分野を形成しているが，相互に影響し合って確率論との関係もますます緊密さを増し，確率論を豊かなものにしている．たとえば，その起源は熱力学にあり，統計力学の重要な概念であるエントロピーの概念やギブズの変分原理などは，現在では，情報理論，力学系・エルゴード理論，確率論の基礎の一部として数学的にそれぞれ再構成され，相互の関係も調べられている．このシリーズでは，確率論を広く捉えて，このように確率論と深く関連したそれぞれの分野での発展のうちから典型的なものをいくつか取り上げ，順次刊行を予定している．たとえば，統計力学の数学的基礎の理論や数理ファイナンスにおいて，近年の確率論の進歩がどのように活用されているかを紹介することも，このシリーズの目標である．

本シリーズによって，多くの読者諸氏が，確率とランダムであることの意味を実感でき，現代確率論の基礎とその広がりに興味をもたれ，そしてその習得に各巻が役だつことを，さらには将来，それらの深化や発展に，あるいはまた，さまざまな分野における活用につながることを切に願っている．

2005 年　晩秋

池田信行
高橋陽一郎

はじめに

相転移の数学的理論は1960年代後半に始まる．水や氷や水蒸気は同じ物質であるが，温度の変化によって，状態が固相，液相，気相と変化していく．磁性体においてもある温度で常磁性から強磁性へと状態の変化が起こり，この点ではさまざまな物理量が発散したり滑らかでない変化をすることが知られている．

一方で，有限の箱の中の多数の粒子が互いに相互作用をしている系において，平衡状態は箱の中の粒子の位置を指定した配置の全体(配置空間)の上の確率として理解されている．しかし，箱が有限である限りこの平衡状態における平均量としてでてくる物理量はすべて滑らかな変化をする．

物理量の発散や滑らかでない変化は，系の大きさを無限にするという「理想化」により，圧力や比熱といった熱力学的極限関数とよばれる関数が温度や密度に対して解析性を失うこととして知られていた．したがって，もしこの極限関数に対応する系があるとすれば，無限の粒子系に対応する平衡状態を記述する確率測度が定義できるはずである．この点に着目し，相転移の理論の数学的枠組みをつくったのが，R.L. Doburushin, O.E. Lanford III, D. Ruelle たちであった．この定式化により，統計物理学でよく知られていたいろいろな事実を数学的な理論へと書き換えていくことになっただけでなく，確率論に新しい確率場の理論であるギブス測度の理論が生まれることとなった．

本書は，それ以後の統計力学の数学的理論の発展に沿いながら，この分野の入門書として，理論の最も基礎的な部分から始めて，スピン系とよばれる初学者にもわかりやすい相転移のモデルの一般的な解析を紹介することを目的としている．

本書を書くにあたり，これまでに成し遂げられた数学的成果の多様さに今更ながら目を見張る思いを抱かされた．残念ながら，これらの多くの話題は本書の内容をこえるものであり，紙数の都合もあり簡単な話題でも割愛せざるを得な

いものも多かった．興味をもたれた読者は巻末の参考文献や図書を読み進まれることをお勧めする．あるいは直接新しい論文を読んでみるのもよいであろう．

統計力学の数学的な入門書としては日本では長い間，宮本宗実氏の『格子気体の相転移』(Seminar on Probability, **38**, 1973: 2004 年に日本評論社から『統計力学——数学からの入門』として加筆改訂版が出版されている) が唯一のものであった．本書はそれと入門書として重複する部分もあるが，そこで取り上げられていないクラスター展開とその応用を紹介している．新しい問題を考える場合，クラスター展開の方法は有効であることが多く，モデルの詳細によらない方法であることがその理由である．

反面，臨界現象が起こるパラメータの近くではこの方法が適用できないことも多く，展開を用いない方法として有効なのがパーコレーションの方法である．その意味で，パーコレーションに関する話題も少し加えておいた．

本書の構成は，まず 1 章で有限系におけるギブスの平衡状態 (有限ギブス分布という) の解説から始めて，2 章では平均場モデルにおいて，比磁化とよばれる量が外部磁場というパラメータに対して不連続になる様子を大偏差原理から説明する．この不連続性が自発磁化の出現とよばれ，いわゆる相転移の数学的表れとなっている．3 章ではギブスの自由エネルギーの微分不可能性と自発磁化の出現の関係を説明する．4 章ではパーコレーションを簡単に解説する．これも相転移の簡単な数学的モデルとみることができる．5 章で無限系のギブス測度の定義と基本的な性質をまとめる．6 章の相転移と合わせて本書の中心となるテーマを扱う．7 章はクラスター展開の解説を行なう．はじめに述べたように，統計力学のさまざまな問題においてこの手法を用いた研究に出会う有効な解析方法である．8 章はさまざまな話題で，これまでの知識で理解できるものについて集めてみた．どの話題も入り口程度しか解説できなかったが，もっと詳しい話を知りたいと思っていただければ幸いである．

本書を執筆する機会を与えていただいた大阪大学名誉教授 池田信行先生，京都大学数理解析研究所の高橋陽一郎教授に深く感謝する．また，培風館編集部の岩田誠司氏，江連千賀子氏には執筆から脱稿までのみならず，その後もいろいろと本書の出版に関してお骨折りをいただいた．改めて感謝する次第である．

2006 年　早春

黒田耕嗣

樋口保成

目次

1 有限ギブス測度 — *1*
  1.1 数学の準備　2
  1.2 有限ギブス測度の定義　6
  1.3 有限ギブス測度の特徴づけ　11
  1.4 自発磁化とは　16

2 平均場モデルにおける自発磁化 — *21*
  2.1 大偏差原理とは　21
  2.2 バラダンの定理　24
  2.3 平均場モデルの自発磁化　30

3 ギブスの自由エネルギーと比磁化 — *37*
  3.1 ギブスの自由エネルギー　37
  3.2 ギブスの自由エネルギーと比磁化との関係　38
  3.3 李政道・楊振寧の定理 (Lee-Yang の定理)　40

4 パーコレーション — *47*
  4.1 パーコレーション　47
  4.2 臨界確率 p_c および $\theta(p)$ の挙動　48
  4.3 相転移とパーコレーション　52

5 ギブス測度 — 57

- 5.1 相互作用のつくる空間　57
- 5.2 (無限領域) ギブス測度　59
- 5.3 無限系のエントロピー　75
- 5.4 熱力学的極限関数　81
- 5.5 変分原理　87
- 5.6 自由エネルギーの微分可能性とギブス測度の一意性　96
- 5.7 ギブス測度の一意性 (ドブリュシンの定理)　107

6 相転移 — 119

- 6.1 キルクウッド・ザルズブルグ方程式　119
- 6.2 イジングモデルの相転移 (コントゥアーの方法)　128

7 クラスター展開 — 135

- 7.1 クラスター展開とは　135
- 7.2 2次元イジングモデルへの応用　146
- 7.3 − スピンの数に関する大数の法則　157
- 7.4 クラスター展開の中心極限定理への応用　159

8 格子スピン系の相転移のさまざまな話題 — 163

- 8.1 2次元イジングモデルの相構造の決定　163
- 8.2 ミンロス・シナイの相分離定理　178
- 8.3 2点相関関数と表面張力　191
- 8.4 ピロゴフ・シナイの相転移理論　199
- 8.5 ストキャスティック イジングモデル　206
- 8.6 相分離曲線の挙動　212

参考文献 — 219

索引 — 225

# 有限ギブス測度

多くの粒子よりなる物理系，例えば1モルの気体を考え，これに関して圧力とか比熱とかの巨視的な物理量を求めるという問題を考えてみよう．1モルの気体は約 6.02×10^{23} 個の分子から構成されており，気体分子個々の運動方程式を解くことによって運動を求め，それから圧力や比熱の時間平均を計算するという方法は現実的には不可能な方法である．

そこで，これら多数の粒子からなる物理系を扱うのに統計的方法が登場するのである．すなわち，平衡状態にある物理系において統計母集団 (アンサンブル) を考え，物理量の長時間平均をこの統計平均で置き換えるという方法をとるのである．ここでいう平衡状態とは，物理系が巨視的にみて時間の流れに関して不変となっている状態のことであり，長時間平均を統計平均で置き換えることの正当性はエルゴードの問題として長く研究されてきている．本書では，この問題にはふれずこの仮説 (エルゴード仮説) が成立しているとして話を進めていく．

以上述べたことを，より数学的に述べると次のようになる．1モルの気体分子の"状態"を定める空間の上に，この物理系の平衡状態を表す確率測度を導入し，この確率測度による物理量の平均値が観測値に結び付くと考えるのである．

このような統計的考えを取り入れ統計力学の先駆的役割を果たしたのがボルツマン (L. Boltzmann, 1844–1906) である．彼は気体の分子運動における平均エネルギーが各方向とも同じであることを示し，気体の速度分布に関する確率分布則を導いた．また，彼は気体分子の輸送に関する方程式を気体分子運動論の立場から論じた．この方程式はボルツマンの輸送方程式として知られている．

後年，彼はエネルギー論者との科学論争の末，うつ病にかかり，1906年9月5日イタリアのトリエステの近くで自殺をとげた．彼の墓石には，熱力学におけるエントロピー S と，後にマイクロカノニカル分布の状態和として知られる関数 W との関係を表す

$$S = k \log W$$

という公式が刻まれている．ここで，k はボルツマン定数とよばれる定数である．さらにこの墓石には，『この墓石が風塵に帰するともこの公式は成立しているであ

ろう』と記されている．

ボルツマンによって導入された統計力学の考え方を体系化したのがギブス (W. Gibbs, 1839-1903) である．彼は本来化学者で，相律，吸着等温式などの研究を行なってきたが，1902年『Elementary Principles of Statistical Mechanics』(統計力学の基本原理) という本を著して統計力学の基礎を築いた．

その後，1960年代になると，今度は数学者が統計力学を数学的に定式化することを始めた．ドブリュシン (R.L. Dobrushin)，ランフォード (O. Lanford)，ルエール (D. Ruelle) の3人は，個々に物理系の平衡状態を表す確率分布 (測度) を導入し，相転移現象を数学的にとらえ，その後の研究の出発点となった．彼らによって導入された確率測度はギブス測度，またはDLR測度とよばれる．

本書では，このギブス測度を中心に話を進めていくことにする．

これから，彼らによって始められた統計力学の数学的手法を解説していく．その前に少し数学の準備をしておく．

1.1 数学の準備

ここでは，以後必要となる基本的な数学の概念について説明しておく．詳しい内容については微積分のテキストを参照されたい．

数列の上極限，下極限

簡単のために有界となる数列 $\{a_n\}_{n=1}^{\infty}$ を考えよう．この数列の上極限 α，下極限 γ を次のように定める．

$$\alpha = \inf_{n \geq 1} \sup_{k \geq n} a_k, \qquad \gamma = \sup_{n \geq 1} \inf_{k \geq n} a_k$$

また，この上極限，下極限を

$$\alpha = \overline{\lim_{n \to \infty}} a_n, \qquad \gamma = \underline{\lim_{n \to \infty}} a_n$$

と表す．上極限の定義において

$$b_n = \sup_{k \geq n} a_k$$

とおくと，この数列 $\{b_n\}_{n=1}^{\infty}$ は単調減少となり，しかも数列は有界であるので $\{b_n\}_{n=1}^{\infty}$ は収束し極限をもつ．この極限が上極限 α に他ならない．下極限についても同様のことがいえる．

それでは，この上極限，下極限とはいったい何者であろうか？ このことをこれから述べていこう．極限をもたない数列であっても，有界であれば部分列をとることにより収束させることができる．このような収束部分列の極限がた

1.1 数学の準備

だ 1 つに定まるときにはもとの数列自身が収束しているのであるが，そうでないときには収束部分列の極限はいくつか存在する．このような極限の中で最大のものが上極限であり，最小のものが下極限である．このことを明確に述べたものが次の定理である．

定理 1-1 数列 $\{a_n\}_{n=1}^{\infty}$ は有界とし，α, β をそれぞれ $\{a_n\}_{n=1}^{\infty}$ の上極限，下極限とするとき，次の (1)～(3) が成立する．
(1) 上極限 α に収束する部分列 $\{a_{n(k)}\}_{k=1}^{\infty}$ が存在する．すなわち
$$\lim_{k \to \infty} a_{n(k)} = \alpha$$
となる．そして，任意の収束部分列 $\{a_{m(k)}\}_{k=1}^{\infty}$ に対して
$$\alpha \geq \lim_{k \to \infty} a_{m(k)}$$
となる．
(2) 下極限 γ に収束する部分列 $\{a_{p(k)}\}_{k=1}^{\infty}$ が存在する．すなわち
$$\lim_{k \to \infty} a_{p(k)} = \gamma$$
となる．そして，任意の収束部分列 $\{a_{m(k)}\}_{k=1}^{\infty}$ に対して
$$\gamma \leq \lim_{k \to \infty} a_{m(k)}$$
となる．
(3) 上極限と下極限が一致するとき，すなわち
$$\overline{\lim_{n \to \infty}} a_n = \underline{\lim_{n \to \infty}} a_n = \delta$$
となるとき，$\{a_n\}_{n=1}^{\infty}$ は δ に収束する．

(1) の言っていることは，α に収束する部分列 $\{a_{m(k)}\}_{k=1}^{\infty}$ が存在し，他のどのような収束部分列の極限も α をこえることができないということである．(2) についても同様である．(3) の言っていることは，収束部分列の極限の最大と最小が一致するときには，その値にもとの数列が収束していることを意味している．この定理の証明はここでは与えないが，証明は微積分のテキストを参照されたい．

例えば，
$$a_n = (-1)^n \left(1 - \frac{1}{n}\right)$$

という数列を考えよう．この数列は収束しないが，偶数番号の部分列をとれば 1 に収束し，奇数番号の部分列をとれば -1 に収束する．1 が収束部分列の極限のうちで最大となるもので，1 が上極限となる．また -1 は収束部分列の極限のうちで最小となるものであるから，-1 が下極限となる．

上極限は収束部分列の極限のうちで最大のものであり，下極限は最小のものであるので
$$\varliminf_{n\to\infty} a_n \leq \varlimsup_{n\to\infty} a_n$$
が成り立ち，2 つの数列 $\{a_n\}_{n=1}^{\infty}, \{b_n\}_{n=1}^{\infty}$ に対して
$$\varlimsup_{n\to\infty}(a_n+b_n) \leq \varlimsup_{n\to\infty} a_n + \varlimsup_{n\to\infty} b_n,$$
$$\varliminf_{n\to\infty}(a_n+b_n) \geq \varliminf_{n\to\infty} a_n + \varliminf_{n\to\infty} b_n$$
が成り立つ．これらの性質は 2 章などで用いられる．

可測空間とその上の確率測度

Ω を集合とする．Ω がどんな集合であるかは今は問わない．有限集合でもよいし，無限集合でもよい．Ω の部分集合をいくつか集めてきた族 $\mathfrak{F}$ が (Ω の) **σ-algebra** (または σ-加法族) であるとは，$\mathfrak{F}$ が次の 3 つの条件をみたすときにいう．

(ⅰ) $\Omega \in \mathfrak{F}$．
(ⅱ) $A \in \mathfrak{F}$ ならば $A^c \in \mathfrak{F}$．ただし，A^c は A の補集合とする．すなわち，$A^c = \{\omega \in \Omega; \omega \notin A\}$ である．
(ⅲ) $A_1, A_2, \cdots \in \mathfrak{F}$ ならば
$$\bigcup_{n=1}^{\infty} A_n \in \mathfrak{F}.$$

定義 1-1 集合 Ω と Ω の σ-algebra $\mathfrak{F}$ が与えられたとき，組 $(\Omega, \mathfrak{F})$ を**可測空間** (measurable space) とよぶ．

少々大げさなようだが，この呼び方は時々便利なことがあるので用意しておく．

例 1 Ω を任意の集合とし，$\mathfrak{F}$ を Ω のすべての部分集合からなる族とすると，$\mathfrak{F}$ は Ω の σ-algebra となり，したがって $(\Omega, \mathfrak{F})$ は可測空間である． □

1.1 数学の準備

もっと簡単な例をあげよう．

例2 Ω を任意の集合とし，$A \subset \Omega$ を任意にとってくる．$\mathfrak{F} = \{\emptyset, A, A^c, \Omega\}$ とおく．ただし，$\emptyset$ は空集合とする．このとき $\mathfrak{F}$ は Ω の σ-algebra となり，$(\Omega, \mathfrak{F})$ は可測空間となる． □

可測空間 $(\Omega, \mathfrak{F})$ が与えられたとき，その上の確率測度を定義することができる．

定義 1-2 $(\Omega, \mathfrak{F})$ を可測空間とし，μ がその上の**確率測度** (probability measure) であるとは，次の3つの条件が成り立つときにいう．
(1) 任意の $A \in \mathfrak{F}$ に対して
$$0 \leq \mu(A) \leq 1 \quad \text{が成り立ち}, \quad \mu(\emptyset) = 0 \quad \text{となる}.$$
(2) $A_1, A_2, \cdots$ が交わりをもたないとき，つまり $i \neq j$ ならば $A_i \cap A_j = \emptyset$ となるとき
$$\mu\left(\bigcup_{i=1}^{\infty} A_i\right) = \sum_{i=1}^{\infty} \mu(A_i).$$
(3) $\mu(\Omega) = 1$.

可測空間 $(\Omega, \mathfrak{F})$ とその上の確率測度 μ が与えられたとき，3つ組 $(\Omega, \mathfrak{F}, \mu)$ を**確率空間** (probability space) とよぶ．詳しくは [64] を参照されたい．

普通の確率論では"非常に大きな"抽象的な確率空間を1つ用意してきて，あとはそれを固定したかのように考えることが多い．これに対して統計力学では，基礎となる可測空間 $(\Omega, \mathfrak{F})$ に物理的意味がついていることが多く，確率測度はいろいろと取り替えて考えることが多い．本書でも多くの場合，Ω としては**配置空間** (configuration space) とよばれる特別の集合を扱うことになる．

確率変数

$(\Omega, \mathfrak{F}, \mu)$ を確率空間とするとき，Ω から実数全体の集合 $\mathbf{R}$ への写像 X が**確率変数** (random variable) であるとは，X が $\mathfrak{F}$-可測であるときにいう．つまり，任意の $a \in \mathbf{R}$ に対して
$$\{\omega \in \Omega; X(\omega) \leq a\} \in \mathfrak{F}$$
が成り立つときである．

期待値

確率空間 $(\Omega, \mathfrak{F}, \mu)$ とその上の確率変数 X が与えられると，X の**期待値** (expectation) $E(X)$ が定義できる．細かいことを省くと，これは

$$(\star) \quad E(X) = \lim_{n \to \infty} \sum_{k=-n \cdot 2^n}^{n \cdot 2^n} \left(\frac{k}{2^n}\right) \mu\left(\left\{\omega \in \Omega; \frac{k}{2^n} \leq X(\omega) \leq \frac{k+1}{2^n}\right\}\right)$$

によって与えられるもので，X の μ によるルベーグ式の積分とでもよぶべきものである．この "μ による" という部分を強調して $E_\mu(X)$ とも書く．

本書では "積分" であることを強調して

$$\int_\Omega \mu(d\omega) X(\omega)$$

という表し方をおもに用いることにする．

$$E(X), \quad E_\mu(X), \quad \int_\Omega \mu(d\omega) X(\omega)$$

の意味するものは，すべて同じ $(\star)$ で表される量である．

期待値は積分と同じような性質をもっている．したがって，ルベーグ積分論ででてくるルベーグの収束定理，ファトウ (Fatou) の補題などのほとんどの定理は期待値についても成り立つ．

1.2 有限ギブス測度の定義

まず，$\mathbf{Z}^d$ を d 次元平方格子とする．すなわち，$\mathbf{Z}^d$ は

$$\mathbf{Z}^d = \{i = (i_1, \cdots, i_d); i_k \in \mathbf{Z} \, (k = 1, \cdots, d)\}$$

で与えられる集合である．ここで，$\mathbf{Z}$ は整数全体の集合である．$d = 2$ のとき，$\mathbf{Z}^2$ は図 1.1 のようになる．$\mathbf{Z}^d$ の各要素を格子点とよび，有限個の格子点よりなる $\mathbf{Z}^d$ の部分集合を Λ とする．以後この Λ としては，d 次元の直方体

$$\Lambda = \{i = (i_1, \cdots, i_d) \in \mathbf{Z}^d; |i_k| \leq L_k \, (k = 1, \cdots, d)\}$$

を考える．ただし，$L_1, \cdots, L_d$ は正の整数とする．

さて，この Λ の各格子点上に電子が配置されていて，その電子のスピンの状態が $+1, -1$ で与えられるとする．古典物理学的に考えれば，電子のスピンとは電子の自転であって，電子が自転するとそれは磁石とみなされる．われわれのモデルでは，電子の自転の回転軸の向きが上向き ($+1$ の状態) か下向き (-1 の状態) の 2 通りしかないと考え，したがって，磁石とみなされた電子の磁極

1.2 有限ギブス測度の定義

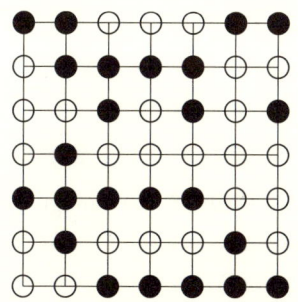

図 1.1 スピン配置：白丸は + スピンを表し，黒丸は − スピンを表す．

の向きも上向き，下向きの 2 つの方向に限定されると考えるのである．

Λ 上の各格子点で電子のスピン状態の配置が与えられたとき，これを数学的に

$$\omega : \Lambda \to \{+1, -1\}$$

という写像で表現する．

ω は Λ から $\{+1, -1\}$ への写像であるから，各 $i \in \Lambda$ に対して $\omega(i) = +1$ または -1 が定まっている．もし $\omega(i) = +1$ ならば，$i \in \Lambda$ におけるスピン状態が $+1$ であると考えるのである．この写像 ω を Λ 上の**スピン配置** (spin configuration) とよぶ．また，Λ 上のスピン配置の全体を Ω_Λ で表し，これを Λ 上の**スピン配置空間** (spin configuration space) とよぶ．

次に，Ω_Λ の部分集合の全体を $\mathfrak{F}_\Lambda$ で表し，各 $A \in \mathfrak{F}_\Lambda$ は Λ 内のスピン配置に関する事象を表すと考えるのである．例えば，

$$A = \{\omega \in \Omega_\Lambda;\ \omega(i_0) = 1\} \qquad (i_0 \in \Lambda)$$

は $i_0 \in \Lambda$ におけるスピン状態が $+1$ であるという事象を表している．

また，写像 $X_i : \Omega_\Lambda \to \mathbf{R}$ を

$$X_i(\omega) = \omega(i)$$

で定め，これを格子点 $i \in \Lambda$ における**スピン確率変数** (spin random variable) とよぶ．

さらに，各 $\omega \in \Omega_\Lambda$ に対して ω のもつ相互作用エネルギー $H_\Lambda^h(\omega)$ を

$$H_\Lambda^h(\omega) = -\frac{1}{2} \sum_{i \in \Lambda} \sum_{j \in \Lambda} J(i-j) \omega(i) \omega(j) - h \sum_{i \in \Lambda} \omega(i) \qquad (1\text{--}1)$$

で定める．ここで，h は実数で外部磁場からの影響を表す．また，J は $\mathbf{Z}^d$ 上で定義された実数値関数 (すなわち $J : \mathbf{Z}^d \to \mathbf{R}$) で

$$J(i) = J(-i) \qquad (i \in \mathbf{Z}^d) \qquad (1\text{--}2)$$

をみたすものとする．この関数 J を**相互作用関数** (interaction function) とか，単に**相互作用**とよぶ．(1–2) の条件に加えて

$$J(i) \geq 0 \qquad (i \in \mathbf{Z}^d) \qquad (1\text{--}2')$$

という条件を課すとき，J を**強磁性的** (ferromagnetic) であるとよぶ．

少々天下り的ではあるが，Λ におけるスピン系の平衡状態は Ω_Λ 上の確率測度として，次で表されるとしよう．

定義 1-3 $\omega \in \Omega_\Lambda$ に対して

$$P_\Lambda^{\beta,h}(\omega) = \frac{1}{Z_\Lambda^{\beta,h}} \exp\{-\beta H_\Lambda^h(\omega)\} \qquad (1\text{--}3)$$

および，$A \in \mathfrak{F}_\Lambda$ に対しては

$$P_\Lambda^{\beta,h}(A) = \frac{1}{Z_\Lambda^{\beta,h}} \sum_{\omega \in A} \exp\{-\beta H_\Lambda^h(\omega)\} \qquad (1\text{--}4)$$

と定める．ここで，β は実数で相互作用の強さを表すパラメータである．この Ω_Λ 上の確率測度を自由境界条件のもとにおける**有限ギブス測度** (finite Gibbs measure) とよぶ．これを**有限ギブス分布** (finite Gibbs distribution) とよぶこともある．また，$Z_\Lambda^{\beta,h}$ は確率の規格化定数で**分配関数** (partition function) とよばれる．この分配関数 $Z_\Lambda^{\beta,h}$ は β, h に依存する関数で

$$Z_\Lambda^{\beta,h} = \sum_{\omega \in \Omega_\Lambda} \exp\{-\beta H_\Lambda^h(\omega)\}$$

で与えられる．

分配関数 $Z_\Lambda^{\beta,h}$ は h について偶関数となることに注意しておこう．なぜならば，変換

$$T : \Omega_\Lambda \to \Omega_\Lambda, \quad T(\omega) = -\omega \quad (\omega \in \Omega_\Lambda)$$

は全単射であり，T によって $H_\Lambda^h(\cdot)$ は h の符合だけが変わるからである．

パラメータ β について，物理的に意味があるのは $\beta \geq 0$ の場合であるので，主としてこの場合を考える．$\beta = 0$ のとき，$P_\Lambda^{\beta,h}$ は直積測度となる．すなわち，$P_\Lambda^{0,h}$ に関して各 X_i は独立となり，

$$P_\Lambda^{0,h}(X_i = +1) = P_\Lambda^{0,h}(X_i = -1) = \frac{1}{2}$$

となる．つまり，各電子のスピン状態は $+1, -1$ の状態がそれぞれ $\frac{1}{2}$ の確率

1.2 有限ギブス測度の定義

で現れ,完全にランダムなものになる.一方,$\beta > 0$ となると,スピン配置 ω のもつエネルギーが小さければ小さいほど,その出現確率は大きくなる.すなわち,

$$P_\Lambda^{\beta,h}(\omega_1) > P_\Lambda^{\beta,h}(\omega_2) \iff H_\Lambda^h(\omega_1) < H_\Lambda^h(\omega_2) \tag{1-5}$$

となる関係が成り立つ.また,β が大きくなればなるほど,エネルギーが小さいスピン配置の出現確率が大きくなるので,β は相互作用の強さをコントロールするパラメータと考えられる.物理的には,

$$\beta = \frac{1}{kT} \quad (T: \text{絶対温度}, k: \text{ボルツマン定数} > 0)$$

と与えられており,

$$\text{低温領域} \iff \beta: \text{大} \iff \text{相互作用の効果: 大},$$
$$\text{高温領域} \iff \beta: \text{小} \iff \text{相互作用の効果: 小}$$

という対応が成り立つ.

以下に,(1–2) の条件をみたす相互作用の例をいくつかあげよう.

例3 平均場モデル

$$J(i-j) = \begin{cases} \dfrac{1}{|\Lambda|} J_0 & (i,j \in \Lambda), \\ 0 & (i \in \Lambda^c \text{ または } j \in \Lambda^c \text{ のとき}) \end{cases} \tag{1-6}$$

によって相互作用が与えられるモデルを**平均場モデル** (mean-field model),または**キューリー・ワイス モデル** (Curie-Weiss model) とよぶ.ここで,$J_0 > 0$ で,$|\Lambda|$ は Λ の格子点の数である.このモデルは,Λ 内のスピンの総和を

$$S_\Lambda(\omega) = \sum_{i \in \Lambda} X_i(\omega)$$

で表すと,相互作用エネルギーが

$$H_\Lambda^h(\omega) = -|\Lambda| \left\{ \frac{1}{2} J_0 \left(\frac{S_\Lambda(\omega)}{|\Lambda|} \right)^2 + h \left(\frac{S_\Lambda(\omega)}{|\Lambda|} \right) \right\} \tag{1-7}$$

と平均スピン $S_\Lambda(\omega)/|\Lambda|$ の関数として与えられる.それゆえ,このモデルは平均場モデルとよばれるのである.このモデルについては次章で詳しく述べる.□

例 4　イジングモデル

$$J(i-j) = \begin{cases} J & (|i-j|=1), \\ 0 & (|i-j| \neq 1) \end{cases} \quad (J \neq 0) \qquad (1\text{--}8)$$

によって相互作用が与えられるモデルを**イジングモデル** (Ising model) とよぶ．特に，$J > 0$ のとき**強磁性イジングモデル**，$J < 0$ のとき**反強磁性イジングモデル**とよぶ．(1–8) において，$|i-j|$ は $i \in \Lambda$ と $j \in \Lambda$ との距離を表している．したがって，イジングモデルの相互作用は隣接する格子間にのみ働いている．強磁性イジングモデルでは，隣接するスピンの状態が $+1$ または -1 にそろったほうがエネルギーが小さくなり，すべての格子点のスピン状態が $+1$ または -1 となるスピン配置の出現確率がもっとも大きくなる．したがって，強磁性イジングモデルにおいては隣どうしのスピンを同一方向にそろえようとする作用が働いていると考えられる．反強磁性イジングモデルにおいては，逆にスピンを反対方向にそろえようとする作用が働いていると考えられる．　　□

[Advanced Study]

上で述べたモデルにおいては，スピンの状態が $\{+1, -1\}$ で与えられていたが，物理においてはもっと一般的なモデルが考えられている．ここにそのいくつかの例を述べよう．

(1)　**格子気体** (lattice gas)　　スピンの状態空間が $\{+1, 0\}$ で与えられるモデルで

$$\omega \in \Omega_\Lambda = \{\omega : \Lambda \to \{0, +1\}\}$$

に対して，$\omega(i) = 1$ のとき $i \in \Lambda$ に粒子が存在し，$\omega(i) = 0$ のとき $i \in \Lambda$ に粒子がいないと考える．そして，粒子間の相互作用を 2 体ポテンシャル

$$H_\Lambda(\omega) = \sum_{i_1, i_2 \in \Lambda} U(i_1 - i_2) \omega(i_1) \omega(i_2)$$

によって与える．ここで，$U(\cdot)$ は $\mathbf{Z}^d$ 上の関数で

$$U(-i) = U(i), \quad \sum_{i \in \mathbf{Z}^d} |U(i)| < \infty$$

をみたす．外部磁場 h を考えていないので $H_\Lambda(\omega)$ と書いている．

(2)　**ポッツモデル** (Potts model)　　スピンの状態空間が $\{1, 2, \cdots, q\}$ で与えられるモデルで

$$\omega \in \Omega_\Lambda = \{\omega : \Lambda \to \{1, 2, \cdots, q\}\}$$

に対して，相互作用エネルギー

$$H_\Lambda(\omega) = -\sum_{i,j \in \Lambda; |i-j|=1} \delta_{\omega(i), \omega(j)}$$

をもつモデルをポッツモデルとよぶ．ただし，$\delta_{k,m} = 1\ (k=m), \delta_{k,m} = 0\ (k \neq m)$

である．このモデルは隣接格子のスピンの状態が等しければ -1 のエネルギーが与えられ，等しくなければ相互作用が 0 になるというモデルである．

1.3 有限ギブス測度の特徴づけ

一般的な熱力学のテキストには，平衡状態について次のように述べられている．

『一定エネルギーをもつ孤立系において，エントロピー最大の状態が平衡状態である．』

つまり，孤立系における**平衡状態** (equilibrium state) はエントロピーという言葉を用いて記述できるのである．これからこの道筋に従って『平衡状態』というものを考えていこう．

そこでまず問題となるのは，

『エントロピーとは何だろうか？』

ということである．エントロピーは乱雑さの度合，もしくは不確定性の度合を測る量として考えられた．互いに排反な n 個の事象 $A_1, A_2, \cdots, A_n$ を考え，これらのうちいずれか1つが起こるとしよう．すなわち，

$$P(A_1) = p_1, \quad \cdots, \quad P(A_n) = p_n$$

とおくとき，$p_1 + \cdots + p_n = 1$ が成り立つ．

例えば，1 から n までの番号のついた競争馬を考え，A_i として i 番目の馬が優勝する事象と考えよう．このとき，このレースの不確定性の度合 I を $p_1, \cdots, p_n$ の関数 $I = I(p_1, \cdots, p_n)$ として表すことを考えよう．もしある i について，$p_i = 1$ となれば事象 A_i が確率 1 で起こるのであるから，不確定性の度合は 0 でなければならない．また，$p_1 = p_2 = \cdots = p_n = \frac{1}{n}$ のとき不確定性の度合は最大となるはずである．

これらの条件に，さらにいくつかの条件を仮定することにより

$$I(p_1, \cdots, p_n) = -\sum_{i=1}^{n} p_i \log p_i \qquad (1\text{--}9)$$

という関数が導かれる (詳しくは，情報理論関係のテキストを参照のこと)．この (1--9) で与えられた関数を**エントロピー** (entropy) とよぶ．

実際，$f(x) = x \log x \ (0 < x < 1)$ とおくと，この関数は下に凸となる関数で

$$f\left(\frac{1}{n}\sum_{k=1}^{n} x_k\right) \leq \frac{1}{n}\sum_{k=1}^{n} f(x_k) \qquad (x_1, \cdots, x_n > 0)$$

となる不等式をみたす．この不等式を用いると

$$-\sum_{i=1}^{n} p_i \log p_i \leq \log n = I\left(\frac{1}{n}, \cdots, \frac{1}{n}\right)$$

となり，エントロピーは $p_1 = p_2 = \cdots = p_n = \frac{1}{n}$ のとき最大となることがわかる．

さて，有限スピン系に話を戻そう．$(\Omega_\Lambda, \mathfrak{F}_\Lambda)$ 上の 1 つの確率測度 P に対して 1 つの『物理的状態』が対応していると考え，その物理的状態で，ある物理量を観測するとき，その観測値は確率測度 P による期待値で与えられると考えよう．このように考えるとき，この『物理的状態』の中で何が『平衡状態』となるのだろうか．

$(\Omega_\Lambda, \mathfrak{F}_\Lambda)$ 上の確率測度の全体を $\mathcal{P}_\Lambda$ で表し，$P \in \mathcal{P}_\Lambda$ に対してエントロピー $I(P)$ を (1–9) と同様に

$$I(P) = -\sum_{\omega \in \Omega_\Lambda} P(\omega) \log P(\omega) \qquad (1\text{--}10)$$

で定義する．ここで，$0 \log 0 = 0$ と定める．

次に，『このエントロピーを最大にする確率測度は何であろうか？』という問題を考えてみよう．P が $I(P)$ を最大にするとき，

$$P(\omega) = \frac{1}{2^{|\Lambda|}} \qquad (\omega \in \Omega_\Lambda)$$

が成り立つ．これは取りも直さず，$\beta = 0$ のときの有限ギブス測度に他ならない．この測度は特に，$\frac{1}{2}$-ベルヌーイ測度 (Bernoulli measure) とよばれている．

また，確率測度 P に対して，エネルギー $H_\Lambda^h(\cdot)$ の期待値を

$$U(P) = \int_{\Omega_\Lambda} P(d\omega) H_\Lambda^h(\omega)$$

で表し，これを**平均エネルギー** (mean energy) とよぶことにしよう．さらに，平均エネルギーが一定の値 u をとるすべての確率測度の集合を

$$\mathcal{P}_\Lambda(u) = \{P \in \mathcal{P}_\Lambda; U(P) = u\}$$

で定める．これは一定の平均エネルギーをもつ『物理的状態』の集合と考えられる．

Ω_Λ における $H_\Lambda^h(\cdot)$ の最大値，最小値をそれぞれ

$$H_{\max} = \max_{\omega \in \Omega_\Lambda} H_\Lambda^h(\omega), \qquad H_{\min} = \min_{\omega \in \Omega_\Lambda} H_\Lambda^h(\omega)$$

で表す．

1.3 有限ギブス測度の特徴づけ

$H_{\min} < u < H_{\max}$ のとき,次の 2 つの問題を考えてみよう.
(1) $\mathcal{P}_\Lambda(u)$ に属する有限ギブス測度は存在するであろうか？
(2) $\mathcal{P}_\Lambda(u)$ の中でエントロピーを最大にする確率測度は何であろうか？

これらの問に対する答えが次の定理である.

定理 1-2 $H_{\min} < u < H_{\max}$ のとき,次の (1), (2) が成立する.
(1) ある $\beta_u \in \mathbf{R}$ が一意的に存在して $P_\Lambda^{\beta_u, h} \in \mathcal{P}_\Lambda(u)$ となる.
(2) また,$I(P_\Lambda^{\beta_u, h}) = \max I(P)$ が成り立つ.
ここで,max はすべての確率測度 $P \in \mathcal{P}_\Lambda(u)$ についてとられる.

注意 (1) において,u の値によっては $\beta_u < 0$ となることもある.実際,$u \in (H_0, H_{\max})$ のときには $\beta_u < 0$ となる.ここで $H_0 = \dfrac{1}{2^{|\Lambda|}} \sum_{\omega \in \Omega_\Lambda} H_\Lambda^h(\omega)$ である.

定理 1-2 の意味することは,"平均エネルギー一定という制限のもとでエントロピーを最大にする確率測度が有限ギブス測度である" ということである.

定理 1-2 の証明の前に,いくつかの準備を行なおう.$P_1 \in \mathcal{P}_\Lambda$ とすべての $\omega \in \Omega_\Lambda$ に対し,$P_2(\omega) > 0$ となる $P_2 \in \mathcal{P}_\Lambda$ に対して,**相対エントロピー** (relative entropy) $I(P_1|P_2)$ を

$$I(P_1|P_2) = -\sum_\omega P_1(\omega) \log \frac{P_1(\omega)}{P_2(\omega)}$$

で定義する.

このとき,相対エントロピーについて次の性質が得られる.

補題 1-3 $I(P_1|P_2) \leq 0$ で,$P_1 = P_2$ のときのみ等号が成立する.

証明 $x \geq 0$ のとき,$x \log x \geq x - 1$ という不等式が成立し,$x = 1$ のときのみ等号が成立することに注意しよう.

$P_2(\omega) > 0$ のとき,この不等式を用いると

$$\frac{P_1(\omega)}{P_2(\omega)} \log \frac{P_1(\omega)}{P_2(\omega)} \geq \frac{P_1(\omega)}{P_2(\omega)} - 1$$

が成立する.これより補題 1-3 が導かれることは明らかであろう. ∎

次に,有限ギブス測度,エントロピー,相対エントロピーの間の関係を述べよう.

補題 1-4 (1) 任意の β, h に対して
$$I(P_\Lambda^{\beta,h}) = \beta U(P_\Lambda^{\beta,h}) + \log Z_\Lambda^{\beta,h}$$
が成立する．

(2) 任意の $P \in \mathcal{P}_\Lambda$ に対して
$$I(P) = I(P|P_\Lambda^{\beta,h}) + \beta U(P) + \log Z_\Lambda^{\beta,h}$$
が成立する．

証明 (1) 有限ギブス測度の定義より
$$\begin{aligned}
I(P_\Lambda^{\beta,h}) &= -\sum_{\omega \in \Omega_\Lambda} P_\Lambda^{\beta,h}(\omega) \log P_\Lambda^{\beta,h}(\omega) \\
&= \beta \sum_{\omega \in \Omega_\Lambda} H_\Lambda(\omega) P_\Lambda^{\beta,h}(\omega) + \sum_{\omega \in \Omega_\Lambda} P_\Lambda^{\beta,h}(\omega) \log Z_\Lambda^{\beta,h} \\
&= \beta U(P_\Lambda^{\beta,h}) + \log Z_\Lambda^{\beta,h}.
\end{aligned}$$

(2) 相対エントロピーの定義より
$$\begin{aligned}
I(P) &= -\sum_{\omega \in \Omega_\Lambda} P(\omega) \log \frac{P(\omega)}{P_\Lambda^{\beta,h}(\omega)} - \sum_{\omega \in \Omega_\Lambda} P(\omega) \log P_\Lambda^{\beta,h}(\omega) \\
&= I(P|P_\Lambda^{\beta,h}) + \beta \sum_{\omega \in \Omega_\Lambda} H_\Lambda(\omega) P(\omega) + \sum_{\omega \in \Omega_\Lambda} P(\omega) \log Z_\Lambda^{\beta,h} \\
&= I(P|P_\Lambda^{\beta,h}) + \beta U(P) + \log Z_\Lambda^{\beta,h}.
\end{aligned}$$
∎

定理 1-2 の証明

(1) $$f(t) = \frac{\sum_{\omega \in \Omega_\Lambda} H_\Lambda^h(\omega) \exp\{-tH_\Lambda^h(\omega)\}}{\sum_{\omega \in \Omega_\Lambda} \exp\{-tH_\Lambda^h(\omega)\}}$$

とおく．
$$f'(t) = -\frac{\sum_{\omega \in \Omega_\Lambda} (H_\Lambda^h(\omega) - f(t))^2 \exp\{-tH_\Lambda^h(\omega)\}}{\sum_{\omega \in \Omega_\Lambda} \exp\{-tH_\Lambda^h(\omega)\}} < 0$$

であるから，$f(t)$ は単調減少関数である．

また，
$$\lim_{t \to \infty} f(t) = H_{\min}, \qquad \lim_{t \to -\infty} f(t) = H_{\max}$$

であるから，$f(t)$ のグラフは図 1.2 のようになる．

したがって，$H_{\min} < u < H_{\max}$ のとき $f(\beta) = u$ となる $\beta = \beta_u \in \mathbf{R}$ がただ 1 つ存在するのである．

1.3 有限ギブス測度の特徴づけ

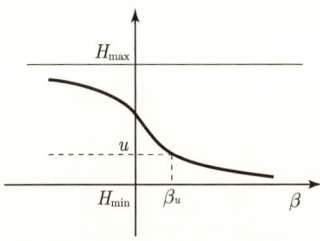

図 1.2　$f(t)$ のグラフ

(2)　任意の $P \in \mathcal{P}_\Lambda(u)$ に対して，補題 1-4 より
$$I(P) = I(P|P_\Lambda^{\beta_u,h}) + \beta_u U(P) + \log Z_\Lambda^{\beta_u,h}$$
$$= I(P|P_\Lambda^{\beta_u,h}) + \beta_u u + \log Z_\Lambda^{\beta_u,h}$$
$$= I(P|P_\Lambda^{\beta_u,h}) + I(P_\Lambda^{\beta_u,h})$$
が成り立つ．

また，補題 1-3 より $I(P|P_\Lambda^{\beta_u,h}) \leq 0$ で，
$$I(P|P_\Lambda^{\beta_u,h}) = 0 \iff P = P_\Lambda^{\beta_u,h}$$
が成り立つので，上の等式と合わせて (2) の主張が得られる．∎

今までエントロピーによる有限領域ギブス測度の特徴づけについて述べてきたが，最後に自由エネルギーによる特徴づけについて述べよう．

まず，$P \in \mathcal{P}_\Lambda$ に対して**ギブスの自由エネルギー** (Gibbs free energy) $F_\beta(P)$ を
$$F_\beta(P) = I(P) - \beta U(P)$$
で定義する．

このギブスの自由エネルギーを用いて，有限領域ギブス測度は次のように特徴づけられる．

定理 1-5　　　$P = P_\Lambda^{\beta,h} \iff F_\beta(P) = \max_{Q \in \mathcal{P}_\Lambda} F_\beta(Q).$

上式の意味することは，"有限領域ギブス測度がギブスの自由エネルギーを最大にする確率測度である" ということである．

証明　補題 1-4 (1) より $F_\beta(P_\Lambda^{\beta,h}) = \log Z_\Lambda^{\beta,h}$ となる．また，補題 1-4 (2) より任意の $Q \in \mathcal{P}_\Lambda$ に対して

$$F_\beta(Q) = I(Q|P_\Lambda^{\beta,h}) + F_\beta(P_\Lambda^{\beta,h})$$

が成り立つ．この式と補題 1-3 を合わせれば

$$F_\beta(Q) \leq F_\beta(P_\Lambda^{\beta,h}) \qquad (Q \in \mathcal{P}_\Lambda)$$

が成り立ち，等号成立は $Q = P_\Lambda^{\beta,h}$ のときだけである． ∎

1.4 自発磁化とは

$$S_\Lambda(\omega) = \sum_{i \in \Lambda} X_i(\omega)$$

で定義される確率変数を Λ における**スピン和** (total spin) とよび，

$$M_\Lambda(\beta, h) = \int_{\Omega_\Lambda} P_\Lambda^{\beta,h}(d\omega) S_\Lambda(\omega)$$

を**磁化** (magnetization) とよぶ．

このとき，$M_\Lambda(\beta, h)$ について次のことが成り立つ．

定理 1-6 (1) $h = 0$ のとき $M_\Lambda(\beta, 0) = 0$.
(2) $M_\Lambda(\beta, -h) = -M_\Lambda(\beta, h)$ で $|M_\Lambda(\beta, h)| \leq |\Lambda|$ となる．
(3) $M_\Lambda(\beta, h)$ は $h \in \mathbf{R}$ の単調増加連続関数で，$h \geq 0$ で非負な凹関数となる．
(4) $h \geq 0$, $J(\cdot) \geq 0$ のとき，$M_\Lambda(\beta, h)$ は $\beta > 0$ の非負単調増加関数である．

証明 (1) $\omega \in \Omega_\Lambda$ に対し $-\omega \in \Omega_\Lambda$ を

$$(-\omega)(i) = -\omega(i) \qquad (i \in \Lambda)$$

で定めるとき，

$$P_\Lambda^{\beta,0}(-\omega) = P_\Lambda^{\beta,0}(\omega), \qquad X_i(-\omega) = -X_i(\omega)$$

であることと，$\omega \to -\omega$ の対応は Ω_Λ 上への 1 対 1 対応であることから

$$\begin{aligned}
\int_{\Omega_\Lambda} P_\Lambda^{\beta,0}(d\omega) X_i(\omega) &= \sum_{\omega \in \Omega_\Lambda} P_\Lambda^{\beta,0}(\omega) X_i(\omega) \\
&= \sum_{-\omega \in \Omega_\Lambda} P_\Lambda^{\beta,0}(-\omega) X_i(-\omega) \\
&= -\sum_{\omega \in \Omega_\Lambda} P_\Lambda^{\beta,0}(\omega) X_i(\omega) \\
&= -\int_{\Omega_\Lambda} P_\Lambda^{\beta,0}(d\omega) X_i(\omega)
\end{aligned}$$

となり，この値は $i \in \Lambda$ に対して 0 になる．これで $M_\Lambda(\beta, 0) = 0$ がわかる．

1.4 自発磁化とは

(2) 上の計算で，(1-1) で与えられた $H_\Lambda^h(\omega)$ が

$$H_\Lambda^h(-\omega) = H_\Lambda^{-h}(\omega)$$

となることに注意して

$$P_\Lambda^{\beta,h}(-\omega) = P_\Lambda^{\beta,-h}(\omega)$$

となることを使うと，$i \in \Lambda$ のとき

$$\sum_{\omega \in \Omega_\Lambda} P_\Lambda^{\beta,h}(-\omega) X_i(-\omega) = -\sum_{\omega \in \Omega_\Lambda} P_\Lambda^{\beta,-h}(\omega) X_i(\omega)$$

となる．

したがって，

$$M_\Lambda(\beta, h) = -M_\Lambda(\beta, -h)$$

となり，また $|X_i| = 1$ であることと，$S_\Lambda = \sum_{i \in \Lambda} X_i$ より

$$\left| \int P_\Lambda^{\beta,h}(d\omega) S_\Lambda \right| \leq \sum_{i \in \Lambda} \int P_\Lambda^{\beta,h}(d\omega) |X_i| = |\Lambda|$$

となる． ∎

(3), (4) を証明するには**相関不等式** (correlation inequalities) とよばれる知識が必要である．ここで使うのは **GKS** (Griffiths-Kelley-Sherman) 不等式 (または，グリフィス (Griffiths) の**不等式**)，**GHS** (Griffiths-Hurst-Sherman) 不等式の 2 つである．まず，これらの不等式について紹介しておこう．

以下の話では表記を簡単にするために Ω_Λ 上の関数 F に対し，その $P_\Lambda^{\beta,h}$ による平均を $\langle F \rangle$ と書くことにする．これは β と h の関数であり，Λ に依存する．

定理 1-7 (GKS 不等式 [35]) $D \subset \Lambda$ に対して $X_D(\omega) \equiv \prod_{i \in D} X_i(\omega)$ と書く．このとき，$h \geq 0$ ならば以下の不等式が成立する．

(1) $\langle X_D \rangle \geq 0 \quad (D \subset \Lambda)$．
(2) $\langle X_{D_1} X_{D_2} \rangle \geq \langle X_{D_1} \rangle \langle X_{D_2} \rangle \quad (D_1, D_2 \subset \Lambda)$．

定理 1-8 (GHS 不等式 [39]) $h \geq 0$ のとき，$i, j, k \in \Lambda$ とすると

$$\langle (X_i - \langle X_i \rangle)(X_j - \langle X_j \rangle)(X_k - \langle X_k \rangle) \rangle \leq 0$$

となる．

これらの不等式の証明は省略する. これらを用いて定理 1-6 の (3), (4) を証明することにしよう.

定理 1-6 の証明 (3) $\qquad M_\Lambda(\beta, h) = \sum_{i \in \Lambda} \langle X_i \rangle$

なので, GKS 不等式によりこの値は非負となる.

これから,
$$\frac{\partial}{\partial h} \langle X_i \rangle \geq 0, \quad \frac{\partial^2}{\partial h^2} \langle X_i \rangle \leq 0$$
を示そう.
$$\frac{\partial}{\partial h} \langle X_i \rangle = \beta \sum_{j \in \Lambda} (\langle X_i X_j \rangle - \langle X_i \rangle \langle X_j \rangle)$$
であるから, GKS 不等式によって右辺は非負となる.

さらに, 右辺は
$$\beta \sum_{j \in \Lambda} \langle (X_i - \langle X_i \rangle)(X_j - \langle X_j \rangle) \rangle$$
となるので, この各項をさらに h で微分すると $j \in \Lambda$ に対し
$$\frac{\partial}{\partial h} \langle (X_i - \langle X_i \rangle)(X_j - \langle X_j \rangle) \rangle$$
$$= \sum_k \beta \langle (X_i - \langle X_i \rangle)(X_j - \langle X_j \rangle)(X_k - \langle X_k \rangle) \rangle$$
となり, 右辺は GHS 不等式により 0 以下となることがわかる.

(4) 同じく $\langle X_i \rangle$ を β で微分すれば, $h \geq 0$ のとき
$$\frac{\partial}{\partial \beta} \langle X_i \rangle = \sum_{j,k \in \Lambda} J(j-k)\{\langle X_i X_j X_k \rangle - \langle X_i \rangle \langle X_j X_k \rangle\}$$
$$+ h \sum_{j \in \Lambda} \{\langle X_i X_j \rangle - \langle X_i \rangle \langle X_j \rangle\}$$
となり, $J \geq 0$ なので GKS 不等式によって右辺は非負であることがわかる. ∎

定理 1-6 より $\beta > 0$ のときの $M_\Lambda(\beta, h)$ の h の関数としてのグラフは図 1.3 のようになる. このグラフからも明らかなように
$$\lim_{h \to 0} M_\Lambda(\beta, h) = 0$$
となる.

関数 J に関して $J(\cdot) \geq 0$,
$$\sum_{i \in \mathbf{Z}^d} J(i) < \infty$$

1.4 自発磁化とは

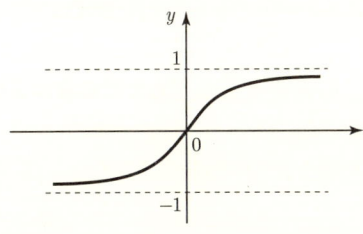

図 1.3 $M_\Lambda(\beta, h)$ のグラフ

と仮定するとき，次の極限 $m(\beta, h)$ の存在が示される (3.2 節，5.4 節参照)．

$$m(\beta, h) = \lim_{\Lambda \to \mathbf{Z}^d} \frac{1}{|\Lambda|} M_\Lambda(\beta, h)$$

これは格子点 1 つあたりの磁化を表し，**比磁化** (specific magnetization) とよばれる．

$m(\beta, -h) = -m(\beta, h)$ で $m(\beta, 0) = 0$ となる．また，

$$m(\beta, +) = \lim_{h \to 0+} m(\beta, h)$$

の存在も示される．

さらに，いくつかのモデルについて，ある $\beta_c > 0$ という値が存在して，

$$0 \leq \beta \leq \beta_c \quad \Longrightarrow \quad m(\beta, +) = 0,$$
$$\beta > \beta_c \quad \Longrightarrow \quad m(\beta, +) > 0$$

となることが示されている．このことは，後の章で詳しく述べる．また，このとき $m(\beta, h)$ のグラフは β の値に応じて図 1.4 のようになる．

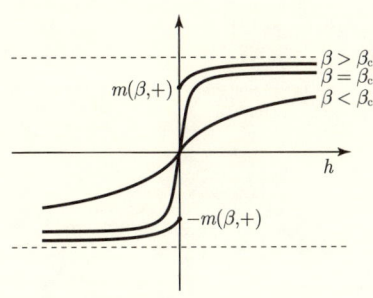

図 1.4 $m(\beta, h)$ のグラフ

$\beta > \beta_c$ のとき，$m(\beta, +) > 0$ となることを**自発磁化** (spontaneous magnetization) が起こるという．すなわち，『磁場を正の方向にかけ，磁極を正の方向にそろえておいてから，磁場を 0 にしてもまだ磁極は正の方向を向いている』という現象を『**自発磁化が起こる**』というのである．

次章においては，平均場モデルの自発磁化について述べよう．

2 平均場モデルにおける自発磁化

本章においては,**大偏差原理** (large deviation principle) の知識を用いて平均場モデルの自発磁化を調べていこう.

大偏差原理についての詳しい話は他の書物にゆずるとして,ここでは後で必要となることのみ述べることにする (詳しくは [25], [77] を参照).

2.1 大偏差原理とは

大偏差原理について述べる前に,大数の法則,中心極限定理について復習しておこう.そのために次のような簡単なモデルを考えよう.

ある人が直線上を各ステップごと,おのおの $\frac{1}{2}$ の確率で右,左に 1 だけ移動するモデルを考えよう.その人が n ステップ目に右に 1 移動するとき $X_n = 1$ とし,左に 1 移動するとき $X_n = -1$ とする.このとき,$X_n = 1$ となる確率および $X_n = -1$ となる確率はそれぞれ

$$P(X_n = 1) = P(X_n = -1) = \frac{1}{2}$$

となり,X_n の期待値は $E(X_n) = 0$ となり,X_n の分散は $V(X_n) = 1$ となる.S_n を $S_n = X_1 + \cdots + X_n$ で定めると,S_n は原点 0 から出発した人が n ステップ後にいる位置を表している.このとき,**大数の法則**とは,S_n/n が $n \to \infty$ のとき 0 に確率収束するということ,言い換えれば,任意の $\epsilon > 0$ に対して

$$\lim_{n \to \infty} P\left(\left|\frac{S_n}{n}\right| > \epsilon\right) = 0$$

が成り立つということである.

また,**中心極限定理**とは $n \to \infty$ のとき

$$Y_n = \frac{S_n}{\sqrt{n}}$$

の確率分布が正規分布 $N(0,1)$ に収束するということである．すなわち，$n \to \infty$ のとき

$$P\left(\frac{S_n}{\sqrt{n}} \in (a,b)\right) \to \int_a^b \frac{1}{\sqrt{2\pi}} e^{-\frac{1}{2}x^2} dx$$

が成立するのである．

n が十分大きいとき，$y = P(Y_n = x)$ のグラフを描いてみると図 2.1 のようになる．

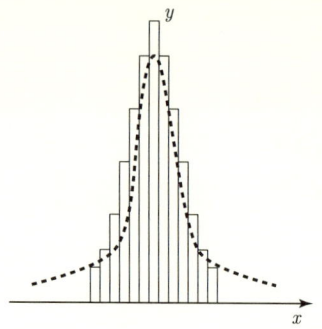

図 2.1　$y = P(Y_n = x)$ のグラフ

このグラフが $n \to \infty$ のとき，破線で示されている $y = 1/\sqrt{2\pi}\, e^{-\frac{1}{2}x^2}$ という曲線に収束していくのである．

さて，A を $[-1,1]$ に含まれる区間とし，$n \to \infty$ のときの

$$P\left(\frac{S_n}{n} \in A\right)$$

の挙動について考えよう．これは A が 0 を含むか含まないかによって大きく異なってくる．もし A が 0 を含むときには，この確率は $n \to \infty$ のとき 1 に近づく．逆に A が 0 を含まないときには，この確率は 0 に近づくのだが，その 0 に近づく挙動を調べることが大偏差原理の問題なのである．

$A = [a_1, a_2]$ $(a_1 > 0)$ の場合を考えてみよう．

$$P\left(\frac{S_n}{n} \in A\right) = P\left(\frac{S_n}{\sqrt{n}} \in (a_1\sqrt{n}, a_2\sqrt{n})\right)$$

であるから，n が十分大きいときには，この確率は図 2.2 の灰色の部分の面積に等しくなり，

$$P\left(\frac{S_n}{n} \in A\right) \sim e^{-C_A n}$$

2.1 大偏差原理とは   23

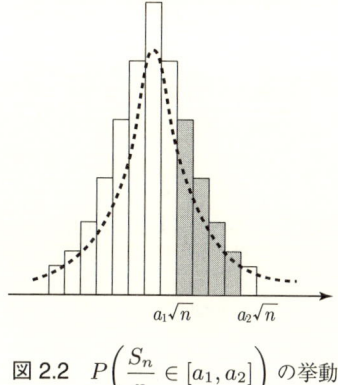

図 2.2 $P\left(\dfrac{S_n}{n} \in [a_1, a_2]\right)$ の挙動

が成り立つと期待される．すなわち，この確率は指数オーダーで 0 に近づくのである．C_A は A により定まる正の定数であるが，この定数はどのような形に定まるのであろうか？　これからこの問題について考えていこう．

初等的な計算により，$k = -n, \cdots, -1, 0, 1, \cdots, n$ に対して

$$P(S_n = k) = \frac{1}{2^n} C(n, k),$$

$$C(n, k) = \begin{cases} \binom{n}{\frac{1}{2}(n+k)} & (n+k \text{ が偶数のとき}), \\ 0 & (\text{それ以外}) \end{cases}$$

となるから，$A \subset [-1, 1]$ に対して

$$P\left(\frac{S_n}{n} \in A\right) = \sum_{k \in A_n} \frac{1}{2^n} C(n, k)$$

となる．ここで，A_n は $\{nx; x \in A\}$ に含まれる整数全体の集合である．このとき明らかに

$$\max_{k \in A_n} C(n, k) \cdot \frac{1}{2^n} \leq P\left(\frac{S_n}{n} \in A\right)$$

$$\leq \max_{k \in A_n} C(n, k) \cdot \frac{n+1}{2^n} \qquad (2\text{–}1)$$

が成立する．ここで，スターリング (Stirling) の公式

$$\log n! = n \log n - n + r_n \qquad (r_n = O(\log n))$$

を用いると，$n + k$ が偶数のとき

$$\frac{1}{n}\log\left\{C(n,k)\cdot\frac{1}{2^n}\right\}$$
$$=-\frac{1}{2}\left(1-\frac{k}{n}\right)\log\left(1-\frac{k}{n}\right)-\frac{1}{2}\left(1+\frac{k}{n}\right)\log\left(1+\frac{k}{n}\right)+O\left(\frac{\log n}{n}\right)$$

となる．ここで，

$$I(x)=\begin{cases}\dfrac{1}{2}(1-x)\log(1-x)+\dfrac{1}{2}(1+x)\log(1+x) & (x\in[-1,1]),\\ \infty & (x\notin[-1,1])\end{cases}$$

とおくと，(2–1) より

$$\lim_{n\to\infty}\frac{1}{n}\log P\left(\frac{S_n}{n}\in A\right)=-\min_{x\in A}I(x) \tag{2–2}$$

となる．これは n が十分大きいときには

$$P\left(\frac{S_n}{n}\in A\right)\sim\exp\left\{-\min_{x\in A}I(x)\cdot n\right\}$$

となることを意味している．

したがって，$C_A = \min_{x\in A}I(x)$ となるのである．また，$I(x)$ は $x=0$ でのみ最小値 0 をとる．

2.2 バラダンの定理

次に，もう少し一般的な枠組みの中で，大偏差原理について述べていこう．

$X = \mathbf{R}$ とし，$\mathfrak{B}(\mathbf{R})$ を $\mathbf{R}$ 上のボレル (Borel) 可測集合の全体からなる σ-algebra とする[1]．

これから述べるバラダン (Varadhan) の定理は，X として完備可分な距離空間をとり，$\mathfrak{B}(X)$ として開集合の全体を含む最小の σ-algebra (Borel σ-algebra) をとっても成立することを注意しておこう．

以後，$X = \mathbf{R}$ として話を進めていくことにする．

定義 2-1 $X, \mathfrak{B}(X)$ は上で定められたものとし，$I(x)$ を X 上の実数値関数で，下から半連続で，任意の $t\in\mathbf{R}$ に対して $\{x\in X; I(x)\leq t\}$ がコンパクトになるものとする．このとき，$(X, \mathfrak{B}(X))$ 上の確率測度の列 $\{Q_n(\cdot)\}_{n=1}^\infty$

---

[1] $\mathfrak{B}(\mathbf{R})$ は $\mathbf{R}$ における開区間の全体を含む最小の σ-algebra で，測度論をあまり知らない読者の方は $\mathfrak{B}(\mathbf{R})$ の要素として，開区間 $A=(a,b)$ を考えればそれで十分である．

2.2 バラダンの定理

が次の (1), (2) をみたすとき，$\{Q_n(\cdot)\}_{n=1}^{\infty}$ は $I(x)$ をエントロピー関数として大偏差原理をみたすという．

(1) $$\varlimsup_{n\to\infty} \frac{1}{n}\log Q_n(K) \leq -\inf_{x\in K} I(x)$$

が X の任意の閉集合 K に対して成り立つ．

(2) $$\varliminf_{n\to\infty} \frac{1}{n}\log Q_n(G) \geq -\inf_{x\in G} I(x)$$

が X の任意の開集合 G に対して成り立つ．

定理 2-1 (バラダンの定理) $(X, \mathfrak{B}(X))$ 上の確率測度の列 $\{Q_n(\cdot)\}_{n=1}^{\infty}$ が $I(x)$ をエントロピー関数として大偏差原理をみたすとする．$F(x)$ を X 上の実数値連続関数で，

$$\lim_{L\to\infty}\varlimsup_{n\to\infty}\frac{1}{n}\log\int_{\{F(\cdot)\geq L\}}\exp\{nF(x)\}Q_n(dx) = -\infty \quad (2\text{--}3)$$

をみたすとする．このとき，

$$\lim_{n\to\infty}\frac{1}{n}\log\int_X \exp\{nF(x)\}Q_n(dx) = \sup_{x\in X}\{F(x)-I(x)\} \quad (2\text{--}4)$$

が成立する．

証明 任意の $\epsilon > 0$ に対して，

$$F(y)-I(y) \geq \sup_{x\in X}\{F(x)-I(x)\} - \frac{1}{2}\epsilon$$

をみたす $y\in X$ をとる．$F(x)$ は連続であるから

$$F(x) \geq F(y) - \frac{1}{2}\epsilon \quad (x\in U)$$

となる y の開近傍 U が存在する．したがって，

$$\varliminf_{n\to\infty}\frac{1}{n}\log\int_X \exp\{nF(x)\}Q_n(dx) \geq \varliminf_{n\to\infty}\frac{1}{n}\log\int_U \exp\{nF(x)\}Q_n(dx)$$

$$\geq F(y) - \frac{1}{2}\epsilon + \varliminf_{n\to\infty}\frac{1}{n}\log Q_n(U)$$

$$\geq F(y) - \frac{1}{2}\epsilon - \inf_{x\in U} I(x)$$

$$\geq F(y) - I(y) - \frac{1}{2}\epsilon$$

$$\geq \sup_{x\in X}\{F(x)-I(x)\} - \epsilon$$

となる．ここで，$\epsilon > 0$ は任意であるから

$$\varlimsup_{n\to\infty} \frac{1}{n} \log \int_X \exp\{nF(x)\}Q_n(dx) \geq \sup_{x\in X}\{F(x) - I(x)\} \qquad (2\text{--}5)$$

となる．

仮定 (2–3) より，任意の $N \geq 1$ に対し正の実数 L_N が存在して，$L \geq L_N$ となる任意の L に対して

$$\varlimsup_{n\to\infty} \frac{1}{n} \log \int_{\{F\geq L\}} \exp\{nF(x)\}Q_n(dx) < -N \qquad (2\text{--}6)$$

が成り立つ．

特に，$N = 1$ ととると

$$\varlimsup_{n\to\infty} \frac{1}{n} \log \int_{\{F\geq L_1\}} \exp\{nF(x)\}Q_n(dx) < -1$$

となる．

ここで，$a \vee b = \max\{a, b\}$，$a \wedge b = \min\{a, b\}$ という記号を導入しよう．$a + b \leq 2(a \vee b)$ に注意すると

$$\varlimsup_{n\to\infty} \frac{1}{n} \log \int_X \exp\{nF(x)\}Q_n(dx)$$

$$\leq \varlimsup_{n\to\infty} \frac{1}{n} \bigg[\log\bigg\{2 \bigg(\int_{\{F\geq L_1\}} \exp\{nF(x)\}Q_n(dx)\bigg)\bigg\}$$

$$\vee \log\bigg\{2 \bigg(\int_{\{F\leq L_1\}} \exp\{nF(x)\}Q_n(dx)\bigg)\bigg\}\bigg]$$

$$\leq (-1) \vee \varlimsup_{n\to\infty} \frac{1}{n} \log \int_{\{F\leq L_1\}} \exp\{nF(x)\}Q_n(dx)$$

$$\leq (-1) \vee L_1 = L_1 < \infty$$

となる．

したがって，(2–5) より $\sup_{x\in X}\{F(x) - I(x)\}$ は有限値をとり，さらに (2–6) より正の実数 L が存在して

$$\varlimsup_{n\to\infty} \frac{1}{n} \log \int_{\{F\geq L\}} \exp\{nF(x)\}Q_n(dx) \leq \sup_{x\in X}\{F(x) - I(x)\} \qquad (2\text{--}7)$$

となる．

$\bar{F}(x) = F(x) \wedge L$ とおき，$M < L \wedge \sup_{x\in X}\{\bar{F}(x) - I(x)\}$ なる M をとり，さらに，$N \geq 1$，$j = 1, \cdots, N$ に対して

2.2 バラダンの定理

$$K_{N,j} = \left\{x \in X; M + \frac{j-1}{N}(L-M) \leq \bar{F}(x) \leq M + \frac{j}{N}(L-M)\right\}$$

とおく．

$$\{x \in X; \bar{F}(x) \geq M\} = \bigcup_{j=1}^{N} K_{N,j}$$

に注意すると

$$\varlimsup_{n\to\infty} \frac{1}{n} \log \int_{\{\bar{F}\geq M\}} \exp\{n\bar{F}(x)\} Q_n(dx)$$
$$\leq \varlimsup_{n\to\infty} \frac{1}{n} \log \sum_{j=1}^{N} \exp\left\{n\left(M + \frac{j}{N}(L-M)\right)\right\} Q_n(K_{N,j})$$
$$\leq \max_{1\leq j\leq N} \left\{M + \frac{j}{N}(L-M) - \inf_{x\in K_{N,j}} I(x)\right\}$$
$$\leq \max_{1\leq j\leq N} \sup_{x\in K_{N,j}} \{\bar{F}(x) - I(x)\} + \frac{L-M}{N}$$
$$\leq \sup_{x\in X} \{\bar{F}(x) - I(x)\} + \frac{L-M}{N}$$

となる．ここで，$N \to \infty$ とすると

$$\varlimsup_{n\to\infty} \frac{1}{n} \log \int_{\{\bar{F}\geq M\}} \exp\{n\bar{F}(x)\} Q_n(dx) \leq \sup_{x\in X} \{\bar{F}(x) - I(x)\} \quad (2\text{-}8)$$

となる．

一方，

$$\int_{\{\bar{F}\leq M\}} \exp\{n\bar{F}(x)\} Q_n(dx) \leq \exp\{nM\}$$

より

$$\varlimsup_{n\to\infty} \frac{1}{n} \log \int_{\{\bar{F}\leq M\}} \exp\{n\bar{F}(x)\} Q_n(dx) \leq M \leq \sup_{x\in X} \{\bar{F}(x) - I(x)\}$$

となり，これと (2-8) より

$$\varlimsup_{n\to\infty} \frac{1}{n} \log \int_X \exp\{n\bar{F}(x)\} Q_n(dx) \leq \sup_{x\in X} \{\bar{F}(x) - I(x)\} \quad (2\text{-}9)$$

となる．ここでも，$a+b \leq 2(a\vee b)$ という不等式を用いた．(2-9) と $\bar{F}(x)$ の定義より

$$\varlimsup_{n\to\infty} \frac{1}{n} \log \int_{\{F\leq L\}} \exp\{nF(x)\} Q_n(dx) \leq \sup_{x\in X} \{\bar{F}(x) - I(x)\} \quad (2\text{-}10)$$

が得られる. (2–7) と (2–10) より

$$\varlimsup_{n\to\infty} \frac{1}{n} \log \int_X \exp\{nF(x)\} Q_n(dx)$$
$$\leq \sup_{x\in X}\{F(x) - I(x)\} \vee \sup_{x\in X}\{\bar{F}(x) - I(x)\} \quad (2\text{–}11)$$

となり, さらに $L \to \infty$ とすれば

$$\varlimsup_{n\to\infty} \frac{1}{n} \log \int_X \exp\{nF(x)\} Q_n(dx) \leq \sup_{x\in X}\{F(x) - I(x)\} \quad (2\text{–}12)$$

が得られる.

ゆえに, (2–5) と (2–12) より

$$\lim_{n\to\infty} \frac{1}{n} \log \int_X \exp\{nF(x)\} Q_n(dx) = \sup_{x\in X}\{F(x) - I(x)\}$$

が成立する. ∎

定理 2-2 $\{Q_n(\cdot)\}_{n=1}^\infty$ および $F(x)$ は定理 2-1 と同じ条件をみたすとする.

$$Q_n^F(A) = \frac{\displaystyle\int_A \exp\{nF(x)\} Q_n(dx)}{\displaystyle\int_X \exp\{nF(x)\} Q_n(dx)}$$

によって確率測度の列 $\{Q_n^F(\cdot)\}_{n=1}^\infty$ を定めると, $\{Q_n^F(\cdot)\}_{n=1}^\infty$ は

$$I^F(x) = I(x) - F(x) - \inf_{x\in X}\{I(x) - F(x)\}$$

をエントロピー関数として大偏差原理をみたす.

証明 定理 2-1 より

$$\lim_{n\to\infty} \int_X \exp\{nF(x)\} Q_n(dx) = \sup_{x\in X}\{F(x) - I(x)\}$$
$$= -\inf_{x\in X}\{I(x) - F(x)\}$$

であるから, 次の (1), (2) を示せば十分である.

(1) 任意の閉集合 $K \neq \emptyset$ に対して

$$\varlimsup_{n\to\infty} \frac{1}{n} \log \int_K \exp\{nF(x)\} Q_n(dx) \leq \sup_{x\in K}\{F(x) - I(x)\}$$
$$\left(= -\inf_{x\in K}\{I(x) - F(x)\}\right).$$

(2) 任意の開集合 $G \neq \emptyset$ に対して

2.2 バラダンの定理

$$\lim_{n\to\infty} \frac{1}{n} \log \int_G \exp\{nF(x)\} Q_n(dx) \geq \sup_{x\in G}\{F(x) - I(x)\}$$
$$\left(= -\inf_{x\in G}\{I(x) - F(x)\}\right).$$

まず，(1) を示す．証明の方法は定理 2-1 の (2–12) の証明とほぼ同じである．(2–7) と同様に，

$$\varlimsup_{n\to\infty} \frac{1}{n} \log \int_{\{F\geq L\}\cap K} \exp\{nF(x)\} Q_n(dx)$$
$$\leq \sup_{x\in K}\{F(x) - I(x)\} \qquad (2\text{–}13)$$

となる L をとる．$\bar{F}(x) = F(x) \wedge L$ とおき，$M < L \wedge \sup_{x\in K}\{\bar{F}(x) - I(x)\}$ となる M をとる．$N \geq 1$ とし，$[M,L] \cap K$ を N 分割し，定理 2-1 の証明の (2–8) を導いたように

$$\varlimsup_{n\to\infty} \frac{1}{n} \log \int_{\{\bar{F}\geq M\}\cap K} \exp\{n\bar{F}(x)\} Q_n(dx)$$
$$\leq \sup_{x\in K}\{\bar{F}(x) - I(x)\} \qquad (2\text{–}14)$$

が得られる．また，

$$\varlimsup_{n\to\infty} \frac{1}{n} \log \int_{\{\bar{F}\leq M\}\cap K} \exp\{n\bar{F}(x)\} Q_n(dx) \leq \sup_{x\in K}\{\bar{F}(x) - I(x)\}$$

が成り立つので，これと (2–14) より

$$\varlimsup_{n\to\infty} \frac{1}{n} \log \int_{\{F\leq L\}\cap K} \exp\{nF(x)\} Q_n(dx)$$
$$\leq \varlimsup_{n\to\infty} \frac{1}{n} \log \int_K \exp\{n\bar{F}(x)\} Q_n(dx)$$
$$\leq \sup_{x\in K}\{\bar{F}(x) - I(x)\}$$

が成り立つ．これと (2–13) より

$$\varlimsup_{n\to\infty} \frac{1}{n} \log \int_K \exp\{nF(x)\} Q_n(dx)$$
$$\leq \sup_{x\in K}\{F(x) - I(x)\} \vee \sup_{x\in K}\{\bar{F}(x) - I(x)\}$$

となる．さらに，$L \to \infty$ とすることにより

$$\varlimsup_{n\to\infty} \frac{1}{n} \log \int_K \exp\{nF(x)\} Q_n(dx) \leq \sup_{x\in K}\{F(x) - I(x)\}$$

となる．

次に，(2) を示す．これは定理 2-1 の (2-5) と同様に証明できる．任意の $\epsilon > 0$ に対して

$$F(y) - I(y) \geq \sup_{x \in G}\{F(x) - I(x)\} - \frac{1}{2}\epsilon$$

となる $y \in G$ をとり，

$$F(x) \geq F(y) - \frac{1}{2}\epsilon \qquad (x \in U)$$

となる y の開近傍 $U \subset G$ をとる．

したがって，

$$\varliminf_{n \to \infty} \frac{1}{n} \log \int_G \exp\{nF(x)\} Q_n(dx)$$
$$\geq \varliminf_{n \to \infty} \frac{1}{n} \log \int_U \exp\{nF(x)\} Q_n(dx)$$
$$\geq F(y) - \frac{1}{2}\epsilon + \varliminf_{n \to \infty} \frac{1}{n} \log Q_n(U)$$
$$\geq F(y) - \frac{1}{2}\epsilon + \inf_{x \in U} I(x)$$
$$\geq F(y) - I(y) - \frac{1}{2}\epsilon$$
$$\geq \sup_{x \in G}\{F(x) - I(x)\} - \epsilon$$

が成り立つ．ここで，$\epsilon > 0$ は任意であるので

$$\varliminf_{n \to \infty} \frac{1}{n} \log \int_G \exp\{nF(x)\} Q_n(dx) \geq \sup_{x \in G}\{F(x) - I(x)\}$$

が成り立つ． ∎

2.3 平均場モデルの自発磁化

さて，ここでは 2.1 節で準備した大偏差原理の結果を平均場モデルに適用してみよう．

$$\Lambda = \{t_1, \cdots, t_n\}$$

とし，$P_\Lambda^{\beta,h} = P_n^{\beta,h}$ と書き，$P_n^{\beta,h}$ で表す．Λ におけるスピン和確率変数を

$$S_n(\omega) = \sum_{i=1}^n X_{t_i}(\omega)$$

2.3 平均場モデルの自発磁化

で表し，S_n/n の分布を $\nu_n^{\beta,h}(\cdot)$ で表す．すなわち，$\mathbf{R}$ 上のボレル可測集合 A に対して $\nu_n^{\beta,h}(A)$ は

$$\nu_n^{\beta,h}(A) = P_n^{\beta,h}\left(\frac{S_n}{n} \in A\right)$$

で与えられる．

この $\{\nu_n^{\beta,h}\}_{n=1}^{\infty}$ について大偏差原理が成り立つことを示そう．

その前に $\beta = 0$ のときの $\nu_n^{0,h}(\cdot)$ について考えよう．1.2 節において，$P_n^{0,h}$ は $\frac{1}{2}$-ベルヌーイ測度とよばれる測度になること，すなわち $\{X_{t_i}\}_{i=1}^n$ は独立同分布な確率変数の列で

$$P_n^{0,h}(X_{t_i} = 1) = P_n^{0,h}(X_{t_i} = -1) = \frac{1}{2}$$

となることに注意した．

また，平均場モデルのエネルギー $H_\Lambda^h(\omega)$ は関数 $F(x)$ を

$$F(x) = \beta\left(\frac{1}{2}J_0 x^2 + hx\right)$$

で定めるとき，

$$H_\Lambda^h(\omega) = -\beta^{-1} n F\left(\frac{S_n(\omega)}{n}\right)$$

と与えられることに注意すると，$\beta > 0$ に対して

$$\nu_n^{\beta,h}(A) = \frac{\displaystyle\int_{\left\{\frac{S_n}{n} \in A\right\}} \exp\left\{nF\left(\frac{S_n(\omega)}{n}\right)\right\} P_n^{0,h}(d\omega)}{\displaystyle\int_{\Omega_\Lambda} \exp\left\{nF\left(\frac{S_n(\omega)}{n}\right)\right\} P_n^{0,h}(d\omega)}$$

$$= \frac{\displaystyle\int_A \exp\{nF(x)\} \nu_n^{0,h}(dx)}{\displaystyle\int_{\mathbf{R}} \exp\{nF(x)\} \nu_n^{0,h}(dx)}$$

となる．

2.1 節で述べたように，$\{\nu_n^{0,h}\}_{n=1}^{\infty}$ については大偏差原理が成り立ち，そのエントロピー関数は

$$I(x) = \begin{cases} \dfrac{1-x}{2}\log(1-x) + \dfrac{1+x}{2}\log(1+x) & (x \in [-1,1]), \\ \infty & \text{(それ以外)} \end{cases}$$

で与えられる．

次に,
$$\lim_{L\to\infty}\varlimsup_{n\to\infty}\frac{1}{n}\log\int_{\{F\geq L\}}\exp\{nF(x)\}\nu_n^{0,h}(dx)=-\infty \quad (2\text{--}15)$$
が成立することを示そう.

$F(x)=\beta\left(\frac{1}{2}J_0x^2+hx\right)$ に対して, 2次方程式
$$F(x)=L$$
の2つの実解を $\alpha_1(L)$, $\alpha_2(L)$ $(\alpha_1(L)<\alpha_2(L))$ としよう. このとき, 明らかに $\alpha_1(L)\to-\infty$, $\alpha_2(L)\to\infty$ $(L\to\infty)$ となる.

また, $\nu_n^{0,h}([-1,1])=1$ となることと, $\{\nu_n^{0,h}\}$ が $I(x)$ をエントロピー関数として大偏差原理をみたすことより
$$\varlimsup_{n\to\infty}\frac{1}{n}\log\int_{\{F\geq L\}}\exp\{nF(x)\}\nu_n^{0,h}(dx)$$
$$\leq \beta\left(\frac{1}{2}J_0+|h|\right)-\inf_{x\in(-\infty,\alpha_1(L)]\cup[\alpha_2(L),\infty)}I(x)$$
となる. これより, (2–15) が得られる.

したがって, 定理 2-2 より $\beta>0$ に対して $\{\nu_n^{\beta,h}\}$ は
$$I_{\beta,h}(x)=G_{\beta,h}(x)-\inf_{x\in\mathbf{R}}G_{\beta,h}(x)$$
をエントロピー関数として大偏差原理をみたす. ここで, $G_{\beta,h}(x)$ は
$$G_{\beta,h}(x)=I(x)-F(x)$$
$$=\begin{cases}\dfrac{1-x}{2}\log(1-x)+\dfrac{1+x}{2}\log(1+x)-\beta\left\{\dfrac{1}{2}J_0x^2+hx\right\} \\ \hspace{6cm}(x\in[-1,1]), \\ \infty \hspace{5cm}(x\notin[-1,1])\end{cases}$$
で与えられる.

$x\in[-1,1]$ のとき
$$G'_{\beta,h}(x)=\frac{1}{2}\log\frac{1+x}{1-x}-(\beta J_0x+\beta h)$$
となり, $y=\frac{1}{2}\log\frac{1+x}{1-x}$ と $y=\beta J_0x+\beta h$ のグラフを描くと, 図 2.3 のようになる.

2.3 平均場モデルの自発磁化

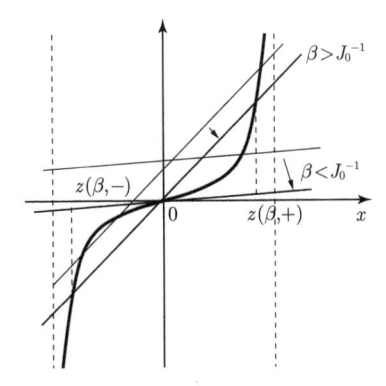

図 2.3 $y = \dfrac{1}{2}\log\dfrac{1+x}{1-x}$ と $y = \beta J_0 x + \beta h$ のグラフ

このグラフより $I_{\beta,h}(x)$ の挙動は
(A) $h \neq 0$ または $h = 0$ で $0 < \beta \leq J_0^{-1}$ のとき,
(B) $h = 0$ で $\beta > J_0^{-1}$ のとき
の 2 つの場合で, 大きく異なることがわかる.

$f(x)$ を $\mathbf{R}$ で定義された有界連続関数とし,

$$E_n^{\beta,h}\left[f\left(\frac{S_n}{n}\right)\right] \left(= \int_{\mathbf{R}} f(x)\nu_n^{\beta,h}(dx)\right)$$

の $n \to \infty$ のときの挙動が (A), (B) の 2 つの場合でどのように変わるかを考えてみよう.

まず, (A) の場合を考える. このとき, $I_{\beta,h}(x)$ は, ある $x = z(\beta,h)$ という点でのみ最小値をとる. K を $z(\beta,h)$ を含まない任意の閉区間とすると大偏差原理より

$$\varlimsup_{n\to\infty} \frac{1}{n}\log \nu_n^{\beta,h}(K) \leq -\inf_{x\in K} I_{\beta,h}(x) < 0$$

が成り立つ.

これより, ある番号 n_0 が存在して, $n \geq n_0$ なる任意の n に対して

$$\nu_n^{\beta,h}(K) \leq \exp\{-C_K n\}$$

となることがわかる. ここで, $C_K = \inf_{x\in K} I_{\beta,h}(x) > 0$ である.

また, $f(x)$ は $x = z(\beta,h)$ で連続であるから, 任意の $\epsilon > 0$ に対して $z(\beta,h)$ を含む開区間 U が存在して

$$|f(x) - f(z(\beta, h))| < \epsilon \qquad (x \in U)$$

が成り立つ．したがって，

$$\left| \int_{\mathbf{R}} f(x) \nu_n^{\beta,h}(dx) - f(z(\beta,h)) \right|$$
$$\leq \int_U |f(x) - f(z(\beta,h))| \nu_n^{\beta,h}(dx) + 2M \nu_n^{\beta,h}(U^c)$$
$$\leq \epsilon + 2M \exp\{-C_{U^c} \cdot n\}$$

となる．ここで，$M = \sup_{x \in \mathbf{R}} |f(x)|$ である．

ゆえに，(A) の場合には

$$\lim_{n \to \infty} E_n^{\beta,h} \left[f\left(\frac{S_n}{n}\right) \right] = f(z(\beta, h))$$

となることがわかる．

次に，(B) の場合にも，(A) の場合と同様にして

$$\lim_{n \to \infty} E_n^{\beta,h} \left[f\left(\frac{S_n}{n}\right) \right] = \frac{1}{2}\{f(z(\beta, +)) + f(z(\beta, -))\}$$

となる．ここで，$\frac{1}{2}$ という係数がでてくるのは，$z(\beta, +)$ と $z(\beta, -)$ の対称性による．

以上のことを定理としてまとめると次のようになる．

定理 2-3 平均場モデルにおいて，$f(x)$ を有界連続関数とするとき，次の極限定理が成り立つ．

(1) $h \neq 0$ または $h = 0$ で $0 \leq \beta \leq J_0^{-1}$ のとき，ある $z(\beta, h) \in (-1, 1)$ が存在して

$$\lim_{n \to \infty} E_n^{\beta,h} \left[f\left(\frac{S_n}{n}\right) \right] = f(z(\beta, h))$$

となる．

(2) $h = 0$ で $\beta > J_0^{-1}$ のとき相異なる $z(\beta, +)$, $z(\beta, -)$ が存在して (ただし $0 < z(\beta, +) = -z(\beta, -) < 1$)，

$$\lim_{n \to \infty} E_n^{\beta,0} \left[f\left(\frac{S_n}{n}\right) \right] = \frac{1}{2}\{f(z(\beta, +)) + f(z(\beta, -))\}$$

となる．

2.3 平均場モデルの自発磁化

特に, $f(x)$ を $-1 \leq x \leq 1$ で $f(x) = x$ をみたす有界連続関数とすると

$$m(\beta, h)$$
$$= \lim_{n \to \infty} E_n^{\beta,h} \left(\frac{S_n}{n} \right)$$
$$= \begin{cases} z(\beta, h) & (h \neq 0 \text{ または } h = 0 \text{ で } 0 \leq \beta \leq J_0^{-1}), \\ \frac{1}{2}(z(\beta, +) + z(\beta, -)) & (h = 0 \text{ で } \beta > J_0^{-1}) \end{cases}$$

が成り立つ.

また,図 2.3 より, $0 < \beta < J_0^{-1}$ のとき
$$z(\beta, h) \to 0 \qquad (h \to 0)$$
であり, $\beta > J_0^{-1}$ のとき
$$z(\beta, h) \to z(\beta, +) \qquad (h \to 0+),$$
$$z(\beta, h) \to z(\beta, -) \qquad (h \to 0-)$$
となることがわかる.ここで, $h \to 0+$ は $h > 0$ として $h \to 0$ となることを意味し, $h \to 0-$ は $h < 0$ として $h \to 0$ となることを意味する.

このことから自発磁化について次の定理が成り立つ.

定理 2-4 平均場モデルの自発磁化について
$$m(\beta, \pm) = \lim_{h \to 0\pm} m(\beta, h) = \begin{cases} 0 & (0 < \beta < J_0^{-1}), \\ m(\beta, \pm) & (\beta > J_0^{-1}) \end{cases}$$
が成り立ち, $\beta > J_0^{-1}$ のときに自発磁化が起こる.

3 ギブスの自由エネルギーと比磁化

本章では,『自発磁化が起こる』かどうかを,ギブスの自由エネルギーとよばれる関数を用いて調べていくことにする.

3.1 ギブスの自由エネルギー

Λ を $\mathbf{Z}^d$ における有界領域とし,$Z_\Lambda^{\beta,h}$ を分配関数とする.

$$g_\Lambda(\beta, h) = \frac{1}{|\Lambda|} \log Z_\Lambda^{\beta,h}$$

とおく.ここで,$|\Lambda|$ は Λ に属する $\mathbf{Z}^d$ の点の数である.このとき,$g_\Lambda(\beta, h)$ は h の関数として凸関数であり,かつ偶関数となる.関数 $f(x)$ が凸関数であるとは,$x_1 < x_2$ とするとき $f(x)$ の $x_1 < x < x_2$ の部分が $(x_1, f(x_1))$ と $(x_2, f(x_2))$ を結ぶ線分の下にあるような関数である.また,この逆が成り立つとき $f(x)$ は凹関数であるという.例えば,$y = x^2$ は凸関数であり,$y = -x^2$ は凹関数である.また,$f(x)$ が偶関数であるとは,$f(-x) = f(x)$ となる関数のことである.

Λ_n を1辺が $2n+1$ の $\mathbf{Z}^d$ における立方体とする.つまり,$\Lambda_n = [-n, n]^d$ である.ここで,$n \to \infty$ とすると $\Lambda_n \to \mathbf{Z}^d$ となる.

さらに,

$$\sum_{i \in \mathbf{Z}^d} |J(i)| < \infty$$

と仮定する.

定理 3-1 極限

$$g(\beta, h) = \lim_{n \to \infty} g_{\Lambda_n}(\beta, h)$$

が存在し,$g(\beta, h)$ は h の関数として凸関数でかつ偶関数となる.

この $g(\beta,h)$ はギブスの自由エネルギーとよばれ，この関数の挙動を通して自発磁化の存在や相転移の存在が調べられる．

$\Lambda_n \to \mathbf{Z}^d$ となるような極限の取り方を**熱力学的極限** (thermodynamic limit) とよび，$g(\beta,h)$ のような関数を**熱力学的極限関数**とよぶ．定理 3-1 の証明は 5.4 節でもっと一般的な形で与えられる．

3.2 ギブスの自由エネルギーと比磁化との関係

ここでは $g(\beta,h)$ と $m(\beta,h)$ との関係について調べていこう．まず，有限領域 Λ_n においては，磁化 $M_{\Lambda_n}(\beta,h)$ と $g_{\Lambda_n}(\beta,h)$ の間には

$$\beta \frac{1}{|\Lambda_n|} M_{\Lambda_n}(\beta,h) = \frac{\partial}{\partial h} g_{\Lambda_n}(\beta,h)$$

という関係が成り立っている．

この関係式より，$h \geq 0$ のとき

$$g_{\Lambda_n}(\beta,h) - g_{\Lambda_n}(\beta,0) = \beta \int_0^h \frac{1}{|\Lambda_n|} M_{\Lambda_n}(\beta,s)\, ds \qquad (3\text{--}1)$$

となる．ここで，$\frac{1}{|\Lambda_n|} M_{\Lambda_n}(\beta,s)$ が有界であることと対角線論法を用いることにより，$\{\Lambda_n\}_{n=1}^{\infty}$ から部分列 $\{\Lambda_{n_k}\}_{k=1}^{\infty}$ が選べてすべての非負有理数 s に対して

$$\frac{1}{|\Lambda_{n_k}|} M_{\Lambda_{n_k}}(\beta,s) \to m(\beta,s) \qquad (k \to \infty)$$

とできる．また，$\frac{1}{|\Lambda_{n_k}|} M_{\Lambda_{n_k}}(\beta,h)$ は h の凹関数であるから，すべての非負実数 h に対して

$$m(\beta,h) = \lim_{k \to \infty} \frac{1}{|\Lambda_{n_k}|} M_{\Lambda_{n_k}}(\beta,h)$$

となる．また，$m(\beta,h)$ は h の凹関数となり，$h > 0$ において連続となる．

$g_{\Lambda_n}(\beta,h)$ は $g(\beta,h)$ に収束するから，$g_{\Lambda_{n_k}}(\beta,h)$ も $g(\beta,h)$ に収束する．したがって，(3–1) より

$$g(\beta,h) - g(\beta,0) = \beta \int_0^h m(\beta,s)\, ds$$

が成立する．よって，$h > 0$ のとき，$g(\beta,h)$ は h で微分可能で

$$\frac{\partial g(\beta,h)}{\partial h} = \beta m(\beta,h) \qquad (3\text{--}2)$$

3.2 ギブスの自由エネルギーと比磁化との関係

となる. $h<0$ のときも同様のことがいえるので, $h \neq 0$ に対して $g(\beta, h)$ は h に関して連続微分可能で (3-2) が成立する.

$g_{\Lambda_n}(\beta, h) \to g(\beta, h)$ で $h \neq 0$ のとき, $g_{\Lambda_n}(\beta, h)$, $g(\beta, h)$ はともに h で微分可能であることを用いると次のことがわかる. ただし, $h_1 < h < h_2$ とし $0 \notin (h_1, h_2)$ とする. $g_{\Lambda_n}(\beta, h)$ が凹関数であることと h に関する微分可能性より

$$\frac{g_{\Lambda_n}(\beta, h) - g_{\Lambda_n}(\beta, h_1)}{h - h_1} \geq \frac{\partial g_{\Lambda_n}(\beta, h)}{\partial h} \geq \frac{g_{\Lambda_n}(\beta, h_2) - g_{\Lambda_n}(\beta, h)}{h_2 - h}.$$

ゆえに,

$$\frac{g(\beta, h) - g(\beta, h_1)}{h - h_1} \geq \varlimsup_{n \to \infty} \frac{\partial g_{\Lambda_n}(\beta, h)}{\partial h} \geq \varliminf_{n \to \infty} \frac{\partial g_{\Lambda_n}(\beta, h)}{\partial h}$$
$$\geq \frac{g(\beta, h_2) - g(\beta, h)}{h_2 - h}.$$

ここで, $h_2 \downarrow h$, $h_1 \uparrow h$ とすると

$$\frac{\partial g(\beta, h)}{\partial h} \geq \varlimsup_{n \to \infty} \frac{\partial g_{\Lambda_n}(\beta, h)}{\partial h} \geq \varliminf_{n \to \infty} \frac{\partial g_{\Lambda_n}(\beta, h)}{\partial h} \geq \frac{\partial g(\beta, h)}{\partial h}$$

となり,

$$\frac{\partial g_{\Lambda_n}(\beta, h)}{\partial h} \to \frac{\partial g(\beta, h)}{\partial h} \qquad (n \to \infty) \tag{3-3}$$

となる. したがって,

$$\frac{M_{\Lambda_n}(\beta, h)}{|\Lambda_n|} \to m(\beta, h) \qquad (n \to \infty)$$

となる.

以上のことより次の定理が成り立つ.

定理 3-2 (1) $h \neq 0$ のとき次の極限

$$m(\beta, h) = \lim_{n \to \infty} \frac{1}{|\Lambda_n|} M_{\Lambda_n}(\beta, h)$$

が存在して, $m(\beta, h)$ は h について単調増加で, $h \geq 0$ で凹関数となり,

$$m(\beta, -h) = -m(\beta, h), \qquad |m(\beta, h)| \leq 1$$

が成立する.

(2) $h \neq 0$ のとき $g(\beta, h)$ は h について連続微分可能で

$$\frac{\partial g(\beta, h)}{\partial h} = \beta m(\beta, h)$$

が成立する.

(3) $m(\beta,\pm) = \lim_{h\to 0\pm} m(\beta,h)$ が存在し,
$$m(\beta,+) = \frac{1}{\beta}\frac{\partial g(\beta,0)}{\partial h^+}, \qquad m(\beta,-) = \frac{1}{\beta}\frac{\partial g(\beta,0)}{\partial h^-}$$
が成立する.ここで,上式の右辺は,それぞれ $g(\beta,h)$ の h に関する右微係数,左微係数である.

この定理により,

『$g(\beta,h)$ の $h=0$ における右微係数が正 $\iff$ 自発磁化が起こる』

という対応が成り立つ.したがって,$g(\beta,h)$ の h に関する微分可能性を調べることが大事になってくる.

3.3 李政道・楊振寧の定理 (Lee-Yang の定理)

$\alpha_{i,j}$ $(i,j=1,2,\cdots,n)$ を $|\alpha_{i,j}|\leq 1$, $\alpha_{i,j}=\alpha_{j,i}$ をみたす実数とし,このとき $A\subset \Lambda_n=\{1,\cdots,n\}$ に対して

$$c_A = \begin{cases} \prod_{i\in A}\prod_{j\in \Lambda_n\setminus A}\alpha_{i,j} & (A\neq \Lambda_n,\ A\neq \emptyset), \\ 1 & (A=\Lambda_n,\ A=\emptyset), \end{cases}$$

$$z_A = \begin{cases} \prod_{i\in A} z_i & (A\neq \emptyset), \\ 1 & (A=\emptyset) \end{cases}$$

とおき,複素数 $z_1,\cdots,z_n$ に関して関数 $p_n(z_1,\cdots,z_n)$ を

$$p_n(z_1,\cdots,z_n) = \sum_{A\subset \Lambda_n} c_A z_A$$

で定める.

定理 3-3 ([54]) $0<|\alpha_{i,j}|<1$ $(i,j=1,2,\cdots,n)$ のとき,$p_n(\zeta_1,\cdots,\zeta_n)=0$ で $|\zeta_1|\geq 1,\cdots,|\zeta_{n-1}|\geq 1$ ならば $|\zeta_n|\leq 1$ が成り立つ.

証明 n に関する帰納法で行なう.$n=1$ のときは
$$p_1(\zeta_1) = 1+\zeta_1$$
となるので自明.$m<n$ となるすべての m について定理の主張が成立すると仮定して n のときを考える.そこで,

3.3 李政道・楊振寧の定理 (Lee-Yang の定理)

$$p_n(\zeta_1,\cdots,\zeta_n) = 0 \quad \text{で} \quad |\zeta_1| \geq 1,\cdots,|\zeta_{n-1}| \geq 1 \quad (3\text{–}4)$$

となる $\zeta_1,\cdots,\zeta_n$ を任意にとる. (定理 3-3 の証明途中)

これから証明をいくつかのステップに分けて行なう.

補題 3-4 $p_n(\zeta_1,\cdots,\zeta_{n-1},\zeta_n) = \beta_1 + \beta_2\zeta_{n-1} + \beta_3\zeta_n + \beta_4\zeta_{n-1}\zeta_n$
とおくとき, (3–4) と帰納法の仮定のもとで次の (1), (2) が成立する.

(1) $\beta_4 \neq 0$.

(2) $\left|\dfrac{\beta_3}{\beta_4}\right| < 1$.

補題 3-4 の証明 (1) β_4 を α_{ij} を用いて表すと

$$\beta_4 = \sum_{A \subset \Lambda_{n-2}} c_{A \cup \{n-1,n\}} \zeta_A$$

$$= \sum_{A \subset \Lambda_{n-2}} \prod_{i \in A \cup \{n-1,n\}} \prod_{j \in \Lambda_{n-2} \setminus A} \alpha_{ij} \zeta_A$$

$$= \sum_{A \subset \Lambda_{n-2}} \left(\prod_{i \in A} \prod_{j \in \Lambda_{n-2} \setminus A} \alpha_{ij}\right)\left(\prod_{j \in \Lambda_{n-2} \setminus A} \alpha_{n-1,j}\alpha_{n,j}\right) \zeta_A.$$

$i = 1,\cdots,n-2$ に対して $\zeta_i = \alpha_{n-1,i}\alpha_{n,i}\gamma_i$ で γ_i を定めると, $|\gamma_i| > 1$ $(i = 1,\cdots,n-2)$ で

$$\beta_4 = \left(\prod_{j \in \Lambda_{n-2}} \alpha_{n-1,j}\alpha_{n,j}\right) p_{n-2}(\gamma_1,\cdots,\gamma_{n-2})$$

となるから, 帰納法の仮定により $p_{n-2}(\gamma_1,\cdots,\gamma_{n-2}) \neq 0$. したがって, $\beta_4 \neq 0$ となる.

(2) $-\dfrac{\beta_3}{\beta_4} = \zeta'_{n-1}$ とおくと

$$0 = \beta_3 + \beta_4 \zeta'_{n-1}$$

となる.

$\gamma_i = \dfrac{\zeta_i}{\alpha_{in}}$ $(i = 1,\cdots,n-2)$, $\gamma_{n-1} = \dfrac{\zeta'_{n-1}}{\alpha_{n-1,n}}$ とおくと

$$\prod_{i=1}^{n-1} \alpha_{in} p_{n-1}(\gamma_1,\gamma_2,\cdots,\gamma_{n-1}) = 0$$

となる.

$|\gamma_1| > 1,\cdots,|\gamma_{n-2}| > 1$ であるから, 帰納法の仮定より

$$\left|\frac{\beta_3}{\beta_4}\right| = |\zeta'_{n-1}| < |\gamma_{n-1}| \leq 1$$

となる. ∎

定理 3-3 の証明の続き この補題を用いて定理の証明の続きを行なう.

n のとき定理の主張が成り立たないと仮定すると, $|\zeta_1| \geq 1, \cdots, |\zeta_{n-1}| \geq 1$, $|\zeta_n| > 1$ となる $\zeta_1, \cdots, \zeta_n$ が存在して

$$p_n(\zeta_1, \cdots, \zeta_{n-1}, \zeta_n) = 0$$

となる. ここで, $p_n(\zeta_1, \cdots, \zeta_{n-2}, v, w) = 0$ によって導入される1次変換

$$v = -\frac{\beta_1 + \beta_3 \cdot w}{\beta_2 + \beta_4 \cdot w}$$

を考えると, この1次変換により, $|\zeta_n| > 1$ なる単位円外の点は $|\zeta_{n-1}| \geq 1$ となる点に移され, また $w = \infty$ という点は $-\frac{\beta_3}{\beta_4}$ に移される. 補題3-4 から, この $-\frac{\beta_3}{\beta_4}$ という点は単位円内にある. したがって, 変換の連続性によって, $|\zeta_n''| > 1$ という単位円外の点 ζ_n'' が存在して, ζ_n'' は単位円上の点 ζ_{n-1}'' に移される. すなわち,

$$p_n(\zeta_1, \cdots, \zeta_{n-2}, \zeta_{n-1}'', \zeta_n'') = 0$$

となる.

p_n は各変数について対称であるから, この手続きを繰り返していくと, $|\xi_1| = 1, \cdots, |\xi_{n-1}| = 1, |\xi_n| > 1$ となる複素数が存在して,

$$p_n(\xi_1, \xi_2, \cdots, \xi_n) = 0$$

が成り立つ.

複素数 ξ の共役複素数を ξ^* で表すとき,

$$\begin{aligned}
p_n(\xi_1, \cdots, \xi_{n-1}, (\xi_n^*)^{-1}) &= p_n((\xi_1^*)^{-1}, \cdots, (\xi_n^*)^{-1}) \\
&= (\xi_1^*)^{-1} \cdots (\xi_n^*)^{-1} p_n(\xi_1^*, \cdots, \xi_n^*) \\
&= (\xi_1^*)^{-1} \cdots (\xi_n^*)^{-1} p_n(\xi_1, \cdots, \xi_n)^* \\
&= 0
\end{aligned}$$

となる. また,

$$p_n(\xi_1, \cdots, \xi_n) = A + B\xi_n$$

と分解すれば, 前と同様に $B \neq 0$ が示される. したがって,

$$(\xi_n^*)^{-1} = -\frac{A}{B} = \xi_n$$

となり, $|\xi_n| = 1$ となる. これは矛盾である. (定理 3-3 の証明終わり) ∎

3.3 李政道・楊振寧の定理 (Lee-Yang の定理)

定理 3-5 複素数 z に対して

$$\mathcal{P}_n(z) = \sum_{S \subset \Lambda_n} z^{N(S)} \prod_{i \in S} \prod_{j \in \Lambda_n \setminus S} \alpha_{i,j}$$

とおく. ただし, $N(S)$ は S の要素の個数とする. このとき,

$$\mathcal{P}_n(z) = 0 \implies |z| = 1$$

が成り立つ.

証明 $\alpha_{i,j} \neq 0, \pm 1$ のとき, $|z| > 1$ とすると $\mathcal{P}_n(z, \cdots, z) = 0$, $|z| > 1$ となるから定理 3-3 に反する. また, $|z| < 1$ とすると $\zeta = z^{-1}$ とおくことにより, $|\zeta| > 1$, $\mathcal{P}_n(\zeta, \cdots, \zeta) = 0$ となり, これも定理 3-3 に反する. したがって, $|z| = 1$ となる.

$\alpha_{i,j} = 0, \pm 1$ のときも, 代数方程式の解が連続的に係数に依存することと上のことから定理の主張は成立する. ∎

これから, この定理を用いてギブスの自由エネルギーの解析性を調べていこう. Λ 上のスピン配置 ω に対して $A = \{i \in \Lambda; \omega(i) = -1\}$ とおくと, (1–1) より

$$-\frac{1}{2} \sum_{i \in \Lambda} \sum_{j \in \Lambda} J(i-j) \omega(i) \omega(j)$$

$$= -\frac{1}{2} \sum_{i \in \Lambda} \sum_{j \in \Lambda} J(i-j) - \frac{1}{2} \sum_{i \in \Lambda} \sum_{j \in \Lambda} J(i-j)(\omega(i)\omega(j) - 1)$$

$$= -\frac{1}{2} \sum_{i \in \Lambda} \sum_{j \in \Lambda} J(i-j) + 2 \sum_{i \in A} \sum_{j \in A^c} J(i-j)$$

となるから

$$H_\Lambda^h(\omega) = h(2|A| - |\Lambda|) - \frac{1}{2} \sum_{i \in \Lambda} \sum_{j \in \Lambda} J(i-j) + 2 \sum_{i \in A} \sum_{j \in A^c} J(i-j)$$

となる. ここで,

$$z = e^{-2\beta h}, \qquad \alpha_{i,j} = e^{-2\beta J(i-j)}$$

とおくと, 分配関数 $Z_\Lambda^{\beta,h}$ は

$$Z_\Lambda^{\beta,h} = \exp\left\{\beta h|\Lambda| + \frac{1}{2}\beta \sum_{i \in \Lambda} \sum_{j \in \Lambda} J(i-j)\right\} \sum_{A \subset \Lambda} z^{|A|} \prod_{i \in A} \prod_{j \in A^c} \alpha_{i,j}$$

と書ける. また, $\Lambda = \Lambda_n$ とおくと, 上で定められた $\mathcal{P}_n(z)$ を用いて

$$Z_{\Lambda_n}^{\beta,h} = \exp\left\{\beta\left(h|\Lambda_n| + \frac{1}{2} \sum_{i \in \Lambda_n} \sum_{j \in \Lambda_n} J(i-j)\right)\right\} \mathcal{P}_n(z)$$

となる．ここで，
$$\frac{1}{|\Lambda_n|} \sum_{i \in \Lambda_n} \sum_{j \in \Lambda_n} J(i-j) \to \sum_{i \in \mathbf{Z}^d} J(i) \quad (n \to \infty)$$
であるから，ギブスの自由エネルギーの解析性を調べるには $Z_{\Lambda_n}^{\beta,h}$ の $\mathcal{P}_n(z)$ のみを調べればよいことがわかる．

$J(i) \geq 0$ $(i \in \mathbf{Z}^d)$ と仮定すると，$0 < \alpha_{i,j} \leq 1$ となるから定理3-5が適用できる．$\mathcal{P}_n(z)^{\frac{1}{|\Lambda_n|}}$ の零点はすべて単位円周上にあるから，$|z| < 1$ で $\mathcal{P}_n(z)^{\frac{1}{|\Lambda_n|}}$ の解析的な分枝で $z > 0$ に対して実数値をとり
$$\left| \mathcal{P}_n(z)^{\frac{1}{|\Lambda_n|}} \right| \leq \mathcal{P}_n(1)^{\frac{1}{|\Lambda_n|}}$$
をみたすものがある．右辺は $n \to \infty$ のとき収束するから，$\mathcal{P}_n(z)^{\frac{1}{|\Lambda_n|}}$ は $|z| < 1$ で一様有界となる．また，$0 < z < 1$ のとき，これは収束するから ヴィタリ (Vitali) の定理により，$\mathcal{P}_n(z)^{\frac{1}{|\Lambda_n|}}$ は $|z| < 1$ で広義一様に正則な関数 $q(z)$ に収束する．z が実数のときを考えれば，明らかに $q(z) \not\equiv 0$ となる．次に，$|z| < 1$ で $q(z)$ は零点をもたないことを示そう．もし，$q(z_0) = 0$ とすると，$q(z)$ は $|z| < 1$ で正則で $q(z) \not\equiv 0$ だから，z_0 で零点は集積していない (集積していれば $q(z) \equiv 0$ となる)．ある r_0 をとれば
$$C = \{z; |z - z_0| = r_0\} \subset \{z; |z| < 1\}$$
で C 上で $q(z) \neq 0$ とできる．
$$\delta = \min_{z \in C} |q(z)| > 0$$
とおくと，十分大きな n に対して
$$\left| \mathcal{P}_n(z)^{\frac{1}{|\Lambda_n|}} - q(z) \right| < \delta \quad (z \in C)$$
とできる．したがって，
$$\max_{z \in C} \left| \mathcal{P}_n(z)^{\frac{1}{|\Lambda_n|}} - q(z) \right| < \min_{z \in C} |q(z)|$$
となる．ルーシェ (Rouché) の定理により，$C_0 = \{z; |z - z_0| < r_0\}$ における $q(z)$ と $\mathcal{P}_n(z)^{\frac{1}{|\Lambda_n|}}$ の零点の数は等しくなる．一方，$\mathcal{P}_n(z)^{\frac{1}{|\Lambda_n|}}$ は $|z| < 1$ で零点をもたなかったから，これは矛盾である．ゆえに，$q(z)$ は $|z| < 1$ では零点をもたず，$\log q(z)$ は $|z| < 1$ で正則となる．また，$\mathcal{P}_n(z) = z^{|\Lambda_n|} \mathcal{P}_n(z^{-1})$ であるから，$\mathcal{P}_n(z)^{\frac{1}{|\Lambda_n|}}$ は $|z| < 1$ のとき正則関数 $zq(z^{-1})$ に収束する．これより次の定理がいえる．

3.3 李政道・楊振寧の定理 (Lee-Yang の定理)

定理 3-6 $J(i) \geq 0$ $(i \in \mathbf{Z}^d)$ と仮定する．任意の $\beta > 0$ に対して $|z| < 1$ で正則な関数 $f_\beta(z)$ が存在して，

$$g(\beta, h) = \beta(h + c) + f_\beta(e^{-2\beta h}) \qquad (h > 0),$$

$$g(\beta, h) = \beta(-h + c) + f_\beta(e^{2\beta h}) \qquad (h < 0)$$

となる．ここで，

$$c = \frac{1}{2} \sum_{i \in \mathbf{Z}^d} J(i)$$

である．

定理 3-6 により，$J(i) \geq 0$ のときギブスの自由エネルギー $g(\beta, h)$ は $h \neq 0$ のとき h について正則であることがわかる．したがって，このモデルでは h に関する正則性がこわれるのは $h = 0$ のときに限る．つまり，相転移は $h = 0$ のところでのみ起こる．これは強磁性スピン系の際立った特徴である．

4 パーコレーション

ここで扱う確率測度はギブス測度よりもはるかに単純なベルヌーイ測度である.しかしながら,この測度で測る集合がこれまでよりも複雑になっている. $\mathbf{Z}^d$ 全体のスピンの配置を問題にすることになる.

4.1 パーコレーション

まず大ざっぱに,パーコレーション (percolation) とは何かを説明しておこう.Ω を $\mathbf{Z}^d$ 全体のスピンの配置の空間とする.つまり,$\mathbf{Z}^d$ 上定義され $\{+1,-1\}$ に値をとる関数の全体を Ω と書く.すなわち

$$\Omega = \{\omega : \mathbf{Z}^d \to \{-1,+1\}\}$$

と書ける.Ω から任意に $\mathbf{Z}^d$ 上のスピン配置 ω を選んできたとき

$$\omega^{-1}(+1) = \{i \in \mathbf{Z}^d; \omega(i) = +1\} \tag{4-1}$$

とおく (ω による $+1$ の逆像を $\omega^{-1}(+1)$ と書くという意味である).この $\omega^{-1}(+1)$ はかなり複雑な形の $\mathbf{Z}^d$ の部分グラフになる.そこで,$\omega^{-1}(+1)$ の原点を含む連結成分を $C_0^+(\omega)$ と書くことにする (図 4.1).

われわれの興味があるのは $C_0^+(\omega)$ に属する点の個数である.これを $|C_0^+(\omega)|$ と書くことにしよう.

$p \in [0,1]$ を任意にとってくる.この p に対して密度 p の Ω 上のベルヌーイ測度 ν_p を次のように定義しよう.

任意の $i_1,\cdots,i_n, j_1,\cdots,j_m \in \mathbf{Z}^d$ に対して

$$\nu_p(\omega(i_1)=+1,\cdots,\omega(i_n)=+1, \omega(j_1)=-1,\cdots,\omega(j_m)=-1)$$
$$= p^n(1-p)^m. \tag{4-2}$$

ただし,$i_1,\cdots,i_n,\ j_1,\cdots,j_m$ はすべて異なる点とする.言い換えれば,各

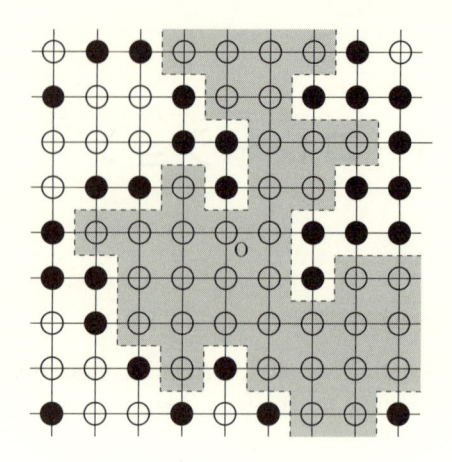

図 4.1 $C_0^+(\omega)$ の図（灰色部分）

座標関数 X_i は $\nu_p(\cdot)$ のもとで独立，同分布な確率変数となり，
$$\nu_p(X_i = +1) = p \qquad (i \in \mathbf{Z}^d)$$
となっている．

いま，
$$\theta(p) = \nu_p(|C_0^+(\omega)| = \infty) \qquad (4\text{--}3)$$
を定義してみる．ここで述べることは，この $\theta(p)$ が今までの比磁化 $m(\beta,+)$ と似たような挙動を示すということである．

4.2 臨界確率 p_c および $\theta(p)$ の挙動

今後よく使うことになり，ここでも重要な役割を果たす **FKG** (Fortuin-Kasteleyn-Ginibre) **不等式**について，まず解説しておく．証明は省略する．

$\omega, \omega' \in \Omega$ に対して
$$\omega(i) \geq \omega'(i) \qquad (i \in \mathbf{Z}^d)$$
となるとき，$\omega \geq \omega'$ と書くことにする．

定義 4-1 $F : \Omega \to \mathbf{R}$ が単調増加 (単調減少) であるとは，$\omega \geq \omega'$ ならばつねに
$$F(\omega) \geq F(\omega') \qquad (F(\omega) \leq F(\omega'))$$
が成り立つときにいう．また，$A \in \mathcal{B}$ が単調増加 (単調減少) であるとは，そ

4.2 臨界確率 p_c および $\theta(p)$ の挙動

の指示関数 (indicator function) 1_A を

$$1_A(\omega) = \begin{cases} 1 & (\omega \in A), \\ 0 & (\omega \notin A) \end{cases}$$

と定めるとき，1_A が単調増加 (単調減少) なことをいう．

注意 1_A を**特性関数**とよぶこともあるが，確率論においては分布のフーリエ変換を特性関数とよぶので，ここでは上のようによぶことにする．

定理 4-1 (FKG 不等式 [27]) Λ を $\mathbf{Z}^d$ の有限部分集合とする．μ を $(\Omega_\Lambda, \mathcal{B}_\Lambda)$ 上の確率測度で，任意の $\sigma_1, \sigma_2 \in \Omega_\Lambda$ に対して

$$\mu(\sigma_1 \vee \sigma_2)\mu(\sigma_1 \wedge \sigma_2) \geq \mu(\sigma_1)\mu(\sigma_2) \tag{4-4}$$

をみたすものとする．ただし，$\sigma_1 \vee \sigma_2, \sigma_1 \wedge \sigma_2 \in \Omega_\Lambda$ は，それぞれ

$$(\sigma_1 \vee \sigma_2)(i) = \max\{\sigma_1(i), \sigma_2(i)\} \quad (i \in \Lambda),$$

$$(\sigma_1 \wedge \sigma_2)(i) = \min\{\sigma_1(i), \sigma_2(i)\} \quad (i \in \Lambda)$$

で定めるものとする．このとき，Ω_Λ 上の任意の単調増加関数 F, G に対して

$$\int_{\Omega_\Lambda} \mu(d\sigma) F(\sigma) G(\sigma) \geq \left(\int_{\Omega_\Lambda} \mu(d\sigma) F(\sigma) \right) \left(\int_{\Omega_\Lambda} \mu(d\sigma) G(\sigma) \right)$$

が成り立つ．

注意 1 ν_p を $(\Omega_\Lambda, \mathcal{B}_\Lambda)$ 上の確率とみることができ，$\sigma \in \Omega_\Lambda$ に対して $\{\sigma\}$ を σ に対するシリンダー集合とする．つまり，

$$\{\sigma\} = \{\omega;\, \omega(i) = \sigma(i), i \in \Lambda\}$$

とする．このとき，$\nu_p(\cdot)$ は (4-4) をみたす．

注意 2 任意の $\beta > 0$，$h \in \mathbf{R}$ に対して，有限ギブス分布 $P_\Lambda^{\beta,h}$ も (4-4) をみたすことが容易に確かめられる．

さて，パーコレーションの話にもどろう．
$n \geq 1$ に対して

$$\theta_n(p) = \nu_p(|C_0^+(\omega)| \geq n) \tag{4-5}$$

とおくことにする．明らかに，$\theta_n(p)$ は $n \uparrow \infty$ のとき単調に減少して $\theta(p)$ に収束する．また，$\Lambda_n = [-n, n]^d$ とおくとき集合 $\{\omega \in \Omega;\, |C_0^+(\omega)| \geq n\}$ は Λ_n

の中のスピンの状態だけに関係している．したがって，これは Ω_{Λ_n} の部分集合と考えられて，さらに単調増加な集合である．つまり，ω で $|C_0^+(\omega)| \geq n$ で $\omega \leq \omega'$ ならば，$|C_0^+(\omega')| \geq n$ となるからである．

補題 4-2 $\theta_n(p)$ は p について単調に増加する．

証明 少し技巧的だが

$$p = \frac{e^h}{e^h + e^{-h}} = [1 + e^{-2h}]^{-1} \tag{4-6}$$

と書き直して

$$\frac{\partial}{\partial h}\theta_n(p) > 0$$

を示すことにする．$\sigma \in \Omega_\Lambda$ に対して $\{\sigma\}$ を対応するシリンダー集合として

$$\nu_p(\{\sigma\}) = \left(\frac{e^h}{e^h + e^{-h}}\right)^{n_+(\sigma)} \left(\frac{e^{-h}}{e^h + e^{-h}}\right)^{n_-(\sigma)}$$

と書ける．ここで，$n_+(\sigma)$, $n_-(\sigma)$ はそれぞれ $\sigma(i) = +1$ となる i の個数である．右辺は

$$(e^h + e^{-h})^{-|\Lambda|} \exp\left\{h \sum_{i \in \Lambda} \sigma(i)\right\}$$

と書けるから

$$\sum_{\sigma \in \Omega_\Lambda} \exp\left\{h \sum_{i \in \Lambda} \sigma(i)\right\} = (e^h + e^{-h})^{|\Lambda|}$$

に注意すると，$\nu_p(\cdot)$ は $J = 0$ のときの有限ギブス分布となっている．したがって，

$$\theta_n(p) = \sum_{\sigma : |C_0^+(\sigma)| \geq n} \exp\left\{h \sum_{i \in \Lambda} \sigma(i)\right\} \Big/ (e^h + e^{-h})^{|\Lambda|}$$

$$= \sum_{\sigma \in \Omega_\Lambda} F(\sigma) \exp\left\{h \sum_{i \in \Lambda} \sigma(i)\right\} \Big/ (e^h + e^{-h})^{|\Lambda|}.$$

ここで，$F(\sigma)$ は $\{|C_0^+(\sigma)| \geq n\}$ 上で 1 となり，その他で 0 となる関数（$F = 1_{\{|C_0^+(\sigma)| \geq n\}}$）であり，$\sigma$ について単調に増加している．

ゆえに，

$$\frac{\partial}{\partial h}\theta_n(p)$$

$$= \sum_{i \in \Lambda} \sum_{\sigma \in \Omega_\Lambda} F(\sigma)\sigma(i) \exp\left\{h \sum_{i \in \Lambda} \sigma(i)\right\} \Big/ (e^h + e^{-h})^{|\Lambda|}$$

4.2 臨界確率 p_c および $\theta(p)$ の挙動

$$-\sum_{i\in\Lambda}\left(\sum_{\sigma\in\Omega_\Lambda}F(\sigma)\exp\left\{h\sum_{j\in\Lambda}\sigma(j)\right\}\right)\left(\sum_{\sigma\in\Omega_\Lambda}\sigma(i)\exp\left\{h\sum_{j\in\Lambda}\sigma(j)\right\}\right)$$

$$\Big/\left(e^h+e^{-h}\right)^{2|\Lambda|}$$

$$=\sum_{i\in\Lambda}\left\{\int\nu_p(d\sigma)F(\sigma)\sigma(i)-\int\nu_p(d\sigma)F(\sigma)\int\nu_p(d\sigma)\sigma(i)\right\}.$$

したがって，$\sigma(i)$ は σ の単調増加な関数であるから，FKG 不等式により上式右辺は非負である． ∎

系 4-3 $\theta(p)$ は p について単調増加である．

そこで，**臨界確率** (critical probability) p_c を

$$p_c = \inf\{p\in[0,1]\,;\,\theta(p)>0\} \tag{4-7}$$

と定めることができる．上の系から自動的に

$$\theta(p) > 0 \quad (p > p_c),$$
$$\theta(p) = 0 \quad (p < p_c)$$

が得られる．

2 次元イジングモデルの自発磁化については，比磁化

$$m(\beta,+) = \lim_{h\to 0} m(\beta,h)$$

の β についての変化が次のようなグラフになることが知られている (図 4.2)．$\beta > \beta_c$ で自発磁化が起こるだけでなく，$\beta = \beta_c$ では $m(\beta,h)$ の立ち上がり方は滑らかではない．つまり，$m(\beta,+)$ は $\beta = \beta_c$ で微分不可能になっている．

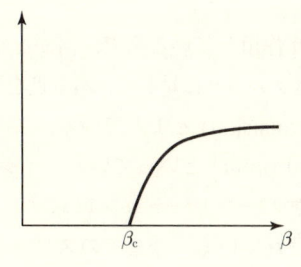

図 4.2 $m(\beta,+)$ のグラフ

$\theta(p)$ もこの $m(\beta,+)$ と似たような挙動をする．知られていることをまとめると，$\theta(p)$ のグラフについては以下のことがわかる．

- $\theta(p)$ は p について右連続である．
- $\theta(p)$ は $p = p_c$ を除いて連続である．
  ($d = 2$ ならば $p = p_c$ においても連続である．)
- ある $\alpha > 0$ が存在して，$p - p_c > 0$ が小さいとき
$$\theta(p) - \theta(p_c) \geq \alpha(p - p_c)$$
となる．よって，$\theta(p)$ は $p = p_c$ では微分不可能である．

$\theta(p)$ の大ざっぱな形は次のどちらかである (図 4.3)．

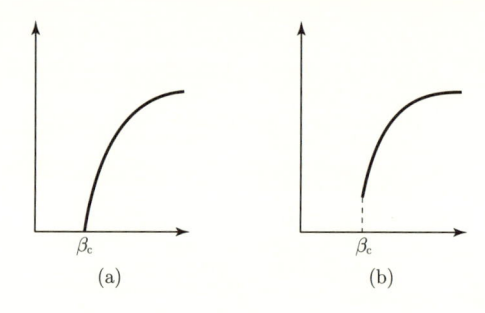

(a) (b)

図 4.3 (a) θ は $p = p_c$ で連続，(b) θ は $p = p_c$ で不連続

$d = 2$ では図 4.3 の (a) の形であり，$d \geq 3$ ではどちらかわからない．しかし，たぶん (a) の形であろうと予想されている．d が十分大きいときは (a) の形であることも知られている．

4.3 相転移とパーコレーション

一般に多くの粒子が相互作用している系で，何かを平均した量が温度や粒子の密度，外部磁場などのパラメータに対して，ある点を境にして急に性質が変わることを**相転移** (phase transition) とよんでいる．このパラメータの境となる点のことを**臨界点** (critical point) といっている．イジングモデルにおける T_c (あるいは $\beta_c = 1/kT_c$) やパーコレーションにおける p_c などはそれぞれ**臨界(逆)温度**，**臨界確率**とよばれている．今までのスピン系のモデルとパーコレーションの類似を概説しておこう．このことはこれ以後の章における相転移理論の概説にもなっている．

4.3 相転移とパーコレーション

まず，$h \geq 0$ に対して
$$\theta(p,h) = 1 - \sum_{n=1}^{\infty} e^{-nh} \nu_p(|C_0^+(\omega)| = n)$$
とおく．これは比磁化 $m(\beta, h)$ に対応している．これをみるには
$$\theta(p) = \theta(p, 0+) = \lim_{h \downarrow 0} \theta(p, h)$$
であることに注意して，1.4 節の
$$m(\beta, +) = m(\beta, +0) = \lim_{h \downarrow 0} m(\beta, h)$$
を思い出してもらえばよい．

$\theta(p, h)$ は $h > 0$ では h について無限回微分可能である．
3 章の李政道・楊振寧の定理とその応用により
$$g(\beta, h) = \lim_{n \to \infty} \frac{1}{|\Lambda_n|} \log Z_{\Lambda_n}^{\beta, h}$$
は $h \neq 0$ では解析的であることがいえる．したがって，定理 3-2 と合わせると $m(\beta, h)$ も h について $h \neq 0$ で無限回微分可能である．$h \neq 0$ のとき $m(\beta, h)$ の微分
$$\chi(\beta, h) = \frac{\partial}{\partial h} m(\beta, h)$$
が定義され，**滞磁率** (susceptibility) とよばれている．$\chi(\beta, 0)$ は $\beta = \beta_c$ で発散し，それ以外では有限なことが知られている．これと対応した事実はパーコレーションでも知られている．上との類推で $\frac{\partial}{\partial h} \theta(p, h)$ を $\chi(p, h)$ と書くことにしよう．このとき
$$\chi(p, h) = \sum_{n=1}^{\infty} n e^{-nh} \nu_p(|C_0^+(\omega)| = n)$$
$$= \int_\Omega \nu_p(d\omega) |C_0^+(\omega)| e^{-h|C_0^+(\omega)|} \quad (4\text{--}8)$$
となる．$h \downarrow 0$ として
$$\chi(p, 0) = \int_\Omega \nu_p(d\omega) |C_0^+(\omega)| \cdot 1_{\{|C_0^+(\omega)| < \infty\}}(\omega) \quad (4\text{--}9)$$
となることに注意しよう．$p < p_c$ では $\nu_p\{|C_0^+(\omega)| < \infty\} = 1$ ($\theta(p) = 0$) だから，このとき
$$\chi(p, 0) = \int \nu_p(d\omega) |C_0^+(\omega)| \quad (4\text{--}10)$$
となる．$p < p_c$ で右辺の量が有限であることは，1986 年になってわかったことである ([58], [2])．$p > p_c$ での $\chi(p, 0) < \infty$ という事実はさらに新しく 1990 年になってのことである ([40])．

$\chi(p,0)$ あるいは $\chi(\beta,0)$ が有限か否かは,じつは χ に関するさらに詳しい表現によって与えられる.この話はパーコレーションのほうが話が簡単なので先にパーコレーションのほうで解説をしていこう.

話を簡単にするために $p < p_c$ で考えていく.このときは $\theta(p) = 0$ であったので

$$\chi(p,0) = \sum_{n=1}^{\infty} n\nu_p(|C_0^+(\omega)| = n) = \int \nu_p(d\omega)|C_0^+(\omega)|$$

となる.いま $j \in \mathbf{Z}^d$ に対して

$$I_j(\omega) = \begin{cases} 1 & (j \in C_0^+(\omega)), \\ 0 & (j \notin C_0^+(\omega)) \end{cases} \tag{4-11}$$

とおく.$I_j(\omega) = 1$ は ω というスピン配置で原点と j という点が $+$ のスピンだけを使ってつながっていることを意味している.このとき,

$$|C_0^+(\omega)| = \sum_{j \in \mathbf{Z}^d} I_j(\omega)$$

と書けるから

$$\chi(p,0) = \sum_{j \in \mathbf{Z}^d} \int \nu_p(d\omega) I_j(\omega) = \sum_{j \in \mathbf{Z}^d} \nu_p(j \in C_0^+(\omega)) \tag{4-12}$$

を得る.$\nu_p(j \in C_0^+(\omega))$ は $\tau_p(0,j)$ と書かれ**連結性関数** (connectivity function) とよばれる.じつは,$\tau_p(0,j)$ は $p < p_c$ のとき,$|j| \to \infty$ とすると指数的に減少することが示せる ([58], [2]).したがって,$\chi(p,0) < \infty$ は (4–12) から明らかであろう.

$p > p_c$ のときは

$$\tau_p^f(0,j) = \nu_p(j \in C_0^+(\omega), |C_0^+(\omega)| < \infty)$$

が指数的に減少する ([10], [40]).

これに対応するスピン系の話をしよう.$\tau_p(0,j)$ にあたるものは **2 点相関関数**とよばれる.この形をみるには $m(\beta,h)$ の微分の形を知ることが必要である.$m(\beta,h)$ は極限の形になっているので,$M_{\Lambda_n}(\beta,h)$ の微分をまずみよう.

$$M_{\Lambda_n}(\beta,h) = \frac{1}{Z_{\Lambda_n}^{\beta,h}} \sum_{i \in \Lambda_n} \sum_{\omega \in \Omega_{\Lambda_n}} X_i(\omega) e^{-\beta H_{\Lambda_n}^h(\omega)}$$

である.簡単のため ω の関数 $F(\omega)$ の $P_{\Lambda_n}^{\beta,h}$ による平均を $\langle F \rangle_{\Lambda_n}^{\beta,h}$ と書く.$H_{\Lambda_n}^h(\omega)$ の定義式 (1–1) より

4.3 相転移とパーコレーション

$$\frac{\partial}{\partial h} M_{\Lambda_n}(\beta, h) = \sum_{i,j \in \Lambda_n} \beta \left\{ \langle X_i X_j \rangle_{\Lambda_n}^{\beta,h} - \langle X_i \rangle_{\Lambda_n}^{\beta,h} \langle X_j \rangle_{\Lambda_n}^{\beta,h} \right\}$$

と書けることがわかる．

次章で詳しく述べるが，各 $i \in \mathbf{Z}^d$ について $\langle X_i \rangle_{\Lambda_n}^{\beta,h}$ および $\langle X_i X_j \rangle_{\Lambda_n}^{\beta,h}$ は $\Lambda_n \uparrow \mathbf{Z}^d$ のとき極限をもち，特に，

$$\langle X_i \rangle_{\Lambda_n}^{\beta,h} \to m(\beta, h)$$

となることがわかる．また，

$$\lim_{n \to \infty} \langle X_i X_j \rangle_{\Lambda_n}^{\beta,h} = \langle X_i X_j \rangle^{\beta,h}$$

は平行移動で不変であることが知られている．つまり，

$$\langle X_i X_j \rangle^{\beta,h} = \langle X_0 X_{j-i} \rangle^{\beta,h}$$

となる．このことを用いると

$$\lim_{n \to \infty} \frac{1}{|\Lambda_n|} \frac{\partial}{\partial h} M_{\Lambda_n}(\beta, h) = \sum_{j \in \mathbf{Z}^d} \{\langle X_0 X_j \rangle^{\beta,h} - m(\beta, h)^2\} \quad (4\text{--}13)$$

という式がでてくる．GKS 不等式 (定理 1-7) から (4–13) の和の各項は非負であることに注意しておく．

$m(\beta, h)$ は $h > 0$ のとき h について微分可能であることと合わせると

$$\frac{\partial}{\partial h} m(\beta, h) = \sum_{j \in \mathbf{Z}^d} \{\langle X_0 X_j \rangle^{\beta,h} - m(\beta, h)^2\} \quad (4\text{--}14)$$

が $h > 0$ で成立している．(4–14) の右辺が $\chi(\beta, h)$ の定義式といってもよい．(4–14) を導くときに，じつは凹関数の収束についての次の定理を使っている．

定理 4-4 I を実数の区間とし，f_n を I 上定義された凹関数の列とする．f_n が I の各点で微分可能で

$$\lim_{n \to \infty} f_n(x) = f(x)$$

が存在し，$a \in I$ において微分可能とすると

$$\lim_{n \to \infty} f_n'(a) = f'(a)$$

が成立する．

証明 $h > 0$ を任意にとり，$a + h \in I$ とする．f_n が凹関数であることから

$$f_n'(a) \geq \frac{f_n(a+h) - f_n(a)}{h}$$

となる．この式で $n \to \infty$，$h \downarrow 0$ とすることにより

$$\varlimsup_{n\to\infty} f'_n(a) \geq f'(a) \qquad (4\text{–}15)$$

が得られる.

一方, $h \leq 0$ のときは f_n が凹関数であることから

$$f'_n(a) \leq \frac{f_n(a+h) - f_n(a)}{h}$$

となり, 上と同様の議論により

$$\varlimsup_{n\to\infty} f'_n(a) \leq f'(a) \qquad (4\text{–}16)$$

を得る. (4–15) と (4–16) により求める式が導出される. ∎

(4–14) は

$$\frac{1}{|\Lambda_n|} M_{\Lambda_n}(\beta, h) \to m(\beta, h)$$

において, $h > 0$ では $M_{\Lambda_n}(\beta, h)$, $m(\beta, h)$ がともに微分可能であることから, (4–13) と定理 4-4 から得られる.

$\beta < \beta_c$ では $m(\beta, 0+) = 0$ だから

$$\chi(\beta) = \chi(\beta, 0) = \sum_{i \in \mathbf{Z}^d} \langle X_0 X_i \rangle^{\beta, 0}$$

という式を得る. $\langle X_0 X_i \rangle^{\beta, 0}$ は $\tau_p(0, i)$ に対応し, やはり $\beta < \beta_c$ のとき $|i| \to \infty$ とすると指数的に減少する ([2], [3]). したがって, $\chi(\beta) < \infty$ $(\beta < \beta_c)$ がわかるが, $\beta = \beta_c$ ではこの値は発散する (これも [2], [3] にある). $\beta > \beta_c$ では $\langle X_0 X_i \rangle^{\beta, 0} \geq m(\beta, 0)^2 > 0$ であることも τ のときと同じである.

スピン系のこのような現象については, 次章でもう少し正確に述べることにする.

5 ギブス測度

3章までは相互作用として，2つのスピン間に働く2体相互作用と外部磁場による1体相互作用のみを考えてきたが，本章以降はもっと一般的な相互作用を考えていこう．

5.1 相互作用のつくる空間

有限領域 Λ におけるスピン配置 σ が与えられたとき，このスピン配置がもつエネルギーが次式

$$H_\Lambda^\Phi(\sigma) = \sum_{X \subset \Lambda} \Phi_X(\sigma_X)$$

で与えられるものを考えよう．ここで，$\Phi_X(\cdot)$ は Ω_X 上の実数値関数で，和は Λ のすべての部分集合 X にわたってとられる．この $\Phi_X(\sigma_X)$ は $X \subset \mathbf{Z}^d$ のスピン配置 σ_X から定まる相互作用のエネルギーと考えられる．

すべての有限集合 $X \subset \mathbf{Z}^d$ についての Φ_X の組 $\Phi = \{\Phi_X\}_X$ を**相互作用**とよぶ．このとき，逆数温度 β も Φ の中に組み込まれていると考える (次の例を参照).

例 (イジングモデル) 前に述べたイジングモデルは

$$\Phi_X(\sigma_X) = \begin{cases} -J\beta\sigma(i)\sigma(j) & (X = \{i,j\} \text{ で } |i-j| = 1), \\ -\beta h\sigma(i) & (X = \{i\}), \\ 0 & (\text{それ以外}) \end{cases}$$

と与えられる． □

この例のように，パラメータ β は Φ_X の中に組み込まれているので，1つの相互作用でも異なった β_1, β_2 とでは数学的には別の相互作用と考えるのである．

次に，相互作用 Φ がみたすべき条件について述べよう．

条件1：$\Phi_\emptyset \equiv 0$ ($\emptyset$ は空集合)．

条件2：$\Phi = \{\Phi_X\}_X$ は平行移動に関して不変．

この条件を説明するのに少し記号を導入する．$\mathbf{Z}^d$ の有限集合 X を $a \in \mathbf{Z}^d$ だけ平行移動させた集合を $X+a$ で表し，X 上のスピン配置をそのまま $X+a$ 上に平行に移したものを $(\tau_a \sigma)_{X+a}$ と表すと，条件2は

$$\Phi_X(\sigma_X) = \Phi_{X+a}((\tau_a \sigma)_{X+a})$$

がすべての X, a, およびすべての σ について成り立つことを要請している．

条件3：
$$\|\Phi\| = \sum_{X \ni O} \frac{\|\Phi_X\|_\infty}{|X|} < \infty.$$

ここで，$\|\cdot\|_\infty$ は **最大値ノルム** (maximal norm) を表し，次で定められる．

$$\|\Phi_X\|_\infty = \max_{\sigma \in \Omega_X} |\Phi_X(\sigma)|.$$

定義 5-1 $\qquad \mathcal{A} = \{\Phi;\ 条件 1, 2, 3 をみたす相互作用\}.$

注意 $\mathcal{A}$ はバナッハ空間となる．バナッハ空間の詳しい解説は他の書物にゆずるとして，ここでは後で必要となることのみを述べよう．まず，$\mathcal{A}$ はノルム $\|\cdot\|$ に関して次の性質をみたす．

(i) $\|\Phi\| = 0$ となるのは，$\Phi = 0$ のときに限る．
(ii) $\|\Phi^1 + \Phi^2\| \leq \|\Phi^1\| + \|\Phi^2\|$．
(iii) $\|\alpha\Phi\| = |\alpha|\|\Phi\|$．

また，$\mathcal{A}$ においては，このノルムに関する任意のコーシー列がある要素に収束することが保証されている．このことをもう少し詳しく述べよう．$\{\Phi^n\}$ がコーシー列であるとは，任意の $\epsilon > 0$ に対してある番号 N_0 が存在して，$n, m \geq N_0$ となるすべての n, m に対して

$$\|\Phi^n - \Phi^m\| < \epsilon$$

が成り立つことである．これを，記号的に

$$\lim_{\substack{n \to \infty \\ m \to \infty}} \|\Phi^n - \Phi^m\| = 0$$

と表す．$\mathcal{A}$ がバナッハ空間であるとは，このような $\{\Phi^n\}$ に対して，ある $\Phi \in \mathcal{A}$ が存在して

$$\lim_{n\to\infty} \|\varPhi^n - \varPhi\| = 0$$

が成立することである．

一般に，$\mathcal{A}$ は無限に離れたスピン間に働く相互作用を含んでいるが，有限領域にしか働かない相互作用を考えよう．**有限領域相互作用** (finite range interaction) を，ある $d_0 > 0$ が存在して，$X \subset \mathbf{Z}^d$ の直径 $\mathrm{diam} X = \max_{i,j \in X} |i-j|$ が d_0 をこえるとき，つねに $\varPhi_X \equiv 0$ となるものとして定義しよう．このような相互作用の全体を $\mathcal{A}_0$ で表す．例にあげたイジングモデルの相互作用は，この $\mathcal{A}_0$ に属する相互作用である．

$\mathcal{A}_0$ は $\mathcal{A}$ の部分空間となるが，それだけでなく $\mathcal{A}$ で稠密となっている．すなわち，任意の $\varPhi \in \mathcal{A}$ と任意の $\epsilon > 0$ に対して $\mathcal{A}_0$ に属する相互作用 $\varPhi'$ が存在して

$$\|\varPhi - \varPhi'\| < \epsilon$$

となる．言い換えれば，任意の $\varPhi \in \mathcal{A}$ に対して $\mathcal{A}_0$ の点列 $\{\varPhi^n\}$ が存在して

$$\|\varPhi - \varPhi^n\| \to 0 \quad (n \to \infty)$$

となる．このことは，『$\mathcal{A}$ の相互作用は，$\mathcal{A}_0$ の相互作用で近似される』ということを意味している．

$\mathcal{A}_0$ が $\mathcal{A}$ で稠密となることの証明は，次のようにして得られる．$\varPhi \in \mathcal{A}$ に対して

$$\varPhi_X^n = \begin{cases} \varPhi_X & (\mathrm{diam} X \leq n), \\ 0 & (\mathrm{diam} X > n) \end{cases}$$

によって $\varPhi^n \in \mathcal{A}_0$ を定めると

$$\|\varPhi - \varPhi^n\| = \sum_{\substack{\mathrm{diam} X > n, \\ X \ni O}} \frac{\|\varPhi_X\|_\infty}{|X|}$$

となり，$n \to \infty$ とすると右辺は 0 に収束する．これにより $\mathcal{A}_0$ が $\mathcal{A}$ で稠密となることがわかる．

5.2 (無限領域) ギブス測度

ここから，$\mathbf{Z}^d$ 全体の上のスピンの配置に関する平衡状態を考える．

$$\Omega = \{\omega; \mathbf{Z}^d \to \{-1, +1\}\} = \{-1, +1\}^{\mathbf{Z}^d} \tag{5-1}$$

とおく．Ω には右辺の意味の**直積位相** (direct product topology) が入ること

になる．

$\Lambda \subset \mathbf{Z}^d$ とし, $\sigma \in \Omega_\Lambda$ に対して Ω の部分集合 $\{\sigma\}$ を

$$\{\sigma\} = \{\omega \in \Omega; \omega_\Lambda = \sigma\} \tag{5-2}$$

と書く．Λ が有限集合のとき, (5-2) の形の集合を**シリンダー集合** (cylinder set) とよぶ．また, Λ を $\{\sigma\}$ の**台** (support) とよぶことにし $\Lambda = \mathrm{supp}(\{\sigma\})$ と書く．直積位相の定義から, シリンダー集合の全体

$$\mathcal{C} = \{\{\sigma\}; \sigma \in \Omega_\Lambda, \Lambda \subset \mathbf{Z}^d, |\Lambda| < \infty\} \tag{5-3}$$

は Ω の直積位相の**開基** (open basis) となっている．

$\mathcal{B}$ で $\mathcal{C}$ を含む最小の σ-algebra を表す．$\mathcal{C}$ が可算集合なので, $\mathcal{B}$ は Ω のすべての開集合を含む σ-algebra (Borel σ-algebra という) である．これは, $\mathcal{B}$ は Ω 上の連続関数を可測にする最小の σ-algebra であるといっても同じことである．

定理 5-1 (**コルモゴロフの拡張定理**[1] (Kolmogorov's extension theorem))

$\mathcal{A}[\mathcal{C}]$ を $\mathcal{C}$ の元の有限和で書ける集合の全体とする．$\mathcal{A}[\mathcal{C}]$ 上で定義された集合関数 μ が $[0,1]$ に値をとり,

(1) $\mu(\Omega) = 1$, および,

(2) **有限加法的**, つまり $A, B \in \mathcal{A}[\mathcal{C}]$ が $A \cap B = \emptyset$ をみたすならばつねに

$$\mu(A \cup B) = \mu(A) + \mu(B)$$

となっているものとする．このとき, $\mathcal{B}$ 上の確率測度 P で

$$P(A) = \mu(A) \qquad (A \in \mathcal{A}[\mathcal{C}]) \tag{5-4}$$

をみたすものがただ 1 つ存在する．

さらに, このとき任意の $B \in \mathcal{B}$ と任意の $\epsilon > 0$ に対して $A \in \mathcal{A}[\mathcal{C}]$ を選んで

$$P(A \triangle B) < \epsilon \tag{5-5}$$

となるようにできる．ただし, $A \triangle B = (A \setminus B) \cup (B \setminus A)$ のこととする．

上の定理は $\mathcal{B}$ 上の確率測度は $\mathcal{A}[\mathcal{C}]$ 上の値で決まるということを示している．このことを用いて, $\mathbf{Z}^d$ 上の平衡状態を $\mathcal{B}$ 上の確率測度として定義することになる．実際には, $\mathcal{A}[\mathcal{C}]$ の任意の元は互いに素な有限個の $\mathcal{C}$ の元の和集合で表すことができることは容易にわかる．したがって, $\mathcal{B}$ 上の確率測度は $\mathcal{C}$ 上の値だけで定まることになる．

---

[1] これは通常知られているコルモゴロフの拡張定理の特殊な場合となっている．

5.2 (無限領域) ギブス測度

極限ギブス測度

$\Phi = \{\Phi_X\} \in \mathcal{A}$ とする. すなわち, Φ は相互作用で

$$\sum_{X \ni O} \frac{\|\Phi_X\|_\infty}{|X|} < \infty$$

をみたすものとする.

Λ を $\mathbf{Z}^d$ の有限部分集合とし, エネルギー H_Λ^Φ を

$$H_\Lambda^\Phi(\sigma) = \sum_{X \subset \Lambda} \Phi_X(\sigma_X) \qquad (\sigma \in \Omega_\Lambda) \tag{5-6}$$

によって与えると, 1章と同じように, Λ 上の (Ω_Λ 上の) 有限ギブス測度 P_Λ^Φ を

$$P_\Lambda^\Phi(\sigma) = \frac{1}{Z_\Lambda^\Phi} \exp\{-H_\Lambda^\Phi(\sigma)\} \tag{5-7}$$

によって定める. もちろん, Z_Λ^Φ は分配関数で

$$Z_\Lambda^\Phi = \sum_{\sigma \in \Omega_\Lambda} \exp\{-H_\Lambda^\Phi(\sigma)\} \tag{5-8}$$

である.

一般の $A \in \mathcal{B}_\Lambda$ に対しては

$$P_\Lambda^\Phi(A) \equiv \sum_{\sigma \in A} P_\Lambda^\Phi(\sigma)$$

とすることにより, $P_\Lambda^\Phi(\cdot)$ は $(\Omega_\Lambda, \mathcal{B}_\Lambda)$ 上の確率測度となる. これが $P_\Lambda^\Phi(\cdot)$ の自然な定義であるが, われわれは Ω 上で議論をしたいので $P_\Lambda^\Phi(\cdot)$ を Ω 上の確率測度として見直すことをする.

$$\Pi_\Lambda : \Omega \to \Omega_\Lambda \quad \text{を} \quad \Pi_\Lambda \omega = \omega_\Lambda$$

によって定める. ω_Λ は ω の Λ 上への制限になっている. $\sigma \in \Omega_\Lambda$ に対して, シリンダー集合 $\{\sigma\}$ は

$$\{\sigma\} = \Pi_\Lambda^{-1}(\sigma)$$

と書ける.

$$\mathcal{B}(\Lambda) = \Pi_\Lambda^{-1}(\mathcal{B}_\Lambda) = \{\Pi_\Lambda^{-1}(A); \ A \in \mathcal{B}_\Lambda\}$$

と書くと, $\mathcal{B}(\Lambda)$ は $\mathcal{A}[\mathcal{C}]$ の部分族でかつ σ-algebra になっている.

$(\Omega, \mathcal{B}(\Lambda))$ 上に $\tilde{P}_\Lambda^\Phi(\cdot)$ を

$$\tilde{P}_\Lambda^\Phi(\Pi_\Lambda^{-1}(A)) = P_\Lambda^\Phi(A) \qquad (A \in \mathcal{B}_\Lambda)$$

のように定める. $\tilde{P}_\Lambda^\Phi(\cdot)$ が確率測度であることはこの作り方から明らかで, Π_Λ

が $\mathcal{B}(\Lambda)$ と $\mathcal{B}_\Lambda$ を1対1に対応させるので, P_Λ^Φ と $\tilde{P}_\Lambda^\Phi$ は同一視できる. 以下では $\tilde{P}_\Lambda^\Phi$ のことも P_Λ^Φ と書くことにする.

$\Lambda \uparrow \mathbf{Z}^d$ のとき, P_Λ^Φ は任意の $A \in \mathcal{A}[\mathcal{C}]$ に対して定義することができるから, 極限を議論することができる. まず次の事実から話を始めよう.

定理 5-2 $V_1 \subset V_2 \subset \cdots \subset V_n \uparrow \mathbf{Z}^d$ $(n \to \infty)$ となる有限領域の増大列 $\{V_n\}_{n=1}^\infty$ を適当に選ぶことにより, 任意の $A \in \mathcal{A}[\mathcal{C}]$ に対して

$$\mu(A) = \lim_{n \to \infty} P_{V_n}^\Phi(A) \tag{5-9}$$

が存在するようにできる. さらに, このとき μ は $\mathcal{A}[\mathcal{C}]$ 上有限加法的であり, コルモゴロフの拡張定理によって, $\mathcal{B}$ 上の確率測度 P で $\mathcal{A}[\mathcal{C}]$ 上 μ と一致するものがただ1つ存在する.

注意 じつは (5-9) の極限は $\{V_n\}_{n=1}^\infty$ の取り方によって異なる可能性がある.

証明 $W_k = [-k,k]^d$ とし, $\{\{\sigma\}; \sigma \in \Omega_{\Lambda_k}, k \geq 1\} \equiv \mathcal{C}_0$ とする. 任意の $A \in \mathcal{A}[\mathcal{C}]$ は $\mathcal{C}_0$ の元の有限和で書けるから, (5-9) がすべての $C \in \mathcal{C}_0$ について成立することを示せばよい. $\mathcal{C}_0$ の元を $C_1, C_2, \cdots, C_n, \cdots$ と並べて

$$\mathrm{supp}(C_n) \subset W_n \quad (n=1,2,\cdots)$$

となるようにする. これは可能である.

$k \geq 1$ のとき $0 \leq P_{W_k}^\Phi(C_1) \leq 1$ であるから, $\{P_{W_k}^\Phi(C_1)\}_{k=1}^\infty$ は収束する部分列 $\{P_{W_{k(1,n)}}^\Phi(C_1)\}_{n=1}^\infty$ をもつ. さらに, $\{k(2,n)\}_{n=1}^\infty$ を $\{k(1,n)\}_{n=1}^\infty$ の部分列で $\{P_{W_{k(2,n)}}(C_2)\}_{n=1}^\infty$ が収束するようにとる. 各 $m \geq 1$ に対して $\{k(m,n)\}_{n=1}^\infty$ を $\{k(m-1,n)\}_{n=1}^\infty$ の部分列で $\{P_{W_{k(m,n)}}^\Phi(C_m)\}_{n=1}^\infty$ が収束するようにとり, 対角線論法を使うと, $V_n = W_{k(n,n)}$ に対しては任意の $m \geq 1$ に対して

$$\mu(C_m) = \lim_{n \to \infty} P_{V_n}^\Phi(C_m)$$

が存在する. ∎

定理 5-2 の直後の注意でも述べたように, このようにして得られる μ は1つとは限らない. しかも, ここにでてくる μ は平行移動に関して不変か否かがわからないので, W_n の代わりに W_n の辺を左右, 上下それぞれを同一視した周期境界条件 (W_n がトーラス上に書かれている) のもとで定理 5-2 と同じことをすると, 平行移動で不変な極限がでてくる. これらはすべて "$\mathbf{Z}^d$ 上の平衡状態"

5.2 (無限領域) ギブス測度

の候補といえる．以下の話は，ドブリュシン (R.L. Dobrushin)，ランフォード (O. Lanford)，ルエール (D. Ruelle) の 3 人によって与えられた平衡状態の定式化である ([13], [52])．すべてのことは相互作用のクラスを少し制限することにより始まる．

$$\mathcal{A}_1 \equiv \left\{ \Phi \in \mathcal{A} \,;\, \sum_{X \ni O} \|\Phi_X\|_\infty < \infty \right\}$$

とおく．以後 $\Phi \in \mathcal{A}_1$ について考える．このとき，次のような境界条件付きギブス測度が定義できる．

定義 5-2 Λ を有限領域，$\omega \in \Omega$ とする．$\sigma \in \Omega_\Lambda$ に対して

$$W_\Lambda(\sigma; \omega) \equiv \sum_{\substack{X \cap \Lambda \neq \emptyset, \\ X \cap \Lambda^c \neq \emptyset}} \Phi_X(\sigma_\Lambda \omega)$$

とおく．ただし，

$$(\sigma_\Lambda \omega)(j) = \begin{cases} \sigma(j) & (j \in \Lambda), \\ \omega(j) & (j \notin \Lambda) \end{cases} \tag{5-10}$$

と書くことにする．さらに，

$$H^\Phi_{\Lambda, \omega}(\sigma) \equiv \sum_{X \cap \Lambda \neq \emptyset} \Phi_X(\sigma_\Lambda \omega) = H_\Lambda(\sigma) + W_\Lambda(\sigma; \omega)$$

と書き，**境界条件 ω のギブス測度** $P^\Phi_{\Lambda, \omega}(\cdot)$ を

$$P^\Phi_{\Lambda, \omega}(\sigma) = \frac{1}{Z^\Phi_{\Lambda, \omega}} \exp\{-H^\Phi_{\Lambda, \omega}(\sigma)\} \tag{5-11}$$

によって定義する．もちろん

$$Z^\Phi_{\Lambda, \omega} = \sum_{\sigma \in \Omega_\Lambda} \exp\{-H^\Phi_{\Lambda, \omega}(\sigma)\}$$

である．

定義 5-3 (**極限ギブス測度**) $(\Omega, \mathcal{B})$ 上の確率測度 P が**極限ギブス測度** (limiting Gibbs measure) であるとは，ある有限領域の増大列 $V_1 \subset V_2 \subset \cdots \subset V_n \uparrow \mathbf{Z}^d$ と $\omega \in \Omega$ がとれて，任意の $A \in \mathcal{A}[\mathcal{C}]$ に対して

$$P(A) = \lim_{n \to \infty} P^\Phi_{V_n, \omega}(A)$$

が成り立つときをいう．

今まで平衡状態の候補がたくさんでてきたが，これらを統一的にみる方法がいわゆる **DLR**(Dobrushin-Lanford-Ruelle) **方程式**とよばれるものである．これを (無限) **ギブス測度**の定義として採用する．

定義 5-4 $(\Omega, \mathcal{B})$ 上の確率測度 P が $\Phi \in \mathcal{A}_1$ に対する**ギブス測度** (Gibbs measure) であるとは，任意の有限領域 $\Lambda \subset \mathbf{Z}^d$, $\sigma \in \Omega_\Lambda$, および任意の $A \in \mathcal{B}(\Lambda^c)$ に対して

$$P(A \cap \{\sigma\}) = \int_A P(d\omega) P^\Phi_{\Lambda,\omega}(\{\sigma\}) \tag{5-12}$$

が成り立つことをいう．ただし，$\mathcal{B}(V)$ は $\{\omega(j); j \in V\}$ を可測にする最小の σ-algebra ($\sigma\{\omega(j); j \in V\}$ と書く) とする．

注意 $\mathcal{B}(V)$ は $|V| < \infty$ のとき $\Pi_V^{-1}(\mathcal{B}_V)$ と一致する．

この定義のよいところは，極限を使っていないことである．それぞれの定義のギブス測度の関係は次の定理にまとめることができる．

定理 5-3 $\Phi \in \mathcal{A}_1$ のとき，(5-9) で得られた μ や周期境界条件の極限，および任意の極限ギブス測度はギブス測度である．したがって，ギブス測度はこのとき必ず存在している．

いくつかの補題に分けて証明する．議論の仕方は同じなので極限ギブス測度についてのみ考えることにする．

記号として $V \cap W = \emptyset$, $\sigma \in \Omega_V$, $\eta \in \Omega_W$ のとき，$\sigma \cdot \eta \in \Omega_{V \cup W}$ を

$$(\sigma \cdot \eta)(j) = \begin{cases} \sigma(j) & (j \in V), \\ \eta(j) & (j \in W) \end{cases} \tag{5-13}$$

と定める．

補題 5-4 $\Phi \in \mathcal{A}_1$, $\Lambda \subset V$, $|V| < \infty$ とする．このとき，任意の $\omega \in \Omega$, $\eta \in \Omega_{V \setminus \Lambda}$, $\sigma \in \Omega_\Lambda$ に対して

$$P^\Phi_{V,\omega}(\{\sigma \cdot \eta\}) = \int_{\{\eta\}} P^\Phi_{V,\omega}(d\tilde{\omega}) P^\Phi_{\Lambda,(\tilde{\omega}_V \omega)}(\{\sigma\}). \tag{5-14}$$

ここで，$\eta \cdot \sigma \in \Omega_V$, $\tilde{\omega}_V \omega \in \Omega$ は，それぞれ (5-13) および (5-10) で定義されるものとする．

5.2 (無限領域) ギブス測度

証明 (5–14) の右辺の被積分項 $P^{\Phi}_{\Lambda,(\tilde{\omega}_V\omega)}(\{\sigma\})$ は，$\tilde{\omega}$ の関数とみるとき $\tilde{\omega}_{(V\setminus\Lambda)}$ だけしか使っていない．よって，

$$P^{\Phi}_{\Lambda,(\tilde{\omega}_V\omega)}(\{\sigma\}) = P^{\Phi}_{\Lambda,(\tilde{\omega}_{(V\setminus\Lambda)}\omega)}(\{\sigma\})$$

と書いてもよく，$\tilde{\omega} \in \{\eta\}$ のとき，さらにこの値は

$$P^{\Phi}_{\Lambda,\eta_{(V\setminus\Lambda)}\omega}(\{\sigma\})$$

に等しい．したがって，定数になり，(5–14) の右辺は

$$P^{\Phi}_{\Lambda,\eta_{(V\setminus\Lambda)}\omega}(\{\sigma\})P^{\Phi}_{V,\omega}(\{\eta\}) = P^{\Phi}_{V,\omega}(\{\sigma \cdot \eta\})$$

に等しい．最後の等式は直接計算による． ∎

補題 5-5 $\Phi \in \mathcal{A}_1$ のとき，任意の有限領域 Λ と任意の $\sigma \in \Omega_\Lambda$ に対して，$P^{\Phi}_{\Lambda,\omega}(\{\sigma\})$ は ω の連続関数となる．Ω はコンパクトなので，これは ω の一様連続関数となる．すなわち，任意の $\epsilon > 0$ に対しある $V_0 \supset \Lambda$ がとれ，$V \supset V_0$ かつ $\omega, \tilde{\omega} \in \Omega$ が $\omega_V = \tilde{\omega}_V$ をみたすならば，

$$\left| P^{\Phi}_{\Lambda,\omega}(\{\sigma\}) - P^{\Phi}_{\Lambda,\tilde{\omega}}(\{\sigma\}) \right| < \epsilon$$

が成立する．

証明 $P^{\Phi}_{\Lambda,\omega}(\{\sigma\})$ の定義式から $H^{\Phi}_{\Lambda,\omega}(\sigma)$ が ω について連続なことをみればよい．まず，

$$H^{\Phi}_{\Lambda,\omega}(\sigma) - H^{\Phi}_{\Lambda,\tilde{\omega}}(\sigma) = W_\Lambda(\sigma;\omega) - W_\Lambda(\sigma;\tilde{\omega})$$

となる．$V \supset \Lambda$, $\mathrm{dist}(\Lambda, V^c) = \min\{|j-i|\,;\, j \in \Lambda,\, i \in V^c\} = k$ とするとき，$\omega_V = \tilde{\omega}_V$ とすると

$$W_\Lambda(\sigma;\omega) - W_\Lambda(\sigma;\tilde{\omega}) = \sum_{\substack{X\cap\Lambda\neq\emptyset,\\X\cap\Lambda^c\neq\emptyset}} \{\Phi_X((\sigma_\Lambda\omega)_X) - \Phi_X((\sigma_\Lambda\tilde{\omega})_X)\}$$

となる．したがって，このとき，

$$|W_\Lambda(\sigma;\omega) - W_\Lambda(\sigma;\tilde{\omega})| \leq 2\sum_{x\in\Lambda}\sum_{\substack{X\ni x,\\\mathrm{diam}X\geq k}} \|\Phi_X\|_\infty$$

$$= 2|\Lambda|\sum_{\substack{X\ni O,\\\mathrm{diam}X\geq k}} \|\Phi_X\|_\infty$$

となり，$k \to \infty$ のとき右辺は 0 に収束する． ∎

もう 1 つの補題は Ω 上の連続関数に関する一般的な主張である．Ω 上の連続関数の全体を $C(\Omega)$ と表す．$C(\Omega)$ には一様収束の位相を入れておく．また，シリンダー集合の全体を $\mathcal{C}$ とするとき

$$\mathcal{F} = \left\{ \sum_{i=1}^{k} a_i 1_{C_i}; a_1, \cdots, a_k \in \mathbf{R}, C_1, \cdots, C_k \in \mathcal{C} \ (k \geq 1), C_i \cap C_j = \emptyset \ (i \neq j) \right\}$$

と書く．このとき，$\mathcal{F}$ の元を**シリンダー関数** (cylinder function) とよぶことにする．

補題 5-6 $\mathcal{F}$ は $C(\Omega)$ の中で稠密である．

証明 $C \in \mathcal{C}$ に対して $1_C(\omega)$ が連続関数であることは明らかであろう．$1_C(\omega)$ は十分大きな V に対して ω_V にしかよらないからである．稠密であることをいうために，任意に Ω の元 ζ をとってきて固定する．$f \in C(\Omega)$ を任意にとってくる．f は Ω 上一様連続なので，任意の $\epsilon > 0$ に対して有限領域 V がとれて，$\omega, \tilde{\omega} \in \Omega$ が $\omega_V = \tilde{\omega}_V$ を満たせば

$$|f(\omega) - f(\tilde{\omega})| < \epsilon$$

とできる．この V に対して

$$g(\omega) = f(\omega_V \zeta)$$

とおく．このとき，任意の $\omega \in \Omega$ に対して

$$|f(\omega) - g(\omega)| < \epsilon$$

となり，$g \in \mathcal{F}$ であるから Ω のコンパクト性と合わせて

$$\max_{\omega \in \Omega} |f(\omega) - g(\omega)| < \epsilon$$

となることがいえた．つまり，$\mathcal{F}$ が $C(\Omega)$ で稠密となることがいえた． ■

定理 5-3 の証明 極限ギブス測度についてのみ考える．他も同様にできる．P を極限ギブス測度とする．このとき有限領域の増大列 $\{V_n\}_{n=1}^{\infty}$ で $V_n \uparrow \mathbf{Z}^d$ $(n \to \infty)$ となるものと，$\omega \in \Omega$ がとれて，

$$P(A) = \lim_{n \to \infty} P_{V_n, \omega}^{\Phi}(A) \qquad (A \in \mathcal{A}[\mathcal{C}]) \tag{5-15}$$

が成立している．

(5-12) の $A \in \mathcal{B}(\Lambda^c)$ としてシリンダー集合をとって，(5-12) が成立することをまず示す．

5.2 (無限領域) ギブス測度

C を $\mathcal{B}(\Lambda^c)$ に属するシリンダー集合とする．このとき，有限領域 W を $W \cap \Lambda = \emptyset$ となるようにとり，$\zeta \in \Omega_W$ に対して

$$C = \{\zeta\}$$

と書ける．$V_n \supset W \cup \Lambda$ のとき，任意の $\eta \in \Omega_{V_n \setminus \Lambda}$ に対して補題 5-4 により

$$P^{\Phi}_{V_n,\omega}(\{\sigma \cdot \eta\}) = \int_{\{\eta\}} P^{\Phi}_{V_n,\omega}(d\tilde\omega) P^{\Phi}_{\Lambda,(\tilde\omega_{V_n}\omega)}(\{\sigma\})$$

となる．両辺を $\{\eta\} \subset \{\zeta\}$ となる $\eta \in \Omega_{V_n \setminus \Lambda}$ について和をとると

$$P^{\Phi}_{V_n,\omega}(\{\sigma \cdot \zeta\}) = \int_{\{\zeta\}} P^{\Phi}_{V_n,\omega}(d\tilde\omega) P^{\Phi}_{\Lambda,(\tilde\omega_{V_n}\omega)}(\{\sigma\}) \qquad (5\text{--}16)$$

という式を得る．$\{\sigma \cdot \zeta\}$ はシリンダー集合で n によらないから

$$P^{\Phi}_{V_n,\omega}(\{\sigma \cdot \zeta\}) \to P(\{\sigma \cdot \zeta\}) \qquad (n \to \infty)$$

となる．したがって，(5–16) の右辺が $A = \{\zeta\}$ として (5–12) の右辺に収束することをいえばよい ($\{\sigma \cdot \zeta\} = \{\sigma\} \cap \{\zeta\}$ に注意する)．

補題 5-5 と補題 5-6 により，任意の $\epsilon > 0$ に対して $g \in \mathcal{F}$ を選んで

$$\max_{\omega \in \Omega} \left| P^{\Phi}_{\Lambda,\omega}(\{\sigma\}) - g(\omega) \right| < \epsilon$$

となるようにできる．このとき，

$$\left| \int_{\{\zeta\}} P^{\Phi}_{V_n,\omega}(d\tilde\omega) P^{\Phi}_{\Lambda,(\tilde\omega_{V_n}\omega)}(\{\sigma\}) - \int_{\{\zeta\}} P(d\tilde\omega) P^{\Phi}_{\Lambda,\tilde\omega}(\{\sigma\}) \right|$$

$$\leq \int_{\{\zeta\}} P^{\Phi}_{V_n,\omega}(d\tilde\omega) \left| P^{\Phi}_{\Lambda,(\tilde\omega_{V_n}\omega)}(\{\sigma\}) - g(\tilde\omega_{V_n}\omega) \right|$$

$$+ \left| \int_{\{\zeta\}} P^{\Phi}_{V_n,\omega}(d\tilde\omega) g(\tilde\omega_{V_n}\omega) - \int_{\{\zeta\}} P(d\tilde\omega) g(\tilde\omega) \right|$$

$$+ \int_{\{\zeta\}} P(d\tilde\omega) \left| g(\tilde\omega) - P^{\Phi}_{\Lambda,\tilde\omega}(\{\sigma\}) \right|$$

$$= I_1 + I_2 + I_3$$

と評価できる．

(5–16) と $P^{\Phi}_{V_n,\omega}, P$ が確率測度であることから，I_1 および I_3 は ϵ より小である．

一方，$g \in \mathcal{F}$ だから n が十分大きいとき

$$g(\tilde\omega_{V_n}\omega) = g(\tilde\omega)$$

であり，このとき，
$$g(\tilde{\omega}) = \sum_{p=1}^{k} a_p 1_{C_p}(\tilde{\omega}) \qquad (C_p \in \mathcal{C})$$
と書くと，
$$\int_{\{\zeta\}} g(\tilde{\omega}) P_{V_n,\omega}^{\Phi}(d\tilde{\omega}) = \sum_{p=1}^{k} a_p P_{V_n,\omega}^{\Phi}(\{\zeta\} \cap C_p)$$
となり，(5–15) により，右辺は $n \to \infty$ のとき
$$\sum_{p=1}^{k} a_p P(\{\zeta\} \cap C_p) = \int_{\{\zeta\}} P(d\tilde{\omega}) g(\tilde{\omega})$$
に収束する．よって，
$$\lim_{n \to \infty} I_2 = 0$$
となる．

以上をまとめて，任意の $\epsilon > 0$ に対して
$$\varlimsup_{n \to \infty} \left| \int_{\{\zeta\}} P_{V_n,\omega}^{\Phi}(d\tilde{\omega}) P_{\Lambda,(\tilde{\omega}_{V_n}\omega)}^{\Phi}(\{\sigma\}) - \int_{\{\zeta\}} P(d\tilde{\omega}) P_{\Lambda,\tilde{\omega}}^{\Phi}(\{\sigma\}) \right| \leq 2\epsilon.$$

$\epsilon \to 0$ として結局 (5–12) は A がシリンダー集合のとき成立する．$\mathcal{A}[\mathcal{C}]$ の元は互いに素な有限個のシリンダー集合の和なので，(5–12) は $A \in \mathcal{A}[\mathcal{C}]$ でも成立する．

したがって，$0 \leq P_{\Lambda,\omega}^{\Phi}(\{\sigma\}) \leq 1$ であることから，$A, B \in \mathcal{B}(\Lambda^c)$ として $\sigma \in \Omega_\Lambda$ のとき
$$|P(A \cap \{\sigma\}) - P(B \cap \{\sigma\})| \leq P(A \triangle B)$$
となり，
$$\left| \int_A P(d\omega) P_{\Lambda,\omega}^{\Phi}(\{\sigma\}) - \int_B P(d\omega) P_{\Lambda,\omega}^{\Phi}(\{\sigma\}) \right| \leq \int_{A \triangle B} P(d\omega) P_{\Lambda,\omega}^{\Phi}(\{\sigma\})$$
$$\leq P(A \triangle B)$$
となるので，コルモゴロフの拡張定理により，(5–12) の両辺は $A \in \mathcal{A}[\mathcal{C}]$ のときの値で近似できる． ∎

$\Phi \in \mathcal{A}_1$ のとき (5–12) で決まるギブス測度の全体を $\mathcal{G}(\Phi)$ と書く．定理 5-3 によって，今まで考えてきた平衡状態の候補はすべて $\mathcal{G}(\Phi)$ の元になることがわかったが，$\mathcal{G}(\Phi)$ があまり大き過ぎて変な要素まで含むのは好ましくない．そこでもう少し詳しく $\mathcal{G}(\Phi)$ の構造についてふれておこう．

5.2 (無限領域) ギブス測度

定義 5-5 $(\Omega, \mathcal{B})$ 上の確率測度の列 $\{P_n\}_{n=1}^\infty$ が P に**弱収束** (weak convergence) するとは,任意の連続関数[2]$f \in C(\Omega)$ に対して

$$\int P_n(d\omega)f(\omega) \to \int P(d\omega)f(\omega) \qquad (n \to \infty) \qquad (5\text{--}17)$$

となることをいう.

注意 $\mathcal{F}$ が $\mathcal{C}(\Omega)$ で稠密なので,定理 5-3 の証明と同様に (5–17) は

$$P_n(A) \to P(A) \qquad (n \to \infty, \ A \in \mathcal{A}[\mathcal{C}]) \qquad (5\text{--}18)$$

と同値であることがわかる.

これから,ギブス測度の性質について述べていこう.まず,最初に簡単な事実を述べておく.

定理 5-7 $\Phi \in \mathcal{A}_1$ とする.このとき,次の (1), (2) が成立する.
(1) $\mathcal{G}(\Phi)$ は弱収束の位相で**コンパクト** (**点列コンパクト** (sequentially compact)) である.
(2) $\mathcal{G}(\Phi)$ は**凸集合** (convex set) である.

証明 (1) まず $\mathcal{G}(\Phi)$ が閉集合であることを示す.$\{P_n \in \mathcal{G}(\Phi)\}_{n=1}^\infty$ が P に弱収束するとき,シリンダー集合 $A \in \mathcal{B}(\Lambda^c)$ に対して (5–12) を示せばよい.$P_n \in \mathcal{G}(\Phi)$ より

$$P_n(\{\sigma\} \cap A) = \int_A P_n(d\omega) P_{\Lambda,\omega}^\Phi(\{\sigma\})$$
$$= \int_\Omega P_n(d\omega) 1_A(\omega) P_{\Lambda,\omega}^\Phi(\{\sigma\}).$$

$1_A(\omega), P_{\Lambda,\omega}^\Phi(\{\sigma\})$ はともに ω の連続関数だから,(5–17) により P に対しても (5–12) が成立.よって,$\mathcal{G}(\Phi)$ は閉集合となる.一方,定理 5-2 と同様の対角線論法により,$\mathcal{G}(\Phi)$ の任意の無限列は (5–17) をみたすような部分列 $\{P_n\}$ をもつ.よって,この 2 つのことから $\mathcal{G}(\Phi)$ はコンパクトとなる.

(2) $0 \le \alpha \le 1$, $P_1, P_2 \in \mathcal{G}(\Phi)$ に対して

$$\alpha P_1 + (1-\alpha) P_2 \in \mathcal{G}(\Phi)$$

をいえばよいが,これはギブス測度の定義から明らか. ∎

---
[2] 正しくは任意の有界連続関数に対して (5–17) が成り立つことで定義されるが,いま Ω がコンパクトなので連続関数は自動的に有界になっている.

$\mathcal{G}(\Phi)$ は凸コンパクト集合になり,その元は端点によって表現される.$\mathcal{G}(\Phi)$ の端点を知れば $\mathcal{G}(\Phi)$ について知ったことになる.ここで,$\mathcal{G}(\Phi)$ の端点 P とは次の性質をもつ $\mathcal{G}(\Phi)$ の要素のことである.

$$(E) \quad \begin{cases} P = \alpha P_1 + (1-\alpha) P_2, \ 0 < \alpha < 1, \ P_1, P_2 \in \mathcal{G}(\Phi) \\ \text{とすると,} \ P_1 = P_2 = P \ \text{でなければならない.} \end{cases}$$

さて,いま $V_1 \subset V_2 \subset \cdots \subset V_n \uparrow \mathbf{Z}^d \ (n \to \infty)$ となる有限領域の増大列を1つとってきて固定する.

$$\Omega_\infty \equiv \{\omega \in \Omega; \text{任意の} \ A \in \mathcal{A}[\mathcal{C}] \ \text{に対して} \ Q_\omega(A) = \lim_{n\to\infty} P_{V_n,\omega}^\Phi(A) \ \text{が存在}\}$$

とおく.明らかに,定理 5-3 から,$\omega \in \Omega_\infty$ に対して Q_ω は $\mathcal{G}(\Phi)$ の元になっている.Ω_∞ の可測性について考えてみる.

$A \in \mathcal{A}[\mathcal{C}]$ のとき,ある V があり $A \in \mathcal{B}(V)$ とみなせ,$P_{V,\omega}^\Phi(A)$ は $\mathcal{B}(V^c)$-可測となる.したがって,

$$\varlimsup_{n\to\infty} P_{V_n,\omega}^\Phi(A), \qquad \varliminf_{n\to\infty} P_{V_n,\omega}^\Phi(A)$$

はともにすべての $n \geq 1$ について $\mathcal{B}(V_n^c)$-可測となる.

tail σ-algebra $\mathcal{B}_\infty$ を

$$\mathcal{B}_\infty \equiv \bigcap_{|V|<\infty} \mathcal{B}(V^c)$$

で定義する.このとき,

$$\varlimsup_{n\to\infty} P_{V_n,\omega}^\Phi(A), \qquad \varliminf_{n\to\infty} P_{V_n,\omega}^\Phi(A)$$

はともに $\mathcal{B}_\infty$-可測であり,したがって,

$$\Omega_\infty = \bigcap_{A \in \mathcal{A}[\mathcal{C}]} \left\{ \omega \in \Omega; \varlimsup_{n\to\infty} P_{V_n,\omega}^\Phi(A) = \varliminf_{n\to\infty} P_{V_n,\omega}^\Phi(A) \right\}$$

も $\mathcal{B}_\infty$ の元となる.

$\omega \in \Omega_\infty$ に対して

$$B_\omega = \{\tilde{\omega} \in \Omega_\infty; Q_{\tilde{\omega}}(A) = Q_\omega(A), A \in \mathcal{A}[\mathcal{C}]\}$$

とおくと,$B_\omega \in \mathcal{B}_\infty$ も同じようにわかる.

補題 5-8 $P \in \mathcal{G}(\Phi)$ とする.このとき,次の (1), (2) が成立する.
(1) $P(\Omega_\infty) = 1$.
(2) 任意の $C \in \mathcal{A}[\mathcal{C}]$ と $B \in \mathcal{B}_\infty$ に対して

$$P(B \cap C) = \int_{B \cap \Omega_\infty} P(d\omega) Q_\omega(C). \qquad (5\text{--}19)$$

5.2 (無限領域) ギブス測度

証明 ギブス測度の定義から,任意の有限領域 Λ と $\sigma \in \Omega_\Lambda$ および $A \in \mathcal{B}(\Lambda^c)$ に対して

$$P(A \cap \{\sigma\}) = \int_A P(d\omega) P^\Phi_{\Lambda,\omega}(\{\sigma\}) \qquad (5\text{--}20)$$

が成り立つ. このことは任意の $C \in \mathcal{A}[\mathcal{C}]$ に対して, $C \in \mathcal{B}(\Lambda)$ となる有限領域 Λ をとると

$$P(C|\mathcal{B}(\Lambda^c))(\omega) = P^\Phi_{\Lambda,\omega}(C) \qquad (P\text{-a.s.})$$

となることを意味している. 特に, $\{P^\Phi_{V_n,\omega}(C), \mathcal{B}(V_n^c)\}_{n=1}^\infty$ は P に関して有界なマルチンゲールとなる. したがって, マルチンゲールの収束定理により P-a.e. ω に対して

$$Q_\omega(C) = \lim_{n \to \infty} P^\Phi_{V_n,\omega}(C)$$

が存在する. $\mathcal{A}[\mathcal{C}]$ は可算個であるから, このことは (1) を意味している.

(5–20) において, $B \in \mathcal{B}_\infty$ を A の代わりに使うと, 任意のシリンダー集合 C に対して, n が十分に大きいとすると

$$P(B \cap C) = \int_B P(d\omega) P^\Phi_{V_n,\omega}(C)$$

が成立する. いま, $P(\Omega_\infty) = 1, \Omega_\infty \in \mathcal{B}_\infty$ より, 右辺で B を $B \cap \Omega_\infty$ としても等式は成立する. $n \to \infty$ としてルベーグの収束定理 (この場合は有界収束定理) を用いることにより

$$P(B \cap C) = \int_{B \cap \Omega_\infty} P(d\omega) Q_\omega(C)$$

が成立する. これは (5–19) を意味している. ∎

補題 5-9 (1) $\omega \in \Omega_\infty$ に対して, $Q_\omega(\Omega_\infty) = 1$.

(2) $\omega \in \Omega_\infty$ に対して, $Q_\omega(B_\omega) = 1$ または 0.

証明 (1) 定理 5-3 によって, $Q_\omega \in \mathcal{G}(\Phi)$ であることと補題 5-8 より明らか.

(2) $Q_\omega(B_\omega) > 0$ と仮定して $Q_\omega(B_\omega) = 1$ を示す. $Q_\omega \in \mathcal{G}(\Phi), B_\omega \in \mathcal{B}_\infty$ なので, (5–19) より, 任意の $C \in \mathcal{A}[\mathcal{C}]$ に対して

$$Q_\omega(B_\omega \cap C) = \int_{B_\omega \cap \Omega_\infty} Q_\omega(d\tilde\omega) Q_{\tilde\omega}(C) = Q_\omega(C) Q_\omega(B_\omega)$$

が成立している. 両辺を $Q_\omega(B_\omega)$ で割ると

$$Q_\omega(C|B_\omega) = Q_\omega(C) \qquad (C \in \mathcal{A}[\mathcal{C}])$$

という式を得る．コルモゴロフの拡張定理により，上式はすべての $C \in \mathcal{B}$ に対して成立する．特に，$C = B_\omega$ とおくことにより $Q_\omega(B_\omega) = 1$ を得る． ∎

以上の準備のもとに，$\mathcal{G}(\Phi)$ の端点に関する次の定理 ([62], [26]) を得る．

定理 5-10 $P \in \mathcal{G}(\Phi)$ に対して，次の 3 つの主張は同値である．
(1) P は $\mathcal{G}(\Phi)$ の端点である．
(2) 任意の $A \in \mathcal{B}_\infty$ は $P(A) = 0$ または 1 をみたす．
    (これを『P は $\mathcal{B}_\infty$ 上自明』あるいは『$\mathcal{B}_\infty$ は P に関して自明』という．)
(3) ある $\omega \in \Omega_\infty$ があって $P = Q_\omega$ かつ $Q_\omega(B_\omega) = 1$ となる．

証明 (1) $\Longrightarrow$ (2) $P \in \mathcal{G}(\Phi)$ に対して，$0 < P(A) < 1$ となる $A \in \mathcal{B}_\infty$ があるとする．このとき，$P_A, \tilde{P}_A$ をそれぞれ

$$P_A(B) = \frac{1}{P(A)} P(B \cap A), \qquad \tilde{P}_A(B) = \frac{1}{P(A^c)} P(B \cap A^c)$$

とおく．

Λ を有限領域，$\sigma \in \Omega_\Lambda, B \in \mathcal{B}(\Lambda^c)$ とすると，$A \cap B \in \mathcal{B}(\Lambda^c)$ で

$$P_A(\{\sigma\} \cap B) = \frac{1}{P(A)} \int_{A \cap B} P(d\omega) P^\Phi_{\Lambda,\omega}(\{\sigma\})$$
$$= \int_B P_A(d\omega) P^\Phi_{\Lambda,\omega}(\{\sigma\})$$

となる．したがって，$P_A \in \mathcal{G}(\Phi)$ となる．同様に $\tilde{P}_A \in \mathcal{G}(\Phi)$ もわかる．
明らかに，

$$P = P(A) P_A + (1 - P(A)) \tilde{P}_A$$

であり，$P_A(A) = 1, \tilde{P}_A(A) = 0$ なので $P_A \neq \tilde{P}_A$ である．すなわち，P は $\mathcal{G}(\Phi)$ の端点ではない．

(2) $\Longrightarrow$ (3) 任意の $C \in \mathcal{A}[\mathcal{C}]$ に対して $Q_\omega(C)$ は $\mathcal{B}_\infty$-可測である．したがって，P が $\mathcal{B}_\infty$ 上自明なことにより $Q_\omega(C)$ は P-a.s. で定数となる．補題 5-8 により，$\Omega \in \mathcal{B}_\infty$ を使って

$$P(C) = \int P(d\omega) Q_\omega(C) = Q_\omega(C) \qquad (P\text{-a.s.})$$

となる．これが任意の $C \in \mathcal{A}[\mathcal{C}]$ に対して成り立つので，コルモゴロフの拡張定理により

$$P = Q_\omega \qquad (P\text{-a.s.})$$

5.2 (無限領域) ギブス測度

つまり, $P(B_\omega) = 1$ となっている.

(3) $\Longrightarrow$ (1) $P = \lambda P_1 + (1-\lambda)P_2$ $(P_1, P_2 \in \mathcal{G}(\Phi))$ とする. このとき, $P = Q_\omega$ となる $\omega \in \Omega_\infty$ を1つ固定すると

$$1 = P(B_\omega) = \lambda P_1(B_\omega) + (1-\lambda)P_2(B_\omega)$$

が成立する. これが成立するのは $P_1(B_\omega) = P_2(B_\omega) = 1$ のときである. ところが, $P_i(B_\omega) = 1$ $(i = 1, 2)$ ならば, (5–19) とコルモゴロフの拡張定理により

$$P_i = Q_\omega \qquad (i = 1, 2)$$

がわかる. つまり $P = P_1 = P_2 = Q_\omega$ となる. このことは P が $\mathcal{G}(\Phi)$ の端点であることを示している. ∎

定理 5-10 により, 任意のギブス測度は極限ギブス測度 $\{Q_\omega\}_{\omega \in \Omega_\infty}$ によって表現できることがわかった. その意味でギブス測度の定義は極限ギブス測度からあまりかけ離れた定義とはなっていないといえる. しかし, 前にも述べたとおり, ギブス測度の定義には極限が含まれておらず扱いやすくなっている.

相互作用に関する連続性

相転移の理論では β や h などのパラメータを動かした議論が必要になる. したがって, 対応するギブス測度が Φ に対して連続性をもつかということは重要な問題となる. Φ に対して $\mathcal{G}(\Phi)$ がつねにただ1つ定まるわけではないので, この問題を数学的に表現すると少しまわりくどいものになるが, 次のように述べることができる.

定理 5-11 $\Phi_n, \Phi \in \mathcal{A}$ が

$$\begin{cases} \text{任意の有限集合 } X \subset \mathbf{Z}^d \text{に対して} \\ \|(\Phi_n)_X - \Phi_X\|_\infty \to 0 \quad (n \to \infty) \end{cases} \tag{5–21}$$

となっているとき, $P_n \in \mathcal{G}(\Phi_n)$ が P に弱収束しているならば $P \in \mathcal{G}(\Phi)$ である.

注意 条件 (5–21) は, $\|\Phi_n - \Phi\| \to 0$ $(n \to \infty)$ ならばつねに成立する条件である. 一方, (5–21) から $\|\Phi_n - \Phi\| \to 0$ $(n \to \infty)$ は一般にでてこないことから, (5–21) のほうが条件としても $\|\Phi_n - \Phi\| \to 0$ $(n \to \infty)$ よりもゆるやかな条件となっている. また, 実際にチェックする場合には (5–21) のほうがチェックしやすい.

補題 5-12 条件 (5-21) が成立しているとき，任意の有限集合 $\Lambda \subset \mathbf{Z}^d$ と $\sigma \in \Omega_\Lambda$ に対して

$$\left| P_{\Lambda,\omega}^{\Phi_n}(\sigma) - P_{\Lambda,\omega}^{\Phi}(\sigma) \right|$$
$$\leq P_{\Lambda,\omega}^{\Phi}(\sigma) \left(\exp\left\{ 2 \sum_{X \cap \Lambda \neq \emptyset} \|(\Phi_n)_X - \Phi_X\|_\infty \right\} - 1 \right) \quad (5\text{-}22)$$

が成り立つ．ここで，$\|\cdot\|_\infty$ は $\sigma \in \Omega$ に関する最大値ノルムである．

この補題の証明は簡単なので省略する．

定理 5-11 の証明 $P_n \in \mathcal{G}(\Phi_n)$ なので任意の有限集合 Λ と $\sigma \in \Omega_\Lambda$，シリンダー集合 $A \in \mathcal{B}(\Lambda^c)$ に対して

$$P_n(\{\sigma\} \cap A) = \int_A P_n(d\omega) P_{\Lambda,\omega}^{\Phi_n}(\{\sigma\}) \quad (5\text{-}23)$$

が成り立つ．

一方，

$$\left| \int_A P_n(d\omega) P_{\Lambda,\omega}^{\Phi_n}(\{\sigma\}) - \int_A P(d\omega) P_{\Lambda,\omega}^{\Phi}(\{\sigma\}) \right|$$
$$\leq \int_A P_n(d\omega) \left| P_{\Lambda,\omega}^{\Phi_n}(\{\sigma\}) - P_{\Lambda,\omega}^{\Phi}(\{\sigma\}) \right|$$
$$+ \left| \int_A P_n(d\omega) P_{\Lambda,\omega}^{\Phi}(\{\sigma\}) - \int_A P(d\omega) P_{\Lambda,\omega}^{\Phi}(\{\sigma\}) \right|$$

が成立するので，補題 5-12 により上式の右辺第 1 項 $\to 0$ $(n \to \infty)$，かつ P_n は P に弱収束しており，補題 5-5 により $P_{\Lambda,\omega}^{\Phi}(\{\sigma\})$ は ω の連続関数なので，右辺第 2 項 $\to 0$ $(n \to \infty)$．すなわち，(5-23) の右辺は $n \to \infty$ のとき

$$\int_A P(d\omega) P_{\Lambda,\omega}^{\Phi}(\{\sigma\})$$

に収束する．P_n は P に弱収束しているので，(5-23) の左辺は $P(\{\sigma\} \cap A)$ に収束する．したがって，任意のシリンダー集合 $A \in \mathcal{B}(\Lambda^c)$ と $\sigma \in \Omega_\Lambda$ に対して

$$P(\{\sigma\} \cap A) = \int_A P(d\omega) P_{\Lambda,\omega}^{\Phi}(A) \quad (5\text{-}24)$$

が成り立ち，一般の $A \in \mathcal{B}(\Lambda^c)$ に対しても (5-24) が成立することは，A を $\mathcal{A}[\mathcal{C}]$ の元で近似すればよいことからわかる (定理 5-3 の証明と同じ)．したがって，(5-24) は $P \in \mathcal{G}(\Phi)$ を示している． ∎

5.3 無限系のエントロピー

5.2節で定めたように Ω を $\mathbf{Z}^d$ 上のスピン配置空間とし，$\mathcal{B}$ をすべての
$$X_i : \Omega \to \{+1, -1\} \quad (i \in \mathbf{Z}^d)$$
を可測にする Ω 上の最小の σ-algebra とする．

P を $(\Omega, \mathcal{B})$ 上の１つの確率測度とし，P を $(\Omega_\Lambda, \mathcal{B}_\Lambda)$ に制限したものを $P_{|\Lambda}$ とする．すなわち，$A \in \mathcal{B}_\Lambda$ に対して $P_{|\Lambda}(A) = P(A)$ で定める．この $P_{|\Lambda}$ は $(\Omega_\Lambda, \mathcal{B}_\Lambda)$ 上の確率測度となるので，(1–10) と同様にして，エントロピー $I_\Lambda(P)$ が次式

$$I_\Lambda(P) = -\sum_{\omega \in \Omega_\Lambda} P_{|\Lambda}(\omega) \log P_{|\Lambda}(\omega) \tag{5–25}$$

のように定義される．

(1–10) ではエントロピーは $I(\cdot)$ と書いていたが，ここでは Λ をいろいろ動かした議論をするので，Λ 上のエントロピーという意味で I_Λ と Λ を明記する．

$\omega \in \Omega_\Lambda$ に対して，$\mathbf{Z}^d$ 上のスピン配置で Λ に制限したとき，そのスピン配置が ω に一致するものの全体を考え，それを $\{\omega\}$ で表そう．$\{\omega\}$ は Ω の部分集合で $\mathcal{B}_\Lambda$ に含まれる．つまり，これはシリンダー集合である．

このとき，$I_\Lambda(P)$ は

$$I_\Lambda(P) = -\sum_{\omega \in \Omega_\Lambda} P(\{\omega\}) \log P(\{\omega\}) \tag{5–26}$$

のようにも書かれる．

さて，これからエントロピーの性質について調べていこう．

命題 5-13 (1) $I_\Lambda(P) \geq 0$.
(2) $\Lambda_1 \subset \Lambda_2$ ならば $I_{\Lambda_1}(P) \leq I_{\Lambda_2}(P)$ で，
$$I_{\Lambda_2}(P) - I_{\Lambda_1}(P) \leq (|\Lambda_2| - |\Lambda_1|) \log 2.$$
(3) $I_{\Lambda_1 \cup \Lambda_2}(P) + I_{\Lambda_1 \cap \Lambda_2}(P) \leq I_{\Lambda_1}(P) + I_{\Lambda_2}(P)$ (劣加法性).

証明 (1) の証明は自明なので (2) と (3) のみを示す．
(2) $\Lambda_1 \subset \Lambda_2$ とする．$\omega \in \Omega_{\Lambda_1}$ と $\xi \in \Omega_{\Lambda_2 \setminus \Lambda_1}$ に対して
$$\omega \cdot \xi(i) = \begin{cases} \omega(i) & (i \in \Lambda_1), \\ \xi(i) & (i \in \Lambda_2 \setminus \Lambda_1) \end{cases}$$
で与えられる Λ_2 におけるスピン配置 $\omega \cdot \xi \in \Omega_{\Lambda_2}$ を考えよう．すると，

$$I_{\Lambda_2}(P) - I_{\Lambda_1}(P)$$
$$= \sum_{\omega \in \Omega_{\Lambda_1}} P(\{\omega\}) \log P(\{\omega\}) - \sum_{\omega \in \Omega_{\Lambda_1}} \sum_{\xi \in \Omega_{\Lambda_2 \setminus \Lambda_1}} P(\{\omega \cdot \xi\}) \log P(\{\omega \cdot \xi\})$$
$$= \sum_{\omega \in \Omega_{\Lambda_1}} \sum_{\xi \in \Omega_{\Lambda_2 \setminus \Lambda_1}} P(\{\omega \cdot \xi\})[\log P(\{\omega\}) - \log P(\{\omega \cdot \xi\})]$$
$$\geq 0$$

となり (2) の前半の証明が得られる.

上と同様の変形を行なうと

$$I_{\Lambda_2}(P) - I_{\Lambda_1}(P) - (|\Lambda_2| - |\Lambda_1|) \log 2$$
$$= -2^{-|\Lambda_2|} \sum_{\omega \in \Omega_{\Lambda_1}} \sum_{\xi \in \Omega_{\Lambda_2 \setminus \Lambda_1}} 2^{|\Lambda_2|} P(\{\omega \cdot \xi\}) \log \frac{2^{|\Lambda_2|} P(\{\omega \cdot \xi\})}{2^{|\Lambda_1|} P(\{\omega\})}$$
$$\leq 2^{-|\Lambda_2|} \sum_{\omega \in \Omega_{\Lambda_1}} \sum_{\xi \in \Omega_{\Lambda_2 \setminus \Lambda_1}} 2^{|\Lambda_2|} P(\{\omega \cdot \xi\}) \left(\frac{2^{|\Lambda_1|} P(\{\omega\})}{2^{|\Lambda_2|} P(\{\omega \cdot \xi\})} - 1 \right)$$
$$= 2^{-|\Lambda_2|+|\Lambda_1|} \sum_{\xi \in \Omega_{\Lambda_2 \setminus \Lambda_1}} 1 - 1$$
$$= 0$$

となる. 上の不等式において, $-\log x \leq \frac{1}{x} - 1$ を用いた.

(3) V_1, V_2, V_3 を図 5.1 のように定める. つまり,

$$V_1 = \Lambda_1 \setminus \Lambda_2, \quad V_2 = \Lambda_1 \cap \Lambda_2, \quad V_3 = \Lambda_2 \setminus \Lambda_1$$

とおく. 各 i について V_i 上のスピン配置を ζ_i とするとき, $\{\zeta_1 \cdot \zeta_2 \cdot \zeta_3\} = \{\zeta_1\} \cap \{\zeta_2\} \cap \{\zeta_3\}$ に注意すると

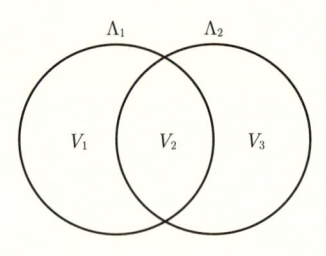

図 5.1 V_1, V_2, V_3 の図

5.3 無限系のエントロピー

$$I_{\Lambda_1\cup\Lambda_2}(P) - I_{\Lambda_1}(P)$$
$$= I_{V_1\cup V_2\cup V_3}(P) - I_{V_1\cup V_2}(P)$$
$$= -\sum_{\zeta_1\in\Omega_{V_1}}\sum_{\zeta_2\in\Omega_{V_2}}\sum_{\zeta_3\in\Omega_{V_3}} P(\{\zeta_1\cdot\zeta_2\cdot\zeta_3\})\log P(\{\zeta_1\cdot\zeta_2\cdot\zeta_3\})$$
$$\quad -\sum_{\zeta_1\in\Omega_{V_1}}\sum_{\zeta_2\in\Omega_{V_2}} P(\{\zeta_1\cdot\zeta_2\})\log P(\{\zeta_1\cdot\zeta_2\})$$
$$= -\sum_{\zeta_1\in\Omega_{V_1}}\sum_{\zeta_2\in\Omega_{V_2}}\sum_{\zeta_3\in\Omega_{V_3}} P(\{\zeta_1\cdot\zeta_2\cdot\zeta_3\})$$
$$\quad\times[\log P(\{\zeta_1\cdot\zeta_2\cdot\zeta_3\}) - \log P(\{\zeta_1\cdot\zeta_2\})]$$
$$= \sum_{\zeta_2\in\Omega_{V_2}}\sum_{\zeta_3\in\Omega_{V_3}} P(\{\zeta_2\})\sum_{\zeta_1\in\Omega_{V_1}}\frac{P(\{\zeta_1\cdot\zeta_2\})}{P(\{\zeta_2\})}$$
$$\quad\times\left(-\frac{P(\{\zeta_1\cdot\zeta_2\cdot\zeta_3\})}{P(\{\zeta_1\cdot\zeta_2\})}\log\frac{P(\{\zeta_1\cdot\zeta_2\cdot\zeta_3\})}{P(\{\zeta_1\cdot\zeta_2\})}\right)$$
$$\leq \sum_{\zeta_2\in\Omega_{V_2}}\sum_{\zeta_3\in\Omega_{V_3}} P(\{\zeta_2\})\left(-\sum_{\zeta_1\in\Omega_{V_1}}\frac{P(\{\zeta_1\}\cap\{\zeta_2\cdot\zeta_3\})}{P(\{\zeta_2\})}\right)$$
$$\quad\times\log\left(\sum_{\zeta_1\in\Omega_{V_1}}\frac{P(\{\zeta_1\cdot\zeta_2\cdot\zeta_3\})}{P(\{\zeta_2\})}\right)$$
$$= -\sum_{\zeta_2\in\Omega_{V_2}}\sum_{\zeta_3\in\Omega_{V_3}} P(\{\zeta_2\cdot\zeta_3\})\log\frac{P(\{\zeta_2\cdot\zeta_3\})}{P(\{\zeta_2\})}$$
$$= -\sum_{\zeta_2\in\Omega_{V_2}}\sum_{\zeta_3\in\Omega_{V_3}} P(\{\zeta_2\cdot\zeta_3\})\log P(\{\zeta_2\cdot\zeta_3\})$$
$$\quad +\sum_{\zeta_2\in\Omega_{V_3}} P(\{\zeta_2\})\log P(\{\zeta_2\})$$
$$= I_{\Lambda_2}(P) - I_{\Lambda_1\cap\Lambda_2}(P)$$

となる． ∎

注意 途中の不等式では，$f(x) = -x\log x$ の凹関数としての性質より，$\sum_{k=1}^{n}\lambda_k = 1\ (\lambda_k > 0)$ となる $\{\lambda_k\}$ に対して

$$f\left(\sum_{k=1}^{n}\lambda_k x_k\right) \geq \sum_{k=1}^{n}\lambda_k f(x_k)$$

が成り立つことを用いた．

$i \in \mathbf{Z}^d$ に対して, $\tau_i\omega(x) = \omega(x-i)$ で与えられる変換 $\tau_i : \Omega \to \Omega$ を考え, これを**シフト変換** (shift transform) とよぶ. $(\Omega, \mathcal{B})$ 上の確率測度 P に対して $\tau_i P$ という確率測度を

$$\tau_i P(A) = P(\tau_i^{-1} A)$$

で定義する. ここで, $\tau_i^{-1} A = \{\omega \in \Omega; \tau_i \omega \in A\}$ である.

各 $i \in \mathbf{Z}^d$ に対して, $\tau_i P = P$ となるとき, P を**シフト不変な確率測度** (shift invariant probability measure) とよぶ. P をシフト不変な確率測度とすると

$$P(\{\omega; \omega(i_1) = s_1, \cdots, \omega(i_n) = s_n\})$$
$$= P(\{\omega; \omega(i_1 + i) = s_1, \cdots, \omega(i_n + i) = s_n\})$$

が成り立つ. すなわち, 原点 O を中心としたスピン配置をそのまま $i \in \mathbf{Z}^d$ だけ平行移動してもその確率は変わらないのである.

$a = (a_1, \cdots, a_d) \in \mathbf{Z}^d$ に対して

$$\Lambda(a) = \Lambda(a_1, \cdots, a_d)$$
$$= \{i = (i_1, \cdots, i_d) \in \mathbf{Z}^d; 0 \leq i_1 < a_1, \cdots, 0 \leq i_d < a_d\}$$

とおき, $\Lambda(a)$ の体積を $|a| = a_1 \cdots a_d$ で表す.

定理 5-14 P をシフト不変な $(\Omega, \mathcal{B})$ 上の確率測度とする. このとき,

$$\lim_{n \to \infty} \frac{I_{\Lambda(na)}(P)}{|na|} = I(P)$$

が存在し, $0 \leq I(P) \leq \log 2$ をみたす. さらに, $I(P)$ は**アファイン関数** (affine function) となる. すなわち, シフト不変な P_1, P_2 および $0 < \alpha < 1$ に対して

$$I(\alpha P_1 + (1-\alpha) P_2) = \alpha I(P_1) + (1-\alpha) I(P_2)$$

が成り立つ.

証明 $\Lambda = \emptyset$ のとき $I_\Lambda(P) = 0$ であるから, $\Lambda_1 \cap \Lambda_2 = \emptyset$ のとき

$$I_{\Lambda_1 \cup \Lambda_2}(P) \leq I_{\Lambda_1}(P) + I_{\Lambda_2}(P)$$

となる.

$\Lambda = \Lambda(a)$ のとき $I_{\Lambda(a)}(P)$ を $a = (a_1, \cdots, a_d)$ の関数と考え

$$F(a) = F(a_1, \cdots, a_d) = I_{\Lambda(a)}(P)$$

とおく. 上の不等式と P のシフト不変性により

5.3 無限系のエントロピー

$$F(a_1, \cdots, b_i + c_i, \cdots, a_d) \leq F(a_1, \cdots, b_i, \cdots, a_d) + F(a_1, \cdots, c_i, \cdots, a_d)$$

が成り立つ.

$$C = \inf_n \frac{F(na)}{|na|}$$

とおくと，下極限の定義より

$$\varliminf_{n\to\infty} \frac{F(na)}{|na|} \geq C \tag{5–27}$$

となる．

一方，C の定義より，任意の $\epsilon > 0$ に対してある自然数 m が存在して

$$\frac{F(ma)}{|ma|} < C + \epsilon$$

となる．

任意の自然数 n に対して，$n = k(n)m + r(n) \ (0 \leq r(n) < m)$ と表すと，

$$F(na) \leq k(n)^d F(ma) + [\,|na| - k(n)^d \cdot |ma|\,] F(a)$$

となる．したがって，

$$\frac{F(na)}{|na|} \leq \frac{F(ma)}{|ma|} + \frac{[\,|na| - k(n)^d \cdot |ma|\,]}{|na|} F(a)$$

となり，

$$\varlimsup_{n\to\infty} \frac{F(na)}{|na|} \leq C + \epsilon \tag{5–28}$$

となる．

ゆえに，(5–27) と (5–28) により

$$\varlimsup_{n\to\infty} \frac{F(na)}{|na|} = \varliminf_{n\to\infty} \frac{F(na)}{|na|} = C$$

となる．また，$0 \leq I(P) \leq \log 2$ となることは命題 5-13 (2) より明らかである．次に，$I(P)$ がアファイン関数となることを示そう．

P^1, P^2 をシフト不変な確率測度とし，$0 < \alpha < 1$ とする．$f(t) = t \log t$ が凸関数であることを用いると

$$\alpha I_\Lambda(P^1) + (1-\alpha) I_\Lambda(P^2)$$
$$= -\sum_{\sigma \in \Omega_\Lambda} [\alpha P^1(\{\sigma\}) \log P^1(\{\sigma\}) + (1-\alpha) P^2(\{\sigma\}) \log P^2(\{\sigma\})]$$
$$\leq -\sum_{\sigma \in \Omega_\Lambda} [\alpha P^1(\{\sigma\}) + (1-\alpha) P^2(\{\sigma\})] \log[\alpha P^1(\{\sigma\}) + (1-\alpha) P^2(\{\sigma\})]$$

$$= I_\Lambda(\alpha P^1 + (1-\alpha)P^2)$$
$$\leq -\sum_{\sigma \in \Omega_\Lambda}[\alpha P^1(\{\sigma\})\log\alpha P^1(\{\sigma\}) + (1-\alpha)P^2(\{\sigma\})\log(1-\alpha)P^2(\{\sigma\})]$$
$$= \alpha I_\Lambda(P^1) + (1-\alpha)I_\Lambda(P^2) - \alpha\log\alpha - (1-\alpha)\log(1-\alpha)$$
$$\leq \alpha I_\Lambda(P^1) + (1-\alpha)I_\Lambda(P^2) + K$$

となる．ここで，
$$K = \max_{0<\alpha<1}[-\alpha\log\alpha - (1-\alpha)\log(1-\alpha)]$$
である．

ゆえに，上の不等式より
$$\alpha\frac{I_\Lambda(P^1)}{|\Lambda|} + (1-\alpha)\frac{I_\Lambda(P^2)}{|\Lambda|} \leq \frac{I_\Lambda(\alpha P^1 + (1-\alpha)P^2)}{|\Lambda|}$$
$$\leq \alpha\frac{I_\Lambda(P^1)}{|\Lambda|} + (1-\alpha)\frac{I_\Lambda(P^2)}{|\Lambda|} + \frac{K}{|\Lambda|}$$

が成り立つ．ここで，$\Lambda = \Lambda(na)$ とし，$n \to \infty$ とすることにより
$$\alpha I(P^1) + (1-\alpha)I(P^2) \leq I(\alpha P^1 + (1-\alpha)P^2)$$
$$\leq \alpha I(P^1) + (1-\alpha)I(P^2)$$

が得られる．したがって，
$$I(\alpha P^1 + (1-\alpha)P^2) = \alpha I(P^1) + (1-\alpha)I(P^2)$$
となる． ∎

ファン ホーフェの意味の熱力学的極限 ([63], [68])

Π_a を $\Lambda(a)$ およびその平行移動したものでできる $\mathbf{Z}^d$ の分割とする．$V \subset \mathbf{Z}^d$ に対し，
$$n_V^+(a) = \sharp\{\Lambda \in \Pi_a; \Lambda \cap V \neq \emptyset\}, \quad n_V^-(a) = \sharp\{\Lambda \in \Pi_a; \Lambda \subset V\}$$
とおく．ここで，集合 A に対して $\sharp A$ は集合 A の元の個数を表す．任意の $a \in \mathbf{Z}^d$ に対して
$$\lim_{V \to \mathbf{Z}^d}\frac{n_V^+(a)}{n_V^-(a)} = 1$$
となるとき，V はファン ホーフェ (van Hove) の意味で $\mathbf{Z}^d$ に発散するという．このとき，V の関数 $f(V)$ の極限が存在するときにはそれを $\text{H-}\lim_{V \to \mathbf{Z}^d} f(V)$ で

表す．このファン　ホーフェの意味での熱力学的極限に関して次の定理が成立する．

定理 5-15 P をシフト不変な $(\Omega, \mathcal{B})$ 上の確率測度とするとき，
$$\text{H-}\lim_{V \to \mathbf{Z}^d} \frac{I_V(P)}{|V|} = I(P)$$
が成り立つ．

5.4 熱力学的極限関数

3章でギブスの自由エネルギー $g(\beta, h)$ の存在を述べたが (定理 3-1 参照)，ここでは，この定理を 5.1 節で述べた条件 1～3 をみたす相互作用 $\Phi \in \mathcal{A}$ について証明しよう．

$\Phi = \{\Phi_X\}_X \in \mathcal{A}$ および有限領域 $\Lambda \subset \mathbf{Z}^d$ に対して
$$H_\Lambda^\Phi(\sigma) = \sum_{X \subset \Lambda} \Phi_X(\sigma_X) \qquad (\sigma \in \Omega_\Lambda)$$
とおき，
$$Z_\Lambda^\Phi = \sum_{\sigma \in \Omega_\Lambda} \exp\{-H_\Lambda^\Phi(\sigma)\}$$
であったことを思い出そう．このとき，
$$\left|H_\Lambda^\Phi(\sigma)\right| \leq |\Lambda| \cdot \|\Phi\| \tag{5-29}$$
という不等式が成り立つ．

さらに，
$$g_\Lambda(\Phi) = \frac{1}{|\Lambda|} \log Z_\Lambda^\Phi$$
によって，$\Phi \in \mathcal{A}$ に対する Λ における自由エネルギーを定めよう．すると，$\Phi, \Psi \in \mathcal{A}$ に対して
$$g_\Lambda(\Phi) - g_\Lambda(\Psi) = \frac{1}{|\Lambda|} \log \frac{\sum_{\sigma \in \Omega_\Lambda} \exp\{-H_\Lambda^\Phi(\sigma)\}}{\sum_{\sigma \in \Omega_\Lambda} \exp\{-H_\Lambda^\Psi(\sigma)\}}$$
となり，
$$\max_{\sigma \in \Omega_\Lambda} \frac{\exp\{-H_\Lambda^\Phi(\sigma)\}}{\exp\{-H_\Lambda^\Psi(\sigma)\}} \leq \max_{\sigma \in \Omega_\Lambda} \exp\left\{\left|H_\Lambda^\Phi(\sigma) - H_\Lambda^\Psi(\sigma)\right|\right\}$$
$$\leq \exp\{|\Lambda| \cdot \|\Phi - \Psi\|\}$$

となるから
$$|g_\Lambda(\Phi) - g_\Lambda(\Psi)| \leq \|\Phi - \Psi\| \tag{5-30}$$
が成り立つ. 上の不等式から (5-30) を導くとき, $a_i > 0$, $b_i > 0$ に対して
$$\frac{\sum_{k=1}^n b_i}{\sum_{k=1}^n a_i} \leq \frac{\sum_{k=1}^n a_k \cdot \max\left\{\dfrac{b_1}{a_1}, \cdots, \dfrac{b_n}{a_n}\right\}}{\sum_{k=1}^n a_i} = \max\left\{\frac{b_1}{a_1}, \cdots, \frac{b_n}{a_n}\right\}$$
という不等式を用いた.

定理 5-16 $\Phi \in \mathcal{A}$, $\Lambda_n = \Lambda(n, \cdots, n)$ に対して
$$\lim_{n \to \infty} \frac{1}{|\Lambda_n|} g_{\Lambda_n}(\Phi) = g(\Phi)$$
が存在して, 次の (1), (2) が成立する.
 (1) $\|g(\Phi) - g(\Psi)\| \leq \|\Phi - \Psi\|$.
 (2) $g(\cdot)$ は $\mathcal{A}$ 上の凸関数.

証明 有限領域相互作用の全体 (59 ページ参照) $\mathcal{A}_0$ は $\mathcal{A}$ において稠密であるから, 定理を示すには $\Phi \in \mathcal{A}_0$ について示せば十分である. このことをまず示そう. $\Phi \in \mathcal{A}$ および任意の $\epsilon > 0$ に対して, $\Phi_0 \in \mathcal{A}_0$ が存在して
$$\|\Phi - \Phi_0\| < \frac{1}{3}\epsilon$$
となり, さらに (5-30) より
$$|g_{\Lambda_n}(\Phi) - g_{\Lambda_m}(\Phi)| < \frac{2}{3}\epsilon + |g_{\Lambda_n}(\Phi_0) - g_{\Lambda_m}(\Phi_0)|$$
が成り立つ.

$g(\Phi_0)$ の極限の存在が $\Phi_0 \in \mathcal{A}_0$ について示されているとき, $\{g_{\Lambda_n}(\Phi_0)\}_n$ はコーシー列となり, n, m が十分大きいときには
$$|g_{\Lambda_n}(\Phi_0) - g_{\Lambda_m}(\Phi_0)| < \frac{1}{3}\epsilon$$
となる. ゆえに, n, m が十分大きいときには
$$|g_{\Lambda_n}(\Phi) - g_{\Lambda_m}(\Phi)| < \epsilon$$
となり, $\{g_{\Lambda_n}(\Phi)\}_n$ もコーシー列となる. したがって, $g_{\Lambda_n}(\Phi)$ も $n \to \infty$ のとき極限 $g(\Phi)$ をもつ. (1), (2) の証明も同様である.

これからは, $\Phi \in \mathcal{A}_0$ について定理の証明を行なおう.

5.4 熱力学的極限関数

$\Phi \in \mathcal{A}_0$ は有限領域相互作用であるから,ある $d > 0$ が存在して

$$\operatorname{diam} X \geq d \implies \Phi_X \equiv 0 \tag{5-31}$$

となる.

$b = n(a+d) + c$ とし,Λ_b を図 5.2 のように分割する.

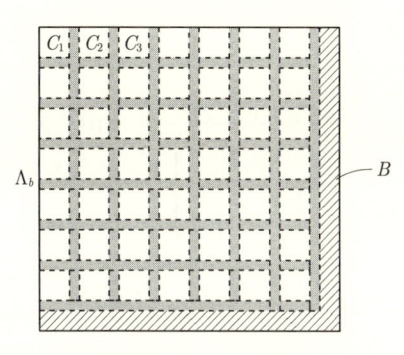

図 5.2 Λ_b の分割

各 C_i は 1 辺 a の立方体で,全部で n^d 個ある.これら n^d 個の立方体の和集合を $\Lambda' = \bigcup_{i=1}^{n^d} C_i$ とおき,さらに $B = \Lambda_b \setminus \Lambda'$ とおく.異なった C_i と C_j の間の距離は d 以上離れているので,(5-31) により異なる C_i と C_j の間には相互作用が働かない.したがって,

$$g_{\Lambda'}(\Phi) = \frac{1}{n^d |\Lambda_a|} \log Z_{\Lambda_a}(\Phi)^{n^d} = g_{\Lambda_a}(\Phi)$$

となる.また,

$$H^{\Phi}_{\Lambda_b}(\sigma) = H^{\Phi}_{\Lambda'}(\sigma) + \sum_{\substack{X \subset \Lambda_b, \\ X \cap B \neq \emptyset}} \Phi_X(\sigma_X)$$

であるので,

$$\Big| |\Lambda'| g_{\Lambda'}(\Phi) - |\Lambda_b| g_{\Lambda_b}(\Phi) \Big|$$

$$= \left| \log \frac{\sum_{\sigma \in \Omega_{\Lambda'}} \exp\{-H^{\Phi}_{\Lambda'}(\sigma)\}}{\sum_{\sigma \in \Omega_{\Lambda'}} \exp\{-H^{\Phi}_{\Lambda'}(\sigma)\} \sum_{\xi \in \Omega_B} \exp\left\{ -\sum_{\substack{X \subset \Lambda_b, \\ X \cap B \neq \emptyset}} \Phi_X((\sigma \cdot \xi)_X) \right\}} \right|$$

となる．ここで，$\sigma \in \Omega_{\Lambda'}$, $\xi \in \Omega_B$ に対して，$\sigma \cdot \xi \in \Omega_{\Lambda_b}$ は

$$\sigma \cdot \xi(i) = \begin{cases} \sigma(i) & (i \in \Lambda'), \\ \xi(i) & (i \in B) \end{cases}$$

で定められる．

上式において，

$$\frac{1}{\sum_{\xi \in \Omega_B} \exp\left\{-\sum_{\substack{X \subset \Lambda_b, \\ X \cap B \neq \emptyset}} \Phi_X((\sigma \cdot \xi)_X)\right\}} \leq \exp\left\{\sum_{\substack{X \subset \Lambda_b, \\ X \cap B \neq \emptyset}} \|\Phi_X\|_\infty\right\}$$

$$\leq \exp\left\{\sum_{x \in B} \sum_{X \ni x} \frac{\|\Phi_X\|_\infty}{|X|}\right\}$$

$$\leq \exp\{|B| \cdot \|\Phi\|\}$$

となるから，これより

$$\big| |\Lambda'|g_{\Lambda'}(\Phi) - |\Lambda_b|g_{\Lambda_b}(\Phi) \big| \leq |B| \cdot \|\Phi\|$$

となる．したがって，

$$|g_{\Lambda_a}(\Phi) - g_{\Lambda_b}(\Phi)| \leq \left|\frac{|\Lambda'|}{|\Lambda_b|} - 1\right| \|\Phi\| + \frac{|B|}{|\Lambda_b|}\|\Phi\|$$

となり，a, b が十分に大きければ右辺はいくらでも小さくできるので，

$$\lim_{\substack{a \to \infty, \\ b \to \infty}} |g_{\Lambda_a}(\Phi) - g_{\Lambda_b}(\Phi)| = 0$$

が成立する．ゆえに，$\{g_{\Lambda_n}(\Phi)\}_n$ はコーシー列となり，

$$g(\Phi) = \lim_{n \to \infty} g_{\Lambda_n}(\Phi)$$

が存在する．

(1) は (5–30) より従い，(2) は $g_\Lambda(\cdot)$ が凸関数であることから従う． ∎

定理 5-16 はファン ホーフェの意味の熱力学的極限に関しても成り立つ．

定理 5-17
$$\text{H-}\lim_{V \to \mathbf{Z}^d} g_V(\Phi) = g(\Phi)$$

となる．ここで，$g(\Phi)$ は定理 5-16 の極限である．

5.4 熱力学的極限関数

境界条件のもとでの熱力学的極限

$\xi \in \Omega$ に対して

$$H_\Lambda^\Phi(\sigma|\xi) = H_\Lambda^\Phi(\sigma) + \sum_{\substack{X \cap \Lambda^c \neq \emptyset, \\ X \cap \Lambda \neq \emptyset}} \Phi_X((\sigma \cdot \xi)_X)$$

によって境界条件 ξ のもとでのエネルギーを定める．ここで，

$$\sigma \cdot \xi(i) = \begin{cases} \sigma(i) & (i \in \Lambda), \\ \xi(i) & (i \in \Lambda^c) \end{cases}$$

である．この $H_\Lambda^\Phi(\sigma|\xi)$ は Λ の外側でのスピン配置が ξ であり，Λ 内でのスピン配置が σ となるとき，Λ 内の電子がもつエネルギーを表している．また，

$$g_{\Lambda,\xi}(\Phi) = \frac{1}{|\Lambda|} \log \sum_{\sigma \in \Omega_\Lambda} \exp\{-H_\Lambda^\Phi(\sigma|\xi)\}$$

とおくと次の定理が成り立つ．

定理 5-18 $\Phi \in \mathcal{A}$, $\xi \in \Omega$ に対して

$$\operatorname{H-}\lim_{V \to \mathbf{Z}^d} g_{V,\xi}(\Phi) = g(\Phi)$$

が成り立つ．

周期的境界条件のもとにおける熱力学的極限

$\mathbf{Z}^d$ における立方体 $\Lambda_n = \Lambda(n, \cdots, n)$ において，各 i 方向の 2 つの端

$$\{x \in \Lambda_n; x_i = 0\} \quad と \quad \{x \in \Lambda_n; x_i = n\}$$

を同一視したものを**トーラス** (torus) とよび T_n で表す．$d = 2$ の場合についてこの T_n を図で表してみよう．図 5.3 において，A と A'，B と B' を貼り合わせたものを考えてみると図 5.4 のようなドーナツ状の図形が得られる．これが

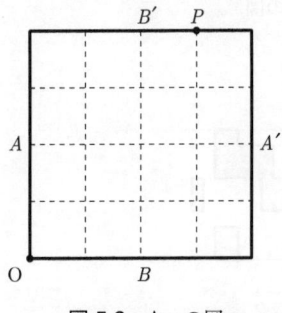

図 5.3 Λ_n の図　　　図 5.4 トーラス T_n

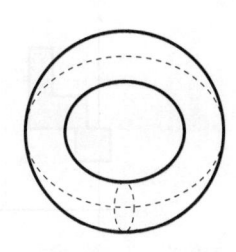

トーラスである．

Λ_n において，図5.3のPという点は原点Oから遠く離れた点であるが，トーラス T_n においてはPはOの隣接点となる．

この T_n におけるスピン配置 $\sigma \in \{+1, -1\}^{T_n}$ を考え，これを $\mathbf{Z}^d$ におけるスピン配置に周期的に拡張したものを $r_n(\sigma)$ で表す (図5.5)．

$x = (x_1, \cdots, x_d) \in \mathbf{Z}^d$ に対して

$$x_k - y_k \equiv 0 \pmod{n} \qquad (k = 1, \cdots, d)$$

となる $y = (y_1, \cdots, y_d) \in T_n$ が必ずとれるので，$x \in \mathbf{Z}^d$ に対して $y \in T_n$ を対応させる写像を $q_n : \mathbf{Z}^d \to T_n$ で表す．

$\sigma \in \Omega_{T_n}$ に対して，$H^{\Phi}_{T_n}(\sigma)$ を

$$H^{\Phi}_{T_n}(\sigma) = \sum_{X \cap \Lambda_n \neq \emptyset}^{*} \Phi_X(r_n(\sigma)_X)$$

で定義する．ここで，$\sum^*$ は q_n を X に制限したとき，それが1対1となるような X で，$X \cap \Lambda_n \neq \emptyset$ となるものについての和を表している．すなわち，

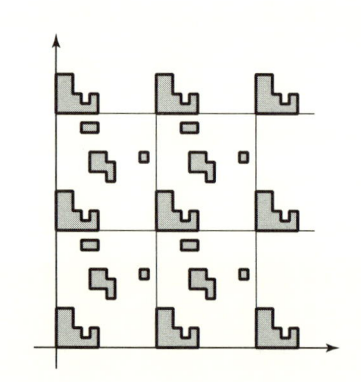

図 5.5　$r_n(\sigma)$ の図

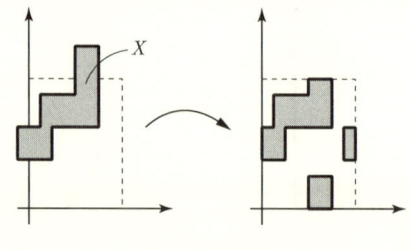

図 5.6　写像 q_n

5.5 変分原理

$X \subset \mathbf{Z}^d$ の点を q_n で T_n の中に移していくとき,図 5.6 のように移った点が重ならないようなものについてのみ和をとるのである.

C_{n-d} を 1 辺が $n-d$ の立方体で T_n に含まれるものとする.このとき,

$$|T_n|g_{T_n}(\varPhi) - |C_{n-d}|g_{C_{n-d}}(\varPhi) = \log \frac{\sum\limits_{\sigma \in \Omega_{C_{n-d}}} \sum\limits_{\xi \in \Omega_B} \exp\{-H^{\varPhi}_{T_n}(\sigma \cdot \xi)\}}{\sum\limits_{\sigma \in \Omega_{C_{n-d}}} \exp\{-H^{\varPhi}_{C_{n-d}}(\sigma)\}}$$

となり,

$$\frac{\sum\limits_{\xi \in \Omega_B} \exp\{-H^{\varPhi}_{T_n}(\sigma \cdot \xi)\}}{\exp\{-H^{\varPhi}_{C_{n-d}}(\sigma)\}} \leq \sum_{\xi \in \Omega_B} \sum_{X \cap B \neq \emptyset}^{*} \|\varPhi_X\|_\infty$$

$$\leq \sum_{\xi \in \Omega_B} \sum_{x \in B} \sum_{X \ni x} \frac{\|\varPhi_X\|_\infty}{|X|}$$

$$\leq \|\varPhi\| \cdot |B| \cdot 2^{|B|}$$

となる.したがって,

$$\left|g_{T_n}(\varPhi) - \frac{|C_{n-d}|}{|T_n|}g_{C_{n-d}}(\varPhi)\right| \leq \frac{1}{|T_n|}\log\|\varPhi\| \cdot |B| \cdot 2^{|B|}$$

という評価が得られる.このことから,次の定理が得られる.

定理 5-19 $\varPhi \in \mathcal{A}$ に対して

$$\lim_{n \to \infty} g_{\Lambda_n}(\varPhi) = g(\varPhi)$$

が成り立つ.

5.5 変 分 原 理

5.2 節において,スピン系の平衡状態を表すものとしてギブス測度というものを定義したが,ここではさらに 2 つの平衡状態の定義を与え,これらの同等性を証明しよう.

まず,P を $(\Omega, \mathcal{B})$ 上の確率測度,$\Lambda_n = \Lambda(n, \cdots, n)$ として,P による $H^{\varPhi}_{\Lambda_n}(\cdot)$ の期待値 $E_P[H^{\varPhi}_{\Lambda_n}]$ について,$n \to \infty$ のときの極限の存在について調べよう.記号を簡単にするため,ここでは関数 $F(\omega)$ の P による平均を $P(F)$ と書く.

$\Phi \in \mathcal{A}$ に対して

$$A_\Phi(\sigma) = \sum_{X \ni O} \frac{\Phi_X(\sigma_X)}{|X|}$$

とおく.

補題 5-20 P を $(\Omega, \mathcal{B})$ 上のシフト不変な確率測度とするとき, $\Phi \in \mathcal{A}$ に対して

$$\frac{1}{|\Lambda_n|} P(H^\Phi_{\Lambda_n}) \to P(A_\Phi) \qquad (n \to \infty)$$

となる.

証明 $\mathcal{A}_0$ が $\mathcal{A}$ で稠密であること, および

$$\left| H^\Phi_\Lambda(\sigma) - H^\Psi_\Lambda(\sigma) \right| \le |\Lambda_n| \cdot \|\Phi - \Psi\|$$

が成り立つことを用いると, 補題が $\Phi \in \mathcal{A}_0$ について示されると, $\Phi \in \mathcal{A}$ についても成り立つことが前と同様にして得られる.

これから, $\Phi \in \mathcal{A}_0$ について証明を行なおう.

$\Phi \in \mathcal{A}_0$ であるから, (5–31) をみたす $d > 0$ をとり,

$$\Lambda'_n = \{x \in \Lambda_n; \operatorname{dist}(x, \partial \Lambda_n) \ge d\}$$

とおく. ここで, $\partial \Lambda_n$ は Λ_n の境界で, $\operatorname{dist}(x, \partial \Lambda_n)$ は $x \in \mathbf{Z}^d$ と $\partial \Lambda_n$ との距離を表している. さらに, $\Lambda''_n = \Lambda_n \setminus \Lambda'_n$ とおく. このとき,

$$P(H^\Phi_{\Lambda_n}) = \sum_{x \in \Lambda'_n} P\left(\sum_{X \ni x} \frac{\Phi_X(\sigma_X)}{|X|} \right) + \sum_{x \in \Lambda''_n} P\left(\sum_{\substack{X \ni x, \\ X \subset \Lambda_n}} \frac{\Phi_X(\sigma_X)}{|X|} \right)$$

$$= |\Lambda'_n| P(A_\Phi) + \sum_{x \in \Lambda''_n} P\left(\sum_{\substack{X \ni x, \\ X \subset \Lambda_n}} \frac{\Phi_X(\sigma_X)}{|X|} \right)$$

が成り立つ. 最後の等号を示すときに P のシフト不変性が用いられた.

上式より

$$\left| \frac{1}{|\Lambda_n|} P(H^\Phi_{\Lambda_n}) - \frac{|\Lambda'_n|}{|\Lambda_n|} P(A_\Phi) \right| \le \frac{|\Lambda''_n|}{|\Lambda_n|} \cdot \|\Phi\|$$

が成り立ち, また

$$\frac{|\Lambda'_n|}{|\Lambda_n|} \to 1, \qquad \frac{|\Lambda''_n|}{|\Lambda_n|} \to 0$$

となることより補題の証明が得られる. ∎

5.5 変分原理

定理 5-21 $\Phi \in \mathcal{A}$ のとき

$$g(\Phi) = \sup_P [\, I(P) - P(A_\Phi) \,]$$

が成り立つ．ここで，sup はすべてのシフト不変な確率測度 P にわたってとられる．

証明 $|P(A_\Phi) - P(A_\Psi)| \leq \|\Phi - \Psi\|$ が成り立つので，示すべき式の両辺は Φ に関して連続的に依存する．したがって，この式も $\Phi \in \mathcal{A}_0$ について示しておけば十分である．

そこで，P を任意のシフト不変な確率測度とするとき，定理 5-14 と補題 5-20 により

$$\begin{aligned}
I(P) - P(A_\Phi) &= \lim_{n \to \infty} \frac{1}{|\Lambda_n|} \left(- \sum_{\sigma \in \Omega_{\Lambda_n}} P(\{\sigma\})[\, H_{\Lambda_n}(\sigma) + \log P(\{\sigma\}) \,] \right) \\
&= \lim_{n \to \infty} \frac{1}{|\Lambda_n|} \sum_{\sigma \in \Omega_{\Lambda_n}} P(\{\sigma\}) \log \frac{\exp\{-H_{\Lambda_n}(\sigma)\}}{P(\{\sigma\})} \\
&\leq \lim_{n \to \infty} \frac{1}{|\Lambda_n|} \log \sum_{\sigma \in \Omega_{\Lambda_n}} \exp\{-H_{\Lambda_n}(\sigma)\} = g(\Phi)
\end{aligned}$$

となる．最後の不等式は $\log x$ が凹であることから従う．これより，シフト不変な確率測度 P に対して

$$g(\Phi) \geq I(P) - P(A_\Phi) \tag{5-32}$$

となることがわかった．

したがって，定理の等式を示すには，任意の $\epsilon > 0$ に対して

$$g(\Phi) < I(P) - P(A_\Phi) + \epsilon \tag{5-33}$$

となるシフト不変な確率測度 P が存在することを示せばよい．

まず，N を十分大きくとり，

$$\left| g(\Phi) - \frac{1}{|\Lambda_N|} \log Z_{\Lambda_N}(\Phi) \right| < \frac{1}{2}\epsilon$$

とする．$\{\Lambda_n\}$ を Λ_N とその平行移動したものによる $\mathbf{Z}^d$ の分割とする．

$\{\Lambda_n\}$ の有限個の和集合を

$$\Lambda = \bigcup_{k=1}^{l} \Lambda_k$$

とする．

$\sigma \in \Omega_\Lambda$ に対して

$$\widetilde{\mu}_\Lambda(\sigma) = \prod_{k=1}^{l} \left(\frac{1}{Z_{\Lambda_N}} \exp\{-H_{\Lambda_k}(\sigma_{\Lambda_k})\} \right)$$

とおくと，これは $(\Omega_\Lambda, \mathcal{B}_\Lambda)$ 上の確率測度で，$\widetilde{\mu}_\Lambda(\cdot)$ のもとでは異なった Λ_k 上の事象は独立となる．

各 Λ に対して上で定めた $\widetilde{\mu}_\Lambda$ が与えられているとき，$(\Omega, \mathcal{B})$ 上の確率測度 $\widetilde{P}(\cdot)$ が一意的に存在して，すべての Λ に対して

$$\widetilde{P}_{|\Lambda}(\cdot) = \widetilde{\mu}_\Lambda(\cdot)$$

となる．この $\widetilde{P}$ は周期的となる．したがって，任意の $i = kN$ ($k \in \mathbf{Z}^d$) に対して $\tau_i \widetilde{P} = \widetilde{P}$ が成り立つ．

次に，任意の $A \in \mathcal{B}$ に対して $\tau_i A = \{\omega \in \Omega; \tau_i^{-1} \omega \in A\}$ とおき，

$$P(A) = \frac{1}{|\Lambda_N|} \sum_{i \in \Lambda_N} \widetilde{P}(\tau_i A)$$

によって $P(\cdot)$ を定義すると，$P(\cdot)$ はシフト不変な確率測度となる．ここで，

$$\begin{aligned}
I(P) &= \text{H-}\lim_{\Lambda \to \mathbf{Z}^d} \frac{1}{|\Lambda|} \left(-\sum_{\sigma \in \Omega_\Lambda} P_\Lambda(\sigma) \log P_\Lambda(\sigma) \right) \\
&= \text{H-}\lim_{\Lambda \to \mathbf{Z}^d} \frac{1}{|\Lambda|} \left(-\sum_{\sigma \in \Omega_\Lambda} \widetilde{\mu}_\Lambda(\sigma) \log \widetilde{\mu}_\Lambda(\sigma) \right) \\
&= \frac{1}{|\Lambda_N|} \left(-\sum_{\sigma \in \Omega_{\Lambda_N}} \widetilde{\mu}_{\Lambda_N}(\sigma) \log \widetilde{\mu}_{\Lambda_N}(\sigma) \right)
\end{aligned}$$

となる．さらに，N が十分大きいとき

$$\left| P(A_\Phi) - \frac{1}{|\Lambda_N|} \sum_{\sigma \in \Omega_{\Lambda_N}} \widetilde{\mu}_{\Lambda_N}(\sigma) H_{\Lambda_N}(\sigma) \right| < \frac{1}{2}\epsilon$$

とできる．

ゆえに，

$$\begin{aligned}
I(P) - P(A_\Phi) + \frac{1}{2}\epsilon &> -\frac{1}{|\Lambda_N|} \sum_{\sigma \in \Lambda_N} \widetilde{\mu}_{\Lambda_N}(\sigma) \{\log \widetilde{\mu}_{\Lambda_N}(\sigma) + H_{\Lambda_N}(\sigma)\} \\
&= \frac{1}{|\Lambda_N|} \log Z_{\Lambda_N}(\Phi) \\
&> g(\Phi) - \frac{1}{2}\epsilon
\end{aligned}$$

となり，(5-33) が示された． ∎

5.5 変分原理

定義 5-6 $\Phi \in \mathcal{A}$ とする. $(\Omega, \mathcal{B})$ 上のシフト不変な確率測度 P が

$$g(\Phi) = I(P) - P(A_\Phi)$$

をみたすとき, P は**変分原理** (variational principle) をみたすという.

次に, この定義と同等な条件について述べよう.

定理 5-22 $\Phi \in \mathcal{A}$ とし P を $(\Omega, \mathcal{B})$ 上のシフト不変な確率測度とする. このとき, 次の (1), (2) は同等である.
(1) P は変分原理をみたす.
(2) 任意の $\Psi \in \mathcal{A}$ に対して

$$(\star) \quad g(\Phi + \Psi) \geq g(\Phi) - P(A_\Psi)$$

が成り立つ.

注意 $\alpha(\Phi) = -P(A_\Phi)$ とおくと, α は $\mathcal{A}$ 上の線形汎関数 (すなわち $\alpha : \mathcal{A} \to \mathbf{R}$ となる線形写像) となり, $(\star)$ は

$$(\star\star) \quad g(\Phi + \Psi) \geq g(\Phi) + \alpha(\Psi) \quad (\Psi \in \mathcal{A})$$

となる. $g(\Phi)$ のグラフを図示してみると, $g(\Phi)$ は凸関数であるから図 5.7 のようになり, $(\star\star)$ の条件は, $g(\Phi + \Psi)$ の Ψ を動かしたときのグラフが $g(\Phi) + \alpha(\Psi)$ のグラフに接していることを表している.

しかし, $(\star\star)$ は Φ において $g(\Phi)$ に接する線形汎関数がただ 1 つであることを意味しているわけではない. 図 5.8 のように $g(\Phi)$ が Φ で滑らかでないときには, $(\star)$ をみたす P はただ 1 つではない.

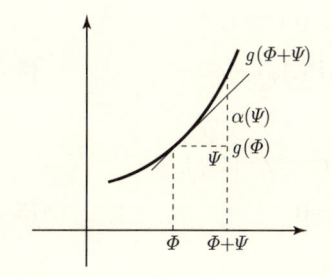

図 5.7 $g(\Phi)$ のグラフと $\alpha(\Phi)$ との関係

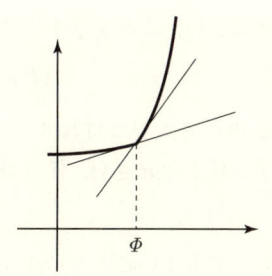

図 5.8 滑らかでない $g(\Phi)$ の例

定理 5-22 の証明 $(1) \Longrightarrow (2)$　P は変分原理をみたすから,
$$g(\Phi) = I(P) - P(A_\Phi)$$
となる．任意の $\Psi \in \mathcal{A}$ に対して定理 5-21 より
$$g(\Phi + \Psi) \geq I(P) - P(A_\Phi) - P(A_\Psi)$$
となるので，上の等式より $(\star)$ が成り立つ．

$(2) \Longrightarrow (1)$　$(\star)$ より，任意の $\Psi \in \mathcal{A}$ に対して
$$g(\Psi) = g(\Phi + (\Psi - \Phi))$$
$$\geq g(\Phi) - P(A_\Psi) + P(A_\Phi)$$
となる．したがって，
$$g(\Phi) + P(A_\Phi) \leq g(\Psi) + P(A_\Psi)$$
となり，
$$g(\Phi) + P(A_\Phi) = \inf_{\Psi \in \mathcal{A}} [g(\Psi) + P(A_\Psi)]$$
となる．

(1) を示すには，
$$I(P) = \inf_{\Psi \in \mathcal{A}} [g(\Psi) + P(A_\Psi)] \tag{5-34}$$
を示せばよい．

定理 5-21 より
$$I(P) \leq \inf_{\Psi \in \mathcal{A}} [g(\Psi) + P(A_\Psi)]$$
は成り立つから，
$$I(P) \geq \inf_{\Psi \in \mathcal{A}} [g(\Psi) + P(A_\Psi)] \tag{5-35}$$
を示せばよい．これを示すには任意の $\epsilon > 0$ に対して
$$I(P) \geq g(\Phi) + P(A_\Phi) - \epsilon \tag{5-36}$$
となる $\Phi \in \mathcal{A}$ を見つければよい．

まず，任意の $\sigma \in \Omega$，任意の有限集合 $C \subset \mathbf{Z}^d$ に対して
$$P(\sigma_C) > 0 \tag{5-37}$$
と仮定してもよいことを示そう．

もし，(5-37) が成り立たないときには
$$P^\lambda = \lambda P + (1-\lambda) P_0 \quad \left(P_0 : \frac{1}{2}\text{-ベルヌーイ測度}, 0 < \lambda < 1 \right)$$

5.5 変分原理

とおくと,これに関しては (5-37) が成立する.また, (5-37) が成り立つものについて (5-35) が示されているときには, P^λ について (5-36) が成り立つから, $I(P)$ がアファイン関数であることを用い $\lambda \to 1$ とすることにより (5-35) が示される.

これからは, (5-37) が成り立つものとして証明を続けていく.

C を 1 辺 m の $\mathbf{Z}^d$ の立方体とし,
$$\frac{1}{|C|} I_C(P) \leq I(P) + \epsilon$$
となるように m を十分大きくとる.さらに,
$$\Phi_X(\sigma_X) = \begin{cases} -\dfrac{1}{|C|} \log P(\sigma_X) & (X = C + i \ (i \in \mathbf{Z}^d)), \\ 0 & (\text{それ以外}) \end{cases}$$
によって相互作用 $\{\Phi_X\}$ を定める.このとき, P がシフト不変ならば
$$\begin{aligned} P(A_\Phi) &= \sum_{X \ni O} \frac{P(\Phi_X(\sigma_X))}{|X|} \\ &= -\frac{1}{|C|} \sum_{\sigma \in \Omega_C} P(\{\sigma\}) \log P(\{\sigma\}) \\ &= \frac{1}{|C|} I_C(P) \end{aligned}$$
となる.

n を m の整数倍とし, T_n を 1 辺が n のトーラスとする. $\sigma \in \Omega_{T_n}$ に対して
$$\begin{aligned} H_{T_n}^\Phi(\sigma) &= \sum_{X \cap \Lambda_n \neq \emptyset}^* \Phi_X(r_n(\sigma)_X) \\ &= \sum_{j \in C} \sum_{\substack{i \in T_n, \\ i \equiv j \ (\mathrm{mod}\ m)}} \Phi_{C+i}(r_n(\sigma)_{C+i}) \\ &= \frac{1}{|C|} \sum_{j \in C} G_j(\sigma) \end{aligned}$$
となる.ここで, $G_j(\sigma)$ は
$$G_j(\sigma) = -\sum_{\substack{i \in T_n, \\ i \equiv j \ (\mathrm{mod}\ m)}} \log P(r_n(\sigma)_{C+i})$$
と与えられる.このとき,

$$g_{T_n}(\Phi) = \frac{1}{|T_n|} \log \sum_{\sigma \in \Omega_{T_n}} \exp\{-H^{\Phi}_{T_n}(\sigma)\}$$

$$= \frac{1}{|T_n|} \log \sum_{\sigma \in \Omega_{T_n}} \exp\left\{-\frac{1}{|C|} \sum_{j \in C} G_j(\sigma)\right\}$$

となる．

有限集合 Λ 上で定義された k 個の関数 $f_1(x), \cdots, f_k(x)$ と $\lambda_1 + \cdots + \lambda_k = 1$ となる $\lambda_1 > 0, \cdots, \lambda_k > 0$ に対して

$$\log \sum_{x \in \Lambda} e^{-\sum_{i=1}^{k} \lambda_i f_i(x)} \leq \sum_{i=1}^{k} \lambda_i \log \sum_{x \in \Lambda} e^{-f_i(x)}$$

が成り立つ．これを用いると

$$g_{T_n}(\Phi) \leq \frac{1}{|C|} \sum_{j \in C} \frac{1}{|T_n|} \log \sum_{\sigma \in \Omega_{T_n}} \exp\{-G_j(\sigma)\}$$

が成り立つ．

$j \in C$ に対して $\{C + i; i \in T_n, i \equiv j \pmod{m}\}$ で T_n が分割されているので，

$$\sum_{\sigma \in \Omega_{T_n}} \exp\{-G_j(\sigma)\} = \sum_{\sigma \in \Omega_{T_n}} \prod_{\substack{i \in T_n, \\ i \equiv j \pmod{n}}} P(r_n(\sigma)_{C+i}) = 1$$

となる．

ゆえに，$g_{T_n}(\Phi) \leq 0$ となり，

$$g_{T_n}(\Phi) + P(A_\Phi) \leq \frac{1}{|C|} I_C(P)$$

が成り立つ．ここで，$n \to \infty$ とすると

$$g(\Phi) + P(A_\Phi) \leq \frac{1}{|C|} I_C(P) \leq I(P) + \epsilon$$

となる． ∎

相互作用の空間 $\mathcal{A}$ の部分空間 $\mathcal{A}_1$ の元 Φ に対して

$$\|\Phi\|_1 = \sum_{X \ni O} \|\Phi_X\|_\infty$$

と定義する．

5.5 変分原理

定理 5-23 $\Phi \in \mathcal{A}_1$ に対して，次の (1), (2) は同等である．
(1) $P(\cdot)$ はシフト不変なギブス測度である．
(2) $P(\cdot)$ は変分原理をみたす．

証明 (1) $\Longrightarrow$ (2) 境界条件 $\omega \in \Omega$ のもとでの Λ における有限ギブス測度を $P_{\Lambda,\omega}^{\Phi}$ で表すと

$$I_\Lambda(P_{\Lambda,\omega}^\Phi) - P_{\Lambda,\omega}^\Phi(H_\Lambda^\Phi) - |\Lambda| g_\Lambda(\Phi)$$
$$= \sum_{\sigma \in \Omega_\Lambda} P_{\Lambda,\omega}^\Phi(\sigma) W_\Lambda^\Phi(\sigma|\omega) + \log \frac{\sum_{\sigma \in \Omega_\Lambda} \exp\{-H_\Lambda^\Phi(\sigma) - W_\Lambda^\Phi(\sigma|\omega)\}}{\sum_{\sigma \in \Omega_\Lambda} \exp\{-H_\Lambda^\Phi(\sigma)\}}$$
$$\geq -2 \sup_{\sigma \in \Omega_\Lambda} |W_\Lambda^\Phi(\sigma|\omega)|$$

が成り立つ．ここで，

$$W_\Lambda^\Phi(\sigma|\omega) = \sum_{\substack{X \cap \Lambda \neq \emptyset, \\ X \cap \Lambda^c \neq \emptyset}} \Phi_X((\sigma \cdot \omega)_X)$$

と与えられる．

また，$P(\cdot)$ はギブス測度であるから

$$P_{|\Lambda}(\cdot) = \int_{\Omega_{\Lambda^c}} P(d\omega) P_{\Lambda,\omega}^\Phi(\cdot)$$

が成り立ち，さらに $I_\Lambda(\cdot)$ の凹関数としての性質より

$$I_\Lambda(P) \geq \int_{\Omega_{\Lambda^c}} P(d\omega) I_\Lambda(P_{\Lambda,\omega}^\Phi)$$
$$\geq \int_{\Omega_{\Lambda^c}} P(d\omega) P_{\Lambda,\omega}^\Phi(H_\Lambda^\Phi) + |\Lambda| g_\Lambda(\Phi) - 2 \sup_{\substack{\sigma \in \Omega_\Lambda, \\ \omega \in \Omega}} |W_\Lambda^\Phi(\sigma|\omega)|$$

が成り立つ．

ゆえに，

$$\frac{1}{|\Lambda|} I_\Lambda(P) \geq \frac{1}{|\Lambda|} \int_{\Omega_{\Lambda^c}} P(d\omega) P_{\Lambda,\omega}^\Phi(H_\Lambda^\Phi) + g_\Lambda(\Phi) - 2 \frac{1}{|\Lambda|} \sup_{\substack{\sigma \in \Omega_\Lambda, \\ \omega \in \Omega}} |W_\Lambda^\Phi(\sigma|\omega)|$$

となる．

$\mathcal{A}_1$ の条件より，任意の $\epsilon > 0$ に対して l を十分大きくとり

$$\sum_{\substack{X \ni O, \\ \mathrm{diam}(X) \geq l}} \|\Phi_X\|_\infty < \epsilon$$

とする．このとき，次の評価が成り立つ．

$$\sup_{\substack{\sigma\in\Omega_\Lambda,\\ \omega\in\Omega}} |W_\Lambda^\Phi(\sigma|\omega)| \leq \sum_{\substack{X\cap\Lambda\neq\emptyset,\\ X\cap\Lambda^c\neq\emptyset}} \|\Phi_X\|_\infty$$

$$\leq \sum_{x\in\Lambda} \sum_{\substack{X\cap\Lambda^c\neq\emptyset,\\ X\ni x}} \|\Phi\|_\infty$$

$$\leq \sum_{x\in\Lambda} \sum_{\substack{X\ni x,\\ X\cap\Lambda^c\neq\emptyset,\\ \mathrm{diam}(X)\geq l}} \|\Phi_X\|_\infty + \sum_{x\in\Lambda} \sum_{\substack{X\ni x,\\ X\cap\Lambda^c\neq\emptyset,\\ \mathrm{diam}(X)<l}} \|\Phi_X\|_\infty$$

$$\leq |\Lambda|\epsilon + |\partial_l\Lambda|\cdot\|\Phi\|_1.$$

ここで，

$$\partial_l\Lambda = \{x\in\Lambda;\ d(x,\Lambda^c)\leq l\}$$

である．そこで，$\Lambda = \Lambda_n$ とおき $n\to\infty$ とし，$\epsilon > 0$ が任意であることを用いると

$$I(P) \geq P(A_\Phi) + g(\Phi)$$

が成り立つ．逆の不等号はつねに成立するので，P は変分原理をみたす．

(2)$\Longrightarrow$(1)　この証明については長くなるのでここでは行なわず，文献をあげるだけにとどめる ([49], [68])．　∎

5.6　自由エネルギーの微分可能性とギブス測度の一意性

5.5 節でみたとおり，相互作用 Φ が $\mathcal{A}_1$ に属するとき Φ に対するシフト不変なギブス測度を P とすると，$\mathcal{A}$ 上の線形汎関数

$$\alpha(\Psi) = -P(A_\Psi)$$

に対し，$g(\Phi) + \alpha(\Psi - \Phi)$ はつねに $g(\Psi)$ 以下の値をとり，$\Psi = \Phi$ のとき $g(\Phi)$ と一致する．したがって，このような線形汎関数が α の他にもあれば，ギブス測度は 2 つ以上ある可能性がある．このことを相互作用が特殊な形のときにもう少し詳しくみてみることにする．4 章までで考えていた相互作用 Φ は次の形に書ける．

$$\Phi_X(\sigma_X) = \begin{cases} -\beta J(i-j)\sigma(i)\sigma(j) & (X = \{i,j\}\ (i\neq j)), \\ -\beta h\sigma(i) & (X = \{i\}), \\ 0 & (それ以外). \end{cases}$$

5.6 自由エネルギーの微分可能性とギブス測度の一意性

さらに，ここでは対称で強磁性的な場合に制限して考える．すなわち，

$$J(i) = J(-i) \geq 0 \quad (i \in \mathbf{Z}^d) \tag{5–38}$$

とする．もちろん，この相互作用は $\mathcal{A}$ に属するものとする．この条件は J を用いて

$$\sum_{i \in \mathbf{Z}^d} J(i) < \infty \tag{5–39}$$

と書け，このとき相互作用は自動的に $\mathcal{A}_1$ の元にもなっている．

以下では，(5–38), (5–39) をみたす $J(\cdot)$ を1つ固定して，上の形で与えられる相互作用 Φ を考える．このとき動かせるパラメータは β と h の2つがあるので $\mathcal{G}(\Phi)$ を $\mathcal{G}(\beta, h)$ と書く．また，このとき有限ギブス測度を $P^{\beta,h}_{\Lambda,\omega}$ とパラメータを明示して書くことにする．

ギブス測度の一意性を議論するために，いくつかの予備的な考察が必要となる．$\sigma \in \Omega$ に対して

$$\begin{cases} \rho(i) = \dfrac{1}{2}(\sigma(i) + 1) & (i \in \mathbf{Z}^d), \\ \rho_X = \displaystyle\prod_{i \in X} \rho(i) & (|X| < \infty) \end{cases}$$

として関数 $\rho(i), \rho_X : \Omega \to \{0, 1\}$ を定める．このとき，次の事実に注意する．

補題 5-24 関数系 $\{\rho_X ; X \subset \mathbf{Z}^d, |X| < \infty\}$ および $\{\sigma_X ; X \subset \mathbf{Z}^d, |X| < \infty\}$ はともに $(\Omega, \mathcal{B})$ 上の確率測度を決定する．つまり，P, Q を $(\Omega, \mathcal{B})$ 上の2つの確率測度とするとき

$$\int P(d\sigma)\rho_X = \int Q(d\sigma)\rho_X \quad (X \subset \mathbf{Z}^d, |X| < \infty) \tag{5–40}$$

または

$$\int P(d\sigma)\sigma_X = \int Q(d\sigma)\sigma_X \quad (X \subset \mathbf{Z}^d, |X| < \infty) \tag{5–41}$$

をみたすならば $P = Q$ である．

証明 $\rho(i)$ の定義から ρ_X は $\{\sigma_Y ; Y \subset X\}$ の1次結合で書けることがわかる．したがって，(5–41) が成立すれば (5–40) は成立するので，(5–40) から $P = Q$ を示せばよい．

$C \in \mathcal{C}$ を任意にとってきて (5–40) から $P(C) = Q(C)$ を示せば，5.2節のコルモゴロフの拡張定理とその後に述べたことにより $P = Q$ が $\mathcal{B}$ 上で成立する．

いま，
$$C = \{\sigma \in \Omega; \sigma(i_1) = +1, \cdots, \sigma(i_k) = +1, \sigma(j_1) = -1, \cdots, \sigma(j_l) = -1\}$$
と書くとき，$\Lambda = \{i_1, \cdots, i_k, j_1, \cdots, j_l\}$ として
$$1_C(\sigma) = \prod_{\mu=1}^{k} \rho(i_\mu) \prod_{\nu=1}^{l} \{1 - \rho(j_\nu)\}$$
と書くことができるので，1_C は
$$\{\rho_X; X \subset \{i_1, \cdots, i_k, j_1, \cdots, j_l\}\}$$
の1次結合で書けている．

したがって，
$$1_C = \sum_{X \subset \Lambda} \alpha_X \rho_X$$
と表され，
$$P(C) = \int dP(\sigma) 1_C(\sigma)$$
$$= \sum_{X \subset \Lambda} \alpha_X \int dP(\sigma) \rho_X$$
$$= \sum_{X \subset \Lambda} \alpha_X \int dQ(\sigma) \rho_X$$
$$= Q(C)$$
となる． ∎

以下，ギブス測度の一意性については
$$\{\rho_X; X \subset \mathbf{Z}^d, |X| < \infty\} \quad \text{または} \quad \{\sigma_X; X \subset \mathbf{Z}^d, |X| < \infty\}$$
の平均について調べればよいことがわかる．

補題 5-25 Λ を $\mathbf{Z}^d$ の有限部分集合とし，$\omega \in \Omega$ とする．このとき，
(1) $P_{\Lambda,\omega}^{\beta,h}$ は $(\Omega_\Lambda, \mathcal{B}_\Lambda)$ 上で FKG 不等式をみたす．
(2) f を $(\Omega_\Lambda, \mathcal{B}_\Lambda)$ 上の単調増加関数とする．このとき，
$$P_{\Lambda,\omega}^{\beta,h}(f) \equiv \int_{\Omega_\Lambda} P_{\Lambda,\omega}^{\beta,h} f(\eta)$$
は ω と h について単調増加となる．

5.6 自由エネルギーの微分可能性とギブス測度の一意性

証明 (1) (4-4) を示せばよい. $P_{\Lambda,\omega}^{\beta,h}$ の形を思い出すと, $\sigma, \eta \in \Omega_\Lambda$ に対して

$$H_{\Lambda,\omega}^{\beta,h}(\sigma \vee \eta) + H_{\Lambda,\omega}^{\beta,h}(\sigma \wedge \eta) \leq H_{\Lambda,\omega}^{\beta,h}(\sigma) + H_{\Lambda,\omega}^{\beta,h}(\eta) \quad (5\text{-}42)$$

を証明すればよいことになる. ここで, $H_{\Lambda,\omega}^{\beta,h}$ は $H_\Lambda^{\beta,h}$ に境界条件 ω をつけて考えたものである.

任意の $i \in \Lambda$ について

$$\sigma(i) + \eta(i) = (\sigma \vee \eta)(i) + (\sigma \wedge \eta)(i)$$

が成立することに注意すると

$$H_{\Lambda,\omega}^{\beta,h}(\sigma \vee \eta) + H_{\Lambda,\omega}^{\beta,h}(\sigma \wedge \eta) - H_{\Lambda,\omega}^{\beta,h}(\sigma) - H_{\Lambda,\omega}^{\beta,h}(\eta)$$
$$= -\frac{\beta}{2} \sum_{i,j} J(i-j)\{(\sigma \vee \eta)(i)(\sigma \vee \eta)(j) + (\sigma \wedge \eta)(i)(\sigma \wedge \eta)(j)$$
$$- \sigma(i)\sigma(j) - \eta(i)\eta(j)\}$$

が成り立つ.

i と j で σ と η の大小関係が変わらないときは, 上式の { } 内は 0 になる. したがって, $\sigma(i) > \eta(i)$ かつ $\sigma(j) < \eta(j)$ のときの { } 内を考えると, これらは ± 1 の値しかとらないから

$$\sigma(i) = \eta(j) = +1, \quad \sigma(j) = \eta(i) = -1$$

となり,

$$(\sigma \vee \eta)(i)(\sigma \vee \eta)(j) = (\sigma \wedge \eta)(i)(\sigma \wedge \eta)(j) = +1,$$
$$\sigma(i)\sigma(j) = \eta(i)\eta(j) = -1$$

となる. よって, { } 内はつねに非負となり, (5-42) が示される.

(2) $\omega \leq \xi \ (\omega, \xi \in \Omega)$ とする. このとき,

$$P_{\Lambda,\xi}^{\beta,h}(f) \geq P_{\Lambda,\omega}^{\beta,h}(f)$$

を示せばよい. いま,

$$g(\sigma) = \frac{P_{\Lambda,\omega}^{\beta,h}(\sigma)}{P_{\Lambda,\xi}^{\beta,h}(\sigma)}$$

とおく. このとき, $g(\sigma)$ は σ について単調に減少することをみよう.

$\sigma \geq \eta$ とすると

$$\frac{g(\sigma)}{g(\eta)} = \exp\{-H^{\beta,h}_{\Lambda,\omega}(\sigma) - H^{\beta,h}_{\Lambda,\xi}(\eta) + H^{\beta,h}_{\Lambda,\xi}(\sigma) + H^{\beta,h}_{\Lambda,\omega}(\eta)\}$$
$$= \exp\left(\beta \sum_{i \in \Lambda} \sum_{j \notin \Lambda} J(i-j)\{\sigma(i) - \eta(i)\}\{\omega(j) - \xi(j)\}\right)$$
$$\leq 1$$

となることが $J \geq 0$ と $\sigma \geq \eta$, $\omega \leq \xi$ から導ける. これより $g(\sigma) \leq g(\eta)$ となり, $g(\sigma)$ は σ について単調減少となる. FKG 不等式を f, $(-g)$ と $P^{\beta,h}_{\Lambda,\xi}$ について用いることにより

$$P^{\beta,h}_{\Lambda,\xi}(f \cdot (-g)) \geq P^{\beta,h}_{\Lambda,\xi}(f) P^{\beta,h}_{\Lambda,\xi}(-g),$$
$$P^{\beta,h}_{\Lambda,\xi}(f \cdot g) \leq P^{\beta,h}_{\Lambda,\xi}(f) P^{\beta,h}_{\Lambda,\xi}(g)$$

が成り立つ. ここで,

$$P^{\beta,h}_{\Lambda,\xi}(f \cdot g) = P^{\beta,h}_{\Lambda,\omega}(f), \quad P^{\beta,h}_{\Lambda,\xi}(g) = 1$$

となることに注意すると, 求める単調性が得られる.

h に関する単調性は

$$\frac{\partial}{\partial h} P^{\beta,h}_{\Lambda,\omega}(f) = P^{\beta,h}_{\Lambda,\omega}(f \cdot \beta S_\Lambda) - P^{\beta,h}_{\Lambda,\omega}(f) P^{\beta,h}_{\Lambda,\omega}(\beta S_\Lambda)$$

だから, FKG 不等式により右辺が 0 以上であることからわかる.

$\omega_+, \omega_- \in \Omega$ をそれぞれ

$$\omega_\pm(i) = \pm 1 \quad (i \in \mathbf{Z}^d, \text{複号同順})$$

によって定める. このとき, 次の定理が得られる.

定理 5-26 仮定 (5–37)〜(5–39) のもとで, 次の (1), (2) が成立する.

(1) $P^{\beta,h}_+ = \lim_{\Lambda \uparrow \mathbf{Z}^d} P^{\beta,h}_{\Lambda,\omega_+}$, $P^{\beta,h}_- = \lim_{\Lambda \uparrow \mathbf{Z}^d} P^{\beta,h}_{\Lambda,\omega_-}$ がともに存在し, 任意の $P \in \mathcal{G}(\beta, h)$ と任意の Ω 上単調増加なシリンダー関数 f に対して

$$P^{\beta,h}_+(f) \geq P(f) \geq P^{\beta,h}_-(f) \tag{5–43}$$

が成り立つ. ここで, $P(f)$ は確率測度 P による f の積分であり, $P^{\beta,h}_+(f)$, $P^{\beta,h}_-(f)$ についても同様である.

(2) $\mathcal{G}(\beta, h)$ がただ 1 つの要素からなるための必要十分条件は

$$P^{\beta,h}_+ = P^{\beta,h}_-$$

となることである.

5.6 自由エネルギーの微分可能性とギブス測度の一意性

証明 (1) が示せているとき, ρ_X はすべて単調増加な関数なので, $P_+^{\beta,h} = P_-^{\beta,h}$ ならば,
$$P_+^{\beta,h}(\rho_X) = P(\rho_X)$$
が任意の $P \in \mathcal{G}(\beta,h)$ と任意の $X \subset \mathbf{Z}^d(|X|<\infty)$ に対して成立する. また, $\{\rho_X; X \subset \mathbf{Z}^d, |X|<\infty\}$ が $(\Omega, \mathcal{B})$ 上の確率測度を決定するから, このことより $P_+^{\beta,h} = P$ が成り立つ. 任意のギブス測度が $P_+^{\beta,h} = P_-^{\beta,h}$ に等しいということは, ギブス測度はただ1つしかないということを意味する. 定理 5-3 より $P_+^{\beta,h}, P_-^{\beta,h}$ はギブス測度であり, $P_+^{\beta,h} \neq P_-^{\beta,h}$ ならばギブス測度は少なくとも2つある.

以下, (1) を示す. $\Lambda \subset W \subset \mathbf{Z}^d, |W|<\infty$ とする. このとき, 補題 5-4 の (5–14) により Ω_Λ 上の単調増加な関数 f に対し
$$P_{W,\omega^+}^{\beta,h}(f) = \int_{\Omega_W} P_{\Lambda,(\tilde\omega_W \omega^+)}^{\beta,h}(f) P_{W,\omega^+}^{\beta,h}(d\tilde\omega)$$
となる. ここで, $\tilde\omega \leq \omega^+$ だから, 補題 5-25 により
$$P_{W,\omega^+}^{\beta,h}(f) \leq P_{\Lambda,\omega^+}^{\beta,h}(f)$$
となる. つまり, $P_{\Lambda,\omega^+}^{\beta,h}(f)$ は Λ について単調に減少する. よって, 任意の $\rho_X (X \subset \mathbf{Z}^d, |X|<\infty)$ に対して
$$\lim_{\Lambda \uparrow \mathbf{Z}^d} P_{\Lambda,\omega^+}^{\beta,h}(\rho_X) = P_+^{\beta,h}(\rho_X)$$
が存在する. これは
$$\lim_{\Lambda \uparrow \mathbf{Z}^d} P_{\Lambda,\omega^+}^{\beta,h} = P_+^{\beta,h}$$
を意味している. $P_-^{\beta,h}$ の存在についても同様に示すことができる.

また, $P \in \mathcal{G}(\beta,h)$ を任意にとって, 補題 5-25 より
$$P_{\Lambda,\omega^+}^{\beta,h}(f) \geq P_{\Lambda,\omega}^{\beta,h}(f) \geq P_{\Lambda,\omega^-}^{\beta,h}(f)$$
が任意の $\omega \in \Omega$ と Ω_Λ 上の単調増加な f に対して成立するので, これを ω について P で積分して
$$P_{\Lambda,\omega^+}^{\Phi}(f) \geq P(f) \geq P_{\Lambda,\omega^-}^{\Phi}(f)$$
が成立する. $\Lambda \uparrow \mathbf{Z}^d$ として (5–43) を得る. ∎

注意 (5–43) は $P_+^{\beta,h}, P_-^{\beta,h}$ が $\mathcal{G}(\beta,h)$ の端点 (5.2 節参照) となっていることを示している.

補題 5-27 仮定 (5–37)〜(5–39) のもとで $P_+^{\beta,h} = P_-^{\beta,h}$ であるための必要十分条件は

$$P_+^{\beta,h}(\omega(O) = +1) = P_-^{\beta,h}(\omega(O) = +1) \tag{5-44}$$

となることである.

証明 $X \subset \mathbf{Z}^d,\ |X| < \infty$ に対し

$$h_X(\sigma) = \sum_{i \in X} \rho(i) - \rho_X$$

とおくと, h_X は単調増加なシリンダー関数となる (Ω_X 上の関数ともみれる). このとき, (5–43) により

$$P_+^{\beta,h}(h_X) \geq P_-^{\beta,h}(h_X).$$

したがって,

$$\sum_{i \in X} \{P_+^{\beta,h}(\rho(i)) - P_-^{\beta,h}(\rho(i))\} \geq P_+^{\beta,h}(\rho_X) - P_-^{\beta,h}(\rho_X) \geq 0 \tag{5-45}$$

が成り立つ. ここで, $P_+^{\beta,h}, P_-^{\beta,h}$ はシフト不変である. なぜなら $\Lambda_n \uparrow \mathbf{Z}^d$ ならば, $X \subset \mathbf{Z}^d,\ |X| < \infty,\ \sigma \in \Omega_X$ および $j \in \mathbf{Z}^d$ を適当にとるとき

$$P_{\Lambda_n,\omega^+}^{\beta,h}(\omega(i) = \sigma(i), i \in X) = P_{\Lambda_n+j,\omega^+}^{\beta,h}(\omega(i+j) = \sigma(i), i \in X)$$

であることに注意して $n \to \infty$ とすると, $P_+^{\beta,h}$ のシフト不変性の式が導ける. したがって, (5–45) から

$$P_+^{\beta,h}(\omega(O) = +1) = P_-^{\beta,h}(\omega(O) = +1)$$

ならば

$$P_+^{\beta,h}(\rho_X) = P_-^{\beta,h}(\rho_X) \qquad (X \subset \mathbf{Z}^d, |X| < \infty)$$

が成り立ち, $P_+^{\beta,h} = P_-^{\beta,h}$ が示される.

逆は明らかであろう. ∎

$\mathcal{G}(\beta, h)$ の一意性は $P_+^{\beta,h}(\omega(O) = +1)$ と $P_-^{\beta,h}(\omega(O) = +1)$ が一致するか否かでわかることになる. $P_+^{\beta,h}$ に対して変分原理で考えるべき量は

$$g_\Lambda^+(\beta, h) = \frac{1}{|\Lambda|} \log \sum_{\sigma \in \Omega_\Lambda} \exp\{-H_{\Lambda,\omega^+}^\Phi(\sigma)\},$$

および, そのファン ホーフェの意味の極限

$$\text{H-}\lim_{\Lambda \uparrow \mathbf{Z}^d} g_\Lambda^+(\beta, h)$$

5.6 自由エネルギーの微分可能性とギブス測度の一意性

である．ところが，この極限は $g(\beta,h)$ と等しくなる．以下にその理由を述べよう．

$$H^{\beta,h}_{\Lambda,\omega}(\sigma) = H^{\beta,h}_{\Lambda}(\sigma) + \sum_{i\in\Lambda}\sum_{j\notin\Lambda} J(i-j)\sigma(i)\omega^*(j)$$

であり，これより

$$\left|g^+_{\Lambda}(\beta,h) - g_{\Lambda}(\beta,h)\right| \leq \frac{1}{|\Lambda|}\sum_{i\in\Lambda}\sum_{j\notin\Lambda} J(i-j)$$

を得る．

仮定から

$$\sum_{j\in\mathbf{Z}^d} J(j) < \infty$$

なので，任意の $\epsilon > 0$ に対して有限集合 W が存在して

$$\sum_{j\notin W} J(j) < \epsilon$$

とできる．このとき，$i+W \subset \Lambda$ ならば $j\notin\Lambda$ に対して $j-i \notin W$ だから

$$\sum_{j\notin\Lambda} J(i-j) \leq \sum_{j\notin W} J(j) < \epsilon$$

となる．したがって，

$$\sum_{i\in\Lambda}\sum_{j\notin\Lambda} J(i-j) \leq \sum_{\substack{i\in\Lambda,\\ W+i\subset\Lambda}}\sum_{j\notin W} J(j) + \sum_{\substack{i\in\Lambda,\\ W+i\not\subset\Lambda}}\sum_{j\in\mathbf{Z}^d} J(j)$$

$$< \epsilon|\Lambda| + |W|\cdot|\partial\Lambda|\sum_{j\in\mathbf{Z}^d} J(j).$$

さらに，$|\Lambda|$ で割って $\Lambda \uparrow \mathbf{Z}^d$ (ファン ホーフェの意味で) とすると

$$\text{H-}\varlimsup_{\Lambda\uparrow\mathbf{Z}^d} \left|g^+_{\Lambda}(\beta,h) - g_{\Lambda}(\beta,h)\right| \leq \epsilon$$

となり，$\epsilon > 0$ は任意であるので

$$\text{H-}\lim_{\Lambda\uparrow\mathbf{Z}^d} g^+_{\Lambda}(\beta,h) = \text{H-}\lim_{\Lambda\uparrow\mathbf{Z}^d} g_{\Lambda}(\beta,h) = g(\beta,h)$$

となる．

この事実を用いると次の結果を得る．

定理 5-28　([53], [63])

(1)　$P^{\beta,h}_{\pm}(\sigma(O)) = \beta^{-1}\dfrac{\partial}{\partial h^{\pm}} g(\beta,h).$

(2)　$g(\beta,h)$ が h で微分可能 $\iff$ $\mathcal{G}(\beta,h)$ は 1 点からなる．

注意 一般の Φ について, $g(\Phi)$ に接する線形汎関数としての $P(A_\Phi)$ の一意性がシフト不変なギブス測度の一意性を意味したが, この場合には上の定理に述べるように, 直接に $g(\beta, h)$ の h についての微分可能性が $\mathcal{G}(\beta, h)$ の一意性と同値な条件として現れている. これは自発磁化が存在しないこととも対応している. つまり $g(\beta, h)$ が h で微分可能ならば3章で示したように

$$m(\beta, h) = \beta^{-1}\frac{\partial}{\partial h}g(\beta, h)$$

であるから,

$$m(\beta, +) = \lim_{h\downarrow 0} m(\beta, h) = \beta^{-1}\frac{\partial}{\partial h^+}g(\beta, 0) = P_+^{\beta,0}(\sigma(O))$$

となる. 同様にして,

$$m(\beta, -) = \lim_{h\uparrow 0} m(\beta, h) = \beta^{-1}\frac{\partial}{\partial h^-}g(\beta, 0) = P_-^{\beta,0}(\sigma(O))$$

が成り立つ. ところが, $P_{\Lambda,\omega}^{\beta,h}$ の定義から

$$P_{\Lambda,\omega^+}^{\beta,h}(\sigma(O) = +1) = P_{\Lambda,\omega^-}^{\beta,-h}(\sigma(O) = -1)$$

であることに注意して $\Lambda \uparrow \mathbf{Z}^d$ とすると, $\sigma(O)$ の期待値について

$$P_+^{\beta,h}(\sigma(O)) = -P_-^{\beta,-h}(\sigma(O))$$

が成り立つ. $h = 0$ として

$$P_+^{\beta,0}(\sigma(O)) = -P_-^{\beta,0}(\sigma(O))$$

となる. 左辺は $m(\beta, +)$ であり, 右辺は $-m(\beta, -)$ である. したがって, $g(\beta, h)$ が $h = 0$ で微分可能ならば $m(\beta, +) = m(\beta, -)$ であり, 上のことと合わせると

$$m(\beta, +) = P_+^{\beta,0}(\sigma(O)) = 0$$

となり, 自発磁化は存在していないことになる.

定理 5-28 の証明 (1) $g_\Lambda(\beta, h)$ のときと同じように

$$\frac{\partial^2}{\partial h^2}g_\Lambda^+(\beta, h) = \frac{\beta^2}{|\Lambda|}P_{\Lambda,\omega^+}^{\beta,h}\left(\left\{S_\Lambda - P_{\Lambda,\omega^+}^{\beta,h}(S_\Lambda)\right\}^2\right) \geq 0$$

となるので, $g_\Lambda^+(\beta, h)$ も h について凸関数になる. ただし,

$$S_\Lambda(\sigma) = \sum_{i\in\Lambda}\sigma(i)$$

である. したがって, $\delta > 0$ のとき

$$\frac{g_\Lambda^+(\beta, h+\delta) - g_\Lambda^+(\beta, h)}{\delta} \geq \frac{\partial}{\partial h}g_\Lambda^+(\beta, h) = \frac{\beta}{|\Lambda|}P_{\Lambda,\omega^+}^{\beta,h}(S_\Lambda) \quad (5\text{-}46)$$

となる.

5.6 自由エネルギーの微分可能性とギブス測度の一意性

補題 5-25 より各 $i \in \Lambda$ について
$$P_{\Lambda,\omega^+}^{\beta,h}(\sigma(i)) \geq P_+^{\beta,h}(\sigma(i))$$
なので，(5–46) の右辺は $P_+^{\beta,h}$ のシフト不変性を用いることによって
$$\frac{\beta}{|\Lambda|} P_{\Lambda,\omega^+}^{\beta,h}(S_\Lambda) \geq \beta P_+^{\beta,h}(\sigma(O))$$
と評価できる．よって，$\Lambda \uparrow \mathbf{Z}^d$ として (5–46) から任意の $\delta > 0$ に対し，
$$\frac{g(\beta, h+\delta) - g(\beta, h)}{\delta} \geq \beta P_+^{\beta,h}(\sigma(O))$$
を得る．さらに，$\delta \downarrow 0$ として
$$\frac{\partial}{\partial h^+} g(\beta, h) \geq \beta P_+^{\beta,h}(\sigma(O)) \tag{5-47}$$
が成り立つ．

一方，$g_\Lambda(\beta, h)$ が $h > 0$ について微分可能であるから
$$\frac{\partial}{\partial h} g_\Lambda(\beta, h) = \frac{\beta}{|\Lambda|} M_\Lambda(\beta, h) = \frac{\beta}{|\Lambda|} P_\Lambda^{\beta,h}(S_\Lambda) \tag{5-48}$$
となる．

いま，$P_{\Lambda,\omega^+}^{\beta,h} \to P_+^{\beta,h}$ だから，任意の $\epsilon > 0$ に対して有限集合 $W \ni O$ をとって
$$\left| P_{W,\omega^+}^{\beta,h}(\sigma(O)) - P_+^{\beta,h}(\sigma(O)) \right| < \epsilon$$
とできる．$W + i \subset \Lambda$ のとき $V \equiv W + i$ と書くと
$$P_\Lambda^{\beta,h}(\sigma(i)) = P_\Lambda^{\beta,h}(P_{V,\cdot}^{\beta,h}(\sigma(i)))$$
$$= \int_{\Omega_\Lambda} P_\Lambda^{\beta,h}(d\omega) P_{V,\omega}^{\beta,h}(\sigma(i))$$
となる．補題 5-25 により
$$\text{上式の右辺} \leq P_{V,\omega^+}^{\beta,h}(\sigma(i)) = P_{W+i,\omega^+}^{\beta,h}(\sigma(i)) = P_{W,\omega^+}^{\beta,h}(\sigma(O))$$
が成り立つ．したがって，(5–48) から $P_\Lambda^{\beta,h}(\sigma(i)) \leq 1$ なので，
$$\frac{\partial}{\partial h} g_\Lambda(\beta, h) \leq \frac{\beta}{|\Lambda|} \sum_{\substack{i \in \Lambda, \\ W+i \subset \Lambda}} P_\Lambda^{\beta,h}(\sigma(i)) + \beta \frac{|\partial \Lambda|}{|\Lambda|} |W|$$
$$\leq \beta \left(P_{W,\omega^+}^{\beta,h}(\sigma(O)) + \frac{|\partial \Lambda|}{|\Lambda|} |W| \right)$$
$$\leq \beta \left(P_+^{\beta,h}(\sigma(O)) + \epsilon + \frac{|\partial \Lambda|}{|\Lambda|} |W| \right).$$

ここで, $\Lambda \uparrow \mathbf{Z}^d$ のファン ホーフェの極限をとって, $g(\beta, h)$ が h で微分可能ならば,

$$\text{左辺} \to \frac{\partial}{\partial h} g(\beta, h)$$

であるから (3.2 節参照)

$$\frac{\partial}{\partial h} g(\beta, h) \leq \beta (P_+^{\beta, h}(\sigma(O)) + \epsilon)$$

が成り立つ. ここで, $\epsilon > 0$ は任意であるので, $\epsilon \downarrow 0$ として

$$\frac{\partial}{\partial h} g(\beta, h) \leq \beta P_+^{\beta, h}(\sigma(O)) \qquad (5\text{--}49)$$

となる. ただし, (5–49) は $g(\beta, h)$ が微分可能な h についてはつねに成立する.

いま, h で $g(\beta, h)$ が微分可能でないときは, $h_n \downarrow h$ で $g(\beta, h)$ が h_n では h について微分可能なものがとれる (凸関数では可算個の点を除いて微分可能であることに注意).

このとき, $h = h_n$ で (5–49) が成立していて, $n \to \infty$ とすることにより

$$\frac{\partial}{\partial h^+} g(\beta, h) \leq \beta \lim_{h_n \downarrow h} P_+^{\beta, h_n}(\sigma(O)) \qquad (5\text{--}50)$$

が得られる.

次に, 右辺が $\beta P_+^{\beta, h}(\sigma(O))$ 以下であることを対角線論法を用いることにより示そう. 部分列 $\{n(k)\}$ を選んで $P_+^{\beta, h_{n(k)}}$ が $k \to \infty$ のとき弱収束するようにとる. このときの極限を Q で表すと, 定理 5-11 により $Q \in \mathcal{G}(\beta, h)$ で

$$\lim_{h_n \downarrow h} P_+^{\beta, h_n}(\sigma(O)) = Q(\sigma(O))$$

が成り立つ.

一方, $\sigma(O)$ は単調増加なので, 定理 5-26 により

$$Q(\sigma(O)) \leq P_+^{\beta, h}(\sigma(O))$$

が成り立つ. (5–49) と (5–50) と上のことを合わせると求める等式が示せたことになる.

$\frac{\partial}{\partial h^-} g(\beta, h) = P_-^{\beta, h}(\sigma(O))$ の証明も同様である.

(2) $g(\beta, h)$ が h で微分可能なことは

$$\frac{\partial}{\partial h^-} g(\beta, h) = \frac{\partial}{\partial h^+} g(\beta, h)$$

と同様で, (1) と補題 5-24 および補題 5-27 により, このことは $\mathcal{G}(\beta, h)$ の点がただ 1 つであることと同値である. ∎

5.7 ギブス測度の一意性 (ドブリュシンの定理)

ここでは，一般の相互作用 $\Phi \in \mathcal{A}_1$ に対してギブス測度が一意的に定まるための条件について述べる．このような条件のうち最もよく知られているのがドブリュシン (R. L. Dobrushin) により1970年に与えられた条件である ([14], [16])．まず，この条件について述べよう．

$j \in \mathbf{Z}^d, j \neq O$ に対して

$$k_j \equiv \sup\Big\{ \Big|P^{\Phi}_{\{O\},\omega}(\sigma(O) = +1) - P^{\Phi}_{\{O\},\eta}(\sigma(O) = +1)\Big| ;$$
$$i \neq j \text{ ならば } \omega(i) = \eta(i) \Big\} \tag{5-51}$$

とおく．ドブリュシンの条件はこの $\{k_j;\ j \in \mathbf{Z}^d\}$ を用いて与えられる．

定理 5-29 (ドブリュシンの一意性定理)　　([14], [16])

$$\sum_{j \neq O} k_j < 1 \tag{5-52}$$

ならば $\mathcal{G}(\Phi)$ はただ 1 点からなる．すなわち，Φ-ギブス測度がただ 1 つ存在する．

証明は [33] に従う．この証明では 1 つの重要な概念が必要となる．

定義 5-7　　$i \in \mathbf{Z}^d$ と Ω 上の実数値関数 f に対して

$$\delta_i(f) = \sup\{|f(\eta) - f(\zeta)| ;\ j \neq i \text{ ならば } \eta(j) = \zeta(j)\}$$

と定める．

定義 5-8　　$\mu_1, \mu_2 \in \mathcal{G}(\Phi)$ に対して $a : \mathbf{Z}^d \to [0, \infty)$ が μ_1 と μ_2 の評価になっているとは，任意の Ω 上の連続関数 f に対して

$$\left|\int_\Omega \mu_1(d\omega)f(\omega) - \int_\Omega \mu_2(d\omega)f(\omega)\right| \leq \sum_{j \in \mathbf{Z}^d} a_j \delta_j(f) \tag{5-53}$$

が成り立つことをいう．

補題 5-30 $\Phi \in \mathcal{A}_1$ に対して (5-51) で定まる $k = \{k_j; j \in \mathbf{Z}^d \setminus \{O\}\}$ をとる. $\mu_1, \mu_2 \in \mathcal{G}(\Phi)$ に対して $a = \{a_j; j \in \mathbf{Z}^d\}$ が μ_1 と μ_2 の評価になっているならば,

$$a_j^* = \min\left\{a_j, \sum_{m \neq j} k_{m-j} a_m\right\} \quad (j \in \mathbf{Z}^d)$$

と定めた $a^* = \{a_j^*; j \in \mathbf{Z}^d \setminus \{O\}\}$ もまた μ_1 と μ_2 の評価になっている.

証明 次の 2 つの段階に分けて証明する.

[第 1 段階] 任意の有限な $\Lambda \subset \mathbf{Z}^d$ に対して

$$a_j^\Lambda = \begin{cases} \min\left\{a_j, \sum_{m \neq j} k_{j-m} a_m\right\} & (j \in \Lambda), \\ a_j & (j \notin \Lambda) \end{cases}$$

とおき, a_j^Λ が μ_1 と μ_2 の評価になっていることを示す.

$\Lambda = \emptyset$ のとき, $a_j^\emptyset = a_j$ $(j \in \mathbf{Z}^d)$ だから, 仮定から明らかに, $a_j^\emptyset$ は μ_1 と μ_2 の評価になっている. Λ まで正しいとして, $\Delta = \Lambda \cup \{i\}$ $(i \notin \Lambda)$ についても正しいことをいう. f を任意の Ω 上の連続関数とするとき, a_j^Λ は μ_1 と μ_2 の評価なので

$$\left|\int_\Omega \mu_1(d\omega) f(\omega) - \int_\Omega \mu_2(d\omega) f(\omega)\right| \leq \sum_{j \in \mathbf{Z}^d} a_j^\Lambda \delta_j(f)$$

が成立する.

μ_1, μ_2 は $\mathcal{G}(\Phi)$ の元なので

$$\int_\Omega f(\omega) \mu_k(d\omega) = \int_\Omega \mu_k(d\omega) \int_\Omega P_{\{i\},\omega}^\Phi(d\xi) f(\xi) \quad (k = 1, 2)$$

と書ける. 簡単のために

$$\int_\Omega P_{\{i\},\omega}^\Phi(d\xi) f(\xi) \quad \text{を} \quad P_{\{i\},\omega}^\Phi(f)$$

と書くことにすると, これは ω の関数で $\omega(i)$ の値にはよらない. このとき,

$$\left|\int_\Omega \mu_1(d\omega) f(\omega) - \int_\Omega \mu_2(d\omega) f(\omega)\right|$$
$$= \left|\int_\Omega \mu_1(d\omega) P_{\{i\},\omega}^\Phi(f) - \int_\Omega \mu_2(d\omega) P_{\{i\},\omega}^\Phi(f)\right|.$$

ここで, a_j^Λ が μ_1 と μ_2 の評価になっていることを $P_{\{i\},\omega}^\Phi(f)$ について使うと

$$\text{上式の右辺} \leq \sum_{j \neq i} a_j^\Lambda \delta_j(P_{\{i\},\cdot}^\Phi(f))$$

5.7 ギブス測度の一意性 (ドブリュシンの定理)

が成り立つ. ところで,

$$\delta_j(P^{\Phi}_{\{i\},\cdot}(f)) = \sup\left\{\left|P^{\Phi}_{\{i\},\omega}(f) - P^{\Phi}_{\{i\},\eta}(f)\right|; l \neq j \text{ ならば } \omega(l) = \eta(l)\right\}$$

なので, $l \neq j$ のとき $\omega(l) = \eta(l)$ とすると

$$\left|P^{\Phi}_{\{i\},\omega}(f) - P^{\Phi}_{\{i\},\eta}(f)\right|$$
$$= \left|\sum_{\varepsilon=\pm 1}\left\{P^{\Phi}_{\{i\},\omega}(\varepsilon)f(\varepsilon_{\{i\}}\omega) - P^{\Phi}_{\{i\},\eta}(\varepsilon)f(\varepsilon_{\{i\}}\eta)\right\}\right|$$

と書ける. ここに, $\varepsilon_{\{i\}}\omega$ は

$$\varepsilon_{\{i\}}\omega(l) = \begin{cases} \varepsilon & (l = i), \\ \omega(l) & (l \neq i) \end{cases} \tag{5-54}$$

によって与えられる.

$$\sum_{\varepsilon=\pm 1}\left\{P^{\Phi}_{\{i\},\omega}(\varepsilon)f(\varepsilon_{\{i\}}\omega) - P^{\Phi}_{\{i\},\eta}(\varepsilon)f(\varepsilon_{\{i\}}\eta)\right\}$$
$$\leq \sup_{\varepsilon=\pm 1}\left|f(\varepsilon_{\{i\}}\omega) - f(\varepsilon_{\{i\}}\eta)\right| + \sum_{\varepsilon=\pm 1}\left\{P^{\Phi}_{\{i\},\omega}(\varepsilon) - P^{\Phi}_{\{i\},\eta}(\varepsilon)\right\}f(\varepsilon_{\{i\}}\eta)$$

となり, 右辺第 1 項は上から $\delta_j(f)$ によっておさえられる.

また, $P^{\Phi}_{\{i\},\omega}(\varepsilon) - P^{\Phi}_{\{i\},\eta}(\varepsilon) \geq 0$ ならば $P^{\Phi}_{\{i\},\omega}(-\varepsilon) - P^{\Phi}_{\{i\},\eta}(-\varepsilon) \leq 0$ だから,

$$\text{右辺第 2 項} \leq \left|P^{\Phi}_{\{i\},\omega}(+1) - P^{\Phi}_{\{i\},\eta}(+1)\right|\left(\max_\varepsilon f(\varepsilon_{\{i\}}\eta) - \min_\varepsilon f(\varepsilon_{\{i\}}\eta)\right)$$
$$\leq \left|P^{\Phi}_{\{i\},\omega}(+1) - P^{\Phi}_{\{i\},\eta}(+1)\right|\delta_i(f)$$
$$\leq k_{j-i}\delta_i(f)$$

となる. 最後の式は (5-51) と Φ のシフト不変性による.

したがって,

$$\left|\int_\Omega \mu_1(d\omega)f(\omega) - \int_\Omega \mu_2(d\omega)f(\omega)\right| \leq \sum_{j \neq i} a^\Lambda_j\{\delta_j(f) + k_{j-i}\delta_i(f)\} \tag{5-55}$$

となる. ここで,

$$\tilde{a}_j^\Delta \equiv \begin{cases} a^\Lambda_j & (j \neq i), \\ \sum_{m \neq i} k_{i-m}a^\Lambda_m & (j = i) \end{cases}$$

とおくと,

$$(5\text{--}55) \text{ の右辺} = \sum_j \tilde{a}_j{}^\Delta \delta_j(f)$$

となる.つまり,$\{\tilde{a}_j{}^\Delta; j \in \mathbf{Z}^d\}$ も μ_1 と μ_2 の評価となる.

さらに,a_j^Λ も評価だったことと合わせて

$$\left|\int_\Omega \mu_1(d\omega)f(\omega) - \int_\Omega \mu_2(d\omega)f(\omega)\right| \leq \sum_{j \neq i} a_j^\Lambda \delta_j(f) + \min\{a_i^\Lambda, \tilde{a}_i{}^\Delta\}\delta_i(f)$$

$$= \sum_{j \in \mathbf{Z}^d} a_j^\Delta \delta_j(f)$$

が成り立ち,$a_j^\Delta = \{a_j^\Delta; j \in \mathbf{Z}^d\}$ も μ_1 と μ_2 の評価となる.

[第 2 段階] a^* が μ_1 と μ_2 の評価となることを示す.これには任意のシリンダー関数 f を考えると f は有限個の座標のみによって決まることを用いる.

いま,f は $\{\omega(i); i \in V\}$ にのみ依存するものとする.このとき,第 1 段階から a_j^V は μ_1 と μ_2 の評価になっているが,a^* も V 上では a^V と一致するので,$j \notin V$ ならば $\delta_j(f) = 0$ となることに注意すると

$$\left|\int \mu_1(d\omega)f(\omega) - \int \mu_2(d\omega)f(\omega)\right| \leq \sum_{j \in V} a_j^V \delta_j(f)$$

$$= \sum_{j \in V} a_j^* \delta_j(f)$$

$$\leq \sum_{j \in \mathbf{Z}^d} a_j^* \delta_j(f)$$

となる.ここで,f が Ω 上の連続関数のとき,V を有限集合として $f_V(\omega) = f(\omega_V \zeta)$ とおく.ただし,ζ は Ω の任意に固定された要素とする.このとき,f_V は Ω 上 f に一様収束するので,任意の $\epsilon > 0$ に対して V が十分大きいならば

$$\sup_{\omega \in \Omega} |f(\omega) - f_V(\omega)| < \epsilon$$

とできる.このとき,

$$\left|\int \mu_1(d\omega)f(\omega) - \int \mu_2(d\omega)f(\omega)\right|$$

$$\leq \left|\int \mu_1(d\omega)f_V(\omega) - \int \mu_2(d\omega)f_V(\omega)\right| + 2\epsilon$$

$$\leq \sum_{j \in \mathbf{Z}^d} a_j^* \delta_j(f) + 2\epsilon$$

5.7 ギブス測度の一意性 (ドブリュシンの定理)

となる.ここで,ϵ は任意なので,上式は

$$\left|\int \mu_1(d\omega)f(\omega) - \int \mu_2(d\omega)f(\omega)\right| \leq \sum_{j\in\mathbf{Z}^d} a_j^* \delta_j(f)$$

を意味する.したがって,a_j^* もまた μ_1 と μ_2 の評価になっている.∎

定理 5-31 $\Phi \in \mathcal{A}_1$ に対して $k = \{k_j; j \in \mathbf{Z}^d \setminus \{O\}\}$ を (5–51) で定まるものとする.このとき,k が評価 (5–52) をもてば Φ-ギブス分布はただ1つしか存在しない.

証明 $\mu_1, \mu_2 \in \mathcal{G}(\Phi)$ とする.$\omega, \eta \in \Omega$ のとき,任意の連続関数 f に対して

$$|f(\omega) - f(\eta)| \leq \sum_{j; \omega(j)\neq\eta(j)} \delta_j(f) \leq \sum_{j\in\mathbf{Z}^d} \delta_j(f)$$

が成り立つので

$$\left|\int \mu_1(d\omega)f(\omega) - \int \mu_2(d\omega)f(\omega)\right|$$
$$= \left|\int_{\Omega\times\Omega} \mu_1(d\omega)\mu_2(d\eta)\{f(\omega) - f(\eta)\}\right|$$
$$\leq \sum_{j\in\mathbf{Z}^d} \delta_j(f)$$

となり,$a_j \equiv 1$ は μ_1 と μ_2 の評価になっている.したがって,補題 5-30 より

$$a_j^* = \min\left\{1, \sum_{m\neq j} k_{j-m}\right\}$$

とおくと,a_j^* も μ_1 と μ_2 の評価になる.特に,これより

$$\left|\int_\Omega f(\omega)\mu_1(d\omega) - \int_\Omega f(\omega)\mu_2(d\omega)\right| \leq \sum_{j\in\mathbf{Z}^d}\sum_{m\neq j} k_{m-j}a_m \delta_j(f)$$
$$\leq \sum_{j\in\mathbf{Z}^d}\left(\sum_{m\neq O} k_m\right)\delta_j(f)$$

となる.ゆえに,$\gamma = \sum_{m\neq O} k_m < 1$ とおくと,$a_j \equiv \gamma$ が μ_1 と μ_2 の評価となる.これより,補題 5-30 を再び用いることにより $a_j \equiv \gamma^2$ も μ_1 と μ_2 の評価となる.帰納法により任意の $n \geq 1$ に対して $a_j \equiv \gamma^n$ も μ_1 と μ_2 の評価となるから

$$\left|\int_\Omega \mu_1(d\omega)f(\omega) - \int_\Omega \mu_2(d\omega)f(\omega)\right| \leq \gamma^n \sum_{j\in\mathbf{Z}^d} \delta_j(f)$$

が成り立つ. 特に, f がシリンダー関数ならば右辺の $\delta_j(f)$ は有限個を除いて 0 となるから, $n \to \infty$ として

$$\int_\Omega f(\omega)\mu_1(d\omega) = \int_\Omega f(\omega)\mu_2(d\omega)$$

が成立する. したがって, このことは $\mu_1 = \mu_2$ を示している. ∎

[**Advanced Study**]

ドブリュシンの一意性の条件を強磁性のイジングモデルに適用してみよう (簡単のため, ここでは $J=1$ とする). $j \in \mathbf{Z}^d$ として $\omega \in \Omega$ に対して ω^j を

$$\omega^j(i) = \begin{cases} \omega(i) & (i \neq j), \\ -\omega(j) & (i = j) \end{cases}$$

によって定める. このとき,

$$\left| P^{\beta,h}_{\{O\},\omega^j}(\sigma(O)=+1) - P^{\beta,h}_{\{O\},\omega}(\sigma(O)=+1) \right|$$
$$= \left| P^{\beta,h}_{\{O\},\omega^j}(\sigma(O)=-1) - P^{\beta,h}_{\{O\},\omega}(\sigma(O)=-1) \right|$$

であることから

$$\left| P^{\beta,h}_{\{O\},\omega^j}(\sigma(O)=-1) - P^{\beta,h}_{\{O\},\omega}(\sigma(O)=-1) \right|$$
$$\leq P^{\beta,h}_{\{O\},\omega}(\sigma(O)=-1)(e^{4\beta} - 1)$$

を得る. 同様に,

$$\left| P^{\beta,h}_{\{O\},\omega^j}(\sigma(O)=+1) - P^{\beta,h}_{\{O\},\omega}(\sigma(O)=+1) \right|$$
$$\leq P^{\beta,h}_{\{O\},\omega}(\sigma(O)=+1)(e^{4\beta} - 1)$$

も成立するので, $|j|=1$ のとき

$$k_j \leq \max\left\{\sup_\omega P^{\beta,h}_{\{O\},\omega}(\sigma(O)=-1), \sup_\omega P^{\beta,h}_{\{O\},\omega}(\sigma(O)=+1)\right\}(e^{4\beta} - 1)$$

となる. $h \geq 0$ のとき

$$P^{\beta,h}_{\{O\},\omega}(\sigma(O)=-1) \leq (1 + e^{-2\beta(2d-h)})^{-1},$$
$$P^{\beta,h}_{\{O\},\omega}(\sigma(O)=+1) \leq (1 + e^{-2\beta(2d+h)})^{-1}$$

となり, $|j|=1$, $h \geq 0$ ならば

$$k_j \leq (e^{4\beta} - 1)(1 + e^{-2\beta(2d+h)})^{-1}$$

が成り立ち, $h \leq 0$ ならば

$$k_j \leq (e^{4\beta} - 1)(1 + e^{-2\beta(2d+|h|)})^{-1}$$

が成り立つ. これより

5.7 ギブス測度の一意性 (ドブリュシンの定理)

$$\sum_{j \neq O} k_j \leq 2d(e^{4\beta} - 1)(1 + e^{-2\beta(2d+|h|)})^{-1}$$

となり,

$$2de^{4\beta} - (2d+1) < e^{-4d\beta - 2\beta|h|} \tag{5-56}$$

のとき, ギブス測度は一意的となる. したがって, (5-56) は

$$-\frac{1}{2\beta} \log \max\{2d(e^{4\beta}-1) - 1, 0\} > 2d + |h| \tag{5-57}$$

のとき成立する.

 明らかに, これは強磁性イジングモデルのギブス測度が一意的である範囲 $|h| \neq 0$ とはかけ離れている. つまり, ドブリュシンの一意性の条件 (5-52) は 1 つの十分条件にすぎない. もちろん使いやすい条件であるので, ドブリュシンの一意性定理 (定理 5-29) はよく引用される重要な結果である.

 この条件を改良したものが, ドブリュシンとシュロスマンによる一意性の条件である ([19], [20], [21]). オリジナルな結果は $\Phi \in \mathcal{A}_0$ に関するものなのでその形で紹介する. その前にいくつかの言葉を準備する.

 V を $\mathbf{Z}^d$ の有限集合とし, μ_1, μ_2 を Ω_V 上の確率測度とする. このとき,

$$\mathcal{K}_V(\mu_1, \mu_2) \equiv \{m \in \mathcal{P}(\Omega_V \times \Omega_V); m(A \times \Omega_V) = \mu_1(A), m(\Omega_V \times A) = \mu_2(A)\} \tag{5-58}$$

とおく. $m \in \mathcal{K}_V(\mu_1, \mu_2)$ と $t \in V$ に対して

$$m_t \equiv m((\sigma_1, \sigma_2) \in \Omega_V \times \Omega_V; \sigma_1(t) \neq \sigma_2(t)) \tag{5-59}$$

とおく. このとき,

$$\rho_V(\mu_1, \mu_2) \equiv \inf\left\{\sum_{t \in V} m_t; m \in \mathcal{K}_V(\mu_1, \mu_2)\right\} \tag{5-60}$$

と定める. ρ_V は Ω_V 上の確率測度の間の距離を定義する.

定理 5-32 $\Phi \in \mathcal{A}_0$ とする. ある有限集合 V と定数 α $(0 < \alpha < 1)$ があって,

$$\sup_\omega \rho_V(P^\Phi_{V,\omega}, P^\Phi_{V,\omega^j}) \leq (1-\alpha) \frac{|V|}{|\partial V|} \tag{5-61}$$

が任意の $j \in \mathbf{Z}^d$ に対して成立するならば, $\mathcal{G}(\Phi)$ はただ 1 つの点からなる. ただし, ∂V とは Φ の相互作用距離を r とするとき (つまり, $\mathrm{diam}(X) > r$ ならば $\Phi_X \equiv 0$),

$$\partial V = \{y \notin V; \mathrm{dist}(y, V) \leq r\}$$

とおくことにする.

 定理 5-32 はもう少し一般的な命題 (定理 5-33) の系として与えられている. $\Phi \in \mathcal{A}_1$ へのこの定理の拡張を考える場合のためにも, この一般的な命題を書いておこう.

定理 5-33 $\Phi \in \mathcal{A}_0$ とする. ある有限集合 V があって任意の $j \in V^c$ に対して正の数 k_j がとれて,

$$\sup_\omega \rho_V(P^{\Phi}_{V,\omega}, P^{\Phi}_{V,\omega^j}) \leq k_j \tag{5-62}$$

および

$$\sum_{j \in \partial V} k_j < |V| \tag{5-63}$$

となるときには, $\mathcal{G}(\Phi)$ はただ 1 つの点からなる.

証明には次の補題が重要な役割を果たしている.

補題 5-34 $\Phi \in \mathcal{A}_0$ とし, (5-62) および (5-63) をみたす有限集合 V と $\{k_j; j \notin V\}$ がとれたとする. このとき, W を任意の $\mathbf{Z}^d$ の有限部分集合, $\delta > 0$ を任意の正の数とするとき, 任意の $\omega, \eta \in \Omega$ に対して $m \in \mathcal{K}_W(P^{\Phi}_{W,\omega}, P^{\Phi}_{W,\eta})$ で, 任意の $s \in T(W) = \{s \in \mathbf{Z}^d; V \cup \partial V + s \subset W\}$ に対して

$$\sum_{j \in V} m_{j+s} \leq \sum_{j \in \partial V} k_j m_{j+s} + \delta \tag{5-64}$$

をみたすものが存在する.

証明 m としては

$$\sum_{j \in W} m_j < \rho_W(P^{\Phi}_{W,\omega}, P^{\Phi}_{W,\eta}) + \frac{\delta}{2}$$

となるように選べばよいことを以下に示す. $s \in T(W)$ を任意に 1 つ定める.

$$\Delta = V + s, \quad \Gamma = W \setminus \Delta$$

と書くことにする. $\zeta_1, \zeta_2 \in \Omega_\Gamma$ を任意にとったとき, $\Omega_\Delta \times \Omega_\Delta$ 上の確率測度 $\hat{m}(\cdot | \zeta_1, \zeta_2)$ を

$$\sum_{j \in \Delta} \hat{m}_j(\cdot | \zeta_1, \zeta_2) \leq \rho_\Delta(P^{\Phi}_{\Delta, \zeta_1\omega}, P^{\Phi}_{\Delta, \zeta_2\eta}) + \frac{\delta}{2} \tag{5-65}$$

となるようにとる. ただし, $j \in \Delta$ に対して

$$\hat{m}_j(\cdot | \zeta_1, \zeta_2) = \hat{m}(\{(\sigma_1, \sigma_2) \in \Omega_\Delta \times \Omega_\Delta; \sigma_1(j) \neq \sigma_2(j)\} | \zeta_1, \zeta_2)$$

とおく. また, $\zeta_1\omega, \zeta_2\eta$ はそれぞれ Γ 上で ζ_1, ζ_2, $\mathbf{Z}^d \setminus \Gamma$ 上で, ω, η をとるスピン配置とする.

このとき, $\Omega_W \times \Omega_W$ 上の確率測度 $\tilde{m}$ を次のように定める. $A \subset \Omega_\Delta \times \Omega_\Delta$, $B \in \Omega_\Gamma \times \Omega_\Gamma$ に対して

$$\tilde{m}(\{(\sigma_1, \sigma_2) \in \Omega_W \times \Omega_W; (\sigma_1|_\Delta, \sigma_2|_\Delta) \in A, (\sigma_1|_\Gamma, \sigma_2|_\Gamma) \in B\})$$

$$= \int_{[B]} \hat{m}(A|\zeta_1, \zeta_2) m(d\zeta_1 d\zeta_2). \tag{5-66}$$

ただし,

$$[B] = \{(\sigma_1, \sigma_2) \in \Omega_W \times \Omega_W; (\sigma_1|_\Gamma, \sigma_2|_\Gamma) \in B\}$$

である.

5.7 ギブス測度の一意性(ドブリュシンの定理)

このとき,$\tilde{m} \in \mathcal{K}_W(P_{W,\omega}^{\Phi}, P_{W,\eta}^{\Phi})$ であることに注意する.また,$j \in \Gamma$ ならば $\tilde{m}_j = \tilde{m}(\{(\sigma_1, \sigma_2) \in \Omega_W \times \Omega_W ; \sigma_1(j) \neq \sigma_2(j)\})$ の値は m_j と等しい.一方,$j \in \Delta$ のときは

$$\sum_{j \in \Delta} \tilde{m}_j = \int \sum_{j \in \Delta} \hat{m}_j(\,\cdot\,|\zeta_1, \zeta_2) m(d\zeta_1 d\zeta_2)$$

$$\leq \int \rho_\Delta(P_{\Delta,\zeta_1\omega}^{\Phi}, P_{\Delta,\zeta_2\eta}^{\Phi}) m(d\zeta_1 d\zeta_2) + \frac{\delta}{2}$$

$$\leq \int \sum_{j \in \Gamma} k_{j-s} 1_{\{\zeta_1(j) \neq \zeta_2(j)\}} m(d\zeta_1 d\zeta_2) + \frac{\delta}{2}$$

$$= \sum_{j \in \Gamma} k_{j-s} m_j + \frac{\delta}{2} \tag{5-67}$$

となる.明らかに,$j \notin \partial\Delta$ ならば $k_{j-s} = 0$ となるから

$$\text{右辺} = \sum_{j \in \partial V} k_j m_{j+s} + \frac{\delta}{2}$$

となる.一方で,

$$\sum_{j \in W} m_j \leq \rho_W(P_{W,\omega}^{\Phi}, P_{W,\eta}^{\Phi}) + \frac{\delta}{2}$$

と ρ_W の定義より $\tilde{m} \in \mathcal{K}_W(P_{W,\omega}^{\Phi}, P_{W,\eta}^{\Phi})$ であることと合わせて,

$$\rho_W(P_{W,\omega}^{\Phi}, P_{W,\eta}^{\Phi}) \leq \sum_{j \in W} \tilde{m}_j = \sum_{j \in \Delta} \tilde{m}_j + \sum_{j \in \Gamma} m_j$$

が導かれる.したがって,

$$\sum_{j \in \Delta} m_j \leq \sum_{j \in \Delta} \tilde{m}_j + \frac{\delta}{2}$$

がわかり,(5-67) をこの式に代入すると

$$\sum_{j \in V} m_{j+s} \leq \sum_{j \in \partial V} k_j m_{j+s} + \delta$$

が成り立ち,(5-64) がいえる. ∎

定理 5-33 の証明 $\alpha > 0$ を十分小さな数として,有限集合 Λ を任意に固定するとき,

$$C(j) = \exp\{-\alpha \,\text{dist}(j, \Lambda)\}$$

とおく.有限集合 $W \supset \Lambda$ を任意に与えたとき,補題 5-34 により,任意の $\delta > 0$,$\omega, \eta \in \Omega$ に対して $m \in \mathcal{K}_W(P_{W,\omega}^{\Phi}, P_{W,\eta}^{\Phi})$ が存在して

$$\sum_{j \in V} m_{j+s} \leq \sum_{j \in \partial V} k_j m_{j+s} + \delta$$

とできる.この式の両辺に $C(s)$ を掛けて $s \in T(W)$ について和をとることにより

$$\sum_{s \in T(W)} \sum_{j \in V} m_{j+s} C(s) - \sum_{s \in T(W)} \sum_{j \in \partial V} k_j m_{j+s} C(s) \leq \delta |W|$$

が成立する.これを書き直して

$$\sum_{t\in W}\sum_{\substack{s\in T(W),\\t-s\in V}}m_tC(s) - \sum_{t\in W}\sum_{\substack{s\in T(W),\\t-s\in \partial V}}k_{t-s}m_tC(s) \leq \delta|W| \tag{5-68}$$

となる.

また, $D = \mathrm{diam}(V \cup \partial V)$ とすると

$$\sum_{t\in W}m_t\left(\sum_{\substack{s\in \mathbf{Z}^d,\\t-s\in V}}C(s) - \sum_{\substack{s\in \mathbf{Z}^d,\\t-s\in \partial V}}k_{t-s}C(s)\right)$$

$$\geq \sum_{t\in W}C(t)m_t\left(\min_{t-s\in V}\frac{C(s)}{C(t)}|V| - \max_{t-s\in \partial V}\frac{C(s)}{C(t)}\sum_{m\in \partial V}k_m\right)$$

$$\geq e^{-\alpha D}(1 - \gamma e^{2\alpha D})|V|\sum_{t\in W}C(t)m_t$$

となる. ただし,

$$\gamma \equiv \frac{1}{|V|}\sum_{m\in \partial V}k_m < 1$$

とする. これより, α が十分小さいとき

$$1 - \gamma e^{2\alpha D} > 0$$

となり, $M = e^{-\alpha D}(1 - \gamma e^{2\alpha D})$ とおくとき, (5-68) より

$$M\sum_{t\in W}C(t)m_t \leq \delta|W| + \sum_{t\in W}\sum_{\substack{s\notin T(W),\\t-s\in V}}m_tC(s)$$

となる. ところが, $\delta = \frac{1}{|W|^2}$ と選ぶことにより, 右辺第 1 項は $W \uparrow \mathbf{Z}^d$ のとき 0 に収束する. また, 右辺第 2 項は $s \notin T(W)$ のとき, $V \cup \partial V + s \not\subset W$ となり, t は $t - s \in V$ より W^c との距離が D 以下となる. したがって, 右辺第 2 項は

$$\sum_{t;\mathrm{dist}(t,W^c)\leq D}m_t\sum_{s\notin T(W)}C(s) \leq D|\partial W|\sum_{s\notin T(W)}C(s)$$

で上からおさえられる. このとき, $C(s)$ は $s \to \infty$ で指数的に 0 に収束するので, $W \uparrow \mathbf{Z}^d$ のときこの項は 0 に収束する. ゆえに,

$$\sum_{t\in W}C(t)m_t \geq \sum_{t\in \Lambda}m_t$$

と合わせて, 上の左辺が 0 に収束することから

$$\rho_\Lambda(P^\Phi_{W,\omega}, P^\Phi_{W,\eta}) \to 0 \quad (W \uparrow \mathbf{Z}^d)$$

が成立する. したがって,

$$\lim_{W\uparrow\mathbf{Z}^d}P^\Phi_{W,\omega} = \lim_{W\uparrow\mathbf{Z}^d}P^\Phi_{W,\eta}$$

となる. ここで, ω, η は任意だから Φ-ギブス測度は一意的になる. ∎

5.7 ギブス測度の一意性 (ドブリュシンの定理)

注意 ドブリュシン・シュロスマンによる拡張された一意性の条件は，相互作用距離が有限のときは非常によい条件のように思われる．V を大きくとればいくらでも臨界点 (イジングモデルならば温度 T_c，磁場 0) に近いところでも成立するものと思われている．実際，この条件を用いて彼らは反強磁性イジングモデルの相転移に関してよい結果を得ている．

反面，この条件は相互作用距離が有限という条件がかなり重要で，同じ議論をこの条件を仮定しないで行なうと

$$\sum_{t \notin V \cup \partial_r V} k_t = o(r^{-d})$$

という条件を必要とする．これはもとのドブリュシンの条件にはなかった条件で，そういう意味では完全な拡張とは言いにくいところがある．

6 相転移

5.4 節で周期的境界条件のもとにおける熱力学的極限関数について述べたが，本章では周期的境界条件のもとでのギブス分布について考えよう．

6.1 キルクウッド・ザルツブルグ方程式

スピン系と格子気体との対応

T_n をトーラスとし，$\Omega_n = \{+1, -1\}^{T_n}$ とする．さらに，$\sigma \in \Omega_n$ に対して相互作用エネルギーを簡単に

$$H_n(\sigma) = -\frac{1}{2} \sum_{i \in T_n} \sum_{j \in T_n} J(i-j)\sigma(i)\sigma(j) - h \sum_{j \in T_n} \sigma(i) \qquad (6\text{--}1)$$

と書くことにする．ここで，$J : \mathbf{Z}^d \to \mathbf{R}$ は $J(-i) = J(i)$ $(i \in \mathbf{Z}^d)$ をみたし，ある $r_0 > 0$ に対して

$$J(i) = 0 \qquad (|i| \geq r_0)$$

をみたすと仮定しておく (有限領域相互作用)．

スピン配置 $\sigma \in \Omega_n$ に対して $\xi \in \{0, +1\}^{T_n}$ を

$$\xi(i) = \frac{1}{2}(\sigma(i) + 1)$$

で定めると，σ と ξ に関して図 6.1 のような対応が成り立つ．

σ における $+1, -1$ がそれぞれ ξ における $+1, 0$ に対応することになる．ξ における $+1$ のところに粒子が存在し，0 のところには粒子が存在していないと考えるとスピン配置から粒子配置が得られることになる．このとき，上の (6–1) のスピン配置のエネルギーを ξ の言葉で表現すると

$$H_n(\xi) = -2 \sum_{i \in T_n} \sum_{j \in T_n} J(i-j)\xi(i)\xi(j) + \tilde{h} \sum_{i \in T_n} \xi(i) + C_n$$

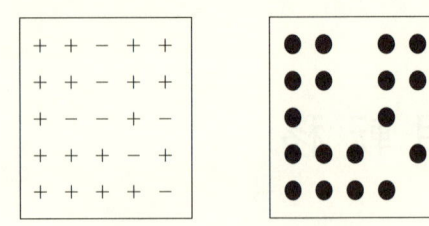

図 6.1　スピン系と格子気体の対応

となる．ここで，
$$\tilde{h} = -2h + 2\sum_{j \in T_n} J(i-j), \qquad C_n = -\frac{1}{2}\sum_{i \in T_n}\sum_{j \in T_n} J(i-j)$$
であるが，$\tilde{h}$ における j の和はトーラスの上の和であるから，この和は i によらずに一定の値をとる ($n \geq n_0$ としておく)．

さらに，$U(i) = -4J(i)$ で $U(\cdot)$ を定めると，粒子配置 ξ の出現確率は
$$P_n(\xi) = \frac{1}{Z_n}\exp\left(-\frac{1}{2}\beta\sum_{i \in T_n}\sum_{j \in T_n}U(i-j)\xi(i)\xi(j) - \beta\tilde{h}\sum_{i \in T_n}\xi(i)\right)$$
で与えられる．また，$\xi \in \widetilde{\Omega}_n = \{1,0\}^{T_n}$ に対して
$$M = \{t \in T_n;\, \xi(t) = 1\}$$
で ξ のもとでの粒子のある領域 M を定めることにより，$\widetilde{\Omega}_n$ と T_n の部分集合の全体からなる集合 $\mathcal{C}_n = \{M \subset T_n\}$ との間に 1 対 1 の対応が成り立ち，$M \in \mathcal{C}_n$ に対して
$$P_n(M) = \frac{1}{Z_n}z^{|M|}\exp\{-\beta U(M)\} \tag{6-2}$$
と表される．ここで，$z = e^{-\beta\tilde{h}}$ で
$$U(M) = \frac{1}{2}\sum_{i \in M}\sum_{j \in M}U(i-j)$$
である．この (6–2) で与えられる粒子系のモデルを**格子気体** (lattice gas) とよぶ．このモデルはスピン系のモデルと本質的に同じであり，ただ表現方法が変わっただけである．

5.6 節でギブス測度の一意性とギブスの自由エネルギー $g(\beta,h)$ の解析性が対応することを述べたが，ここでは格子気体のギブスの自由エネルギー
$$g(z) = \lim_{n \to \infty} n^{-d}\log Z_n$$
を考え，この解析性について考えていこう．

6.1 キルクウッド・ザルズブルグ方程式

相関関数

ここでは一般の有限集合 V 上の格子気体を考える．まず，格子気体における相関関数 $\rho_V(M)$ というものを定義しておこう．$\rho_V(M)$ とは領域 $M \subset V$ に粒子が出現する確率である．このとき，M 以外の領域には粒子が存在していても存在していなくてもどちらでもよいのである．$\rho_V(M)$ をきちんと定義すると次のようになる．

$$\rho_V(M) = \begin{cases} Z_n^{-1} \sum_{N \subset V \setminus M} z^{|M|+|N|} \exp\{-\beta U(M \cup N)\} & (M \subset V), \\ 0 & (M \not\subset V). \end{cases} \quad (6\text{--}3)$$

この**相関関数** (correlation function) は**相関方程式**とよばれる方程式をみたす．まず，これからみていこう ([63], [68])．

$\mathbf{Z}^d$ に辞書式の順序を入れておき，この順序に関する M の最初の点を $t_0 = t_0(M)$ で表す．次に，

$$U(M \cup N) = U(M' \cup N) + \sum_{t \in N} U(t_0 - t) + W(M) \quad (6\text{--}4)$$

と変形する．ここで，$M' = M \setminus \{t_0\}$ で

$$W(M) = \sum_{t \in M'} U(t_0 - t)$$

である．(6-4) の右辺第 1 項は $M' \cup N$ 内部のエネルギーで，第 2 項は t_0 と N との間の相互作用，第 3 項は t_0 と M' との間の相互作用を表している．この (6-4) を用いると

$$\begin{aligned}\exp\{-\beta U(M \cup N)\} &= e^{-\beta W(M) - \beta U(M' \cup N)} \prod_{t \in N} e^{-\beta U(t_0-t)} \\ &= e^{-\beta W(M) - \beta U(M' \cup N)} \prod_{t \in N} \{(e^{-\beta U(t_0-t)} - 1) + 1\} \\ &= e^{-\beta W(M) - \beta U(M' \cup N)} \sum_{J \subset N} \prod_{t \in J} (e^{-\beta U(t_0-t)} - 1)\end{aligned}$$

という変形が得られる．ここで，

$$K(t_0, J) = \prod_{t \in J} (e^{-\beta U(t_0-t)} - 1)$$

とおくと，$M \subset V$ のとき

$\rho_V(M)$

$$= \frac{1}{Z_n} e^{-\beta W(M)} \sum_{N \subset V \setminus M} z^{|M|+|N|} e^{-\beta U(M' \cup N)} \sum_{J \subset N} K(t_0, J)$$

$$= \frac{1}{Z_n} e^{-\beta W(M)} \sum_{J \subset V \setminus M} \sum_{J \subset N \subset V \setminus M} z^{|M|+|N|} e^{-\beta U(M' \cup N)} K(t_0, J)$$

$$= \frac{1}{Z_n} z e^{-\beta W(M)} \sum_{J \subset V \setminus M} \sum_{I \subset V \setminus (M \cup J)} z^{|I|+|J|+|M'|} e^{-\beta U(M' \cup J \cup I)} K(t_0, J)$$

$$= \frac{1}{Z_n} z e^{-\beta W(M)} \sum_{J \subset V \setminus M} \left(\sum_{I \subset V \setminus (M' \cup J)} - \sum_{\substack{I \subset V \setminus (M' \cup J), \\ I \ni t_0}} \right) z^{|I|+|J|+|M'|}$$

$$\times e^{-\beta U(M' \cup J \cup I)} K(t_0, J)$$

$$= z e^{-\beta W(M)} \sum_{J \subset V \setminus M} K(t_0, J) \{ \rho_V(M' \cup J) - \rho_V(M \cup J) \}$$

となる.ここで, $K(t_0, \emptyset) = 1$ だから

$$\rho_V(M) = z e^{-\beta W(M)} \left[\rho_V(M') - \rho_V(M) \right.$$
$$\left. + \sum_{\emptyset \neq J \subset V \setminus M} K(t_0, J) \{ \rho_V(M' \cup J) - \rho_V(M \cup J) \} \right]$$

となり,したがって,

$$\rho_V(M) = \frac{z e^{-\beta W(M)}}{1 + z e^{-\beta W(M)}}$$

$$\times \left[\rho_V(M') + \sum_{\substack{J \subset V \setminus M, \\ J \neq \emptyset}} K(t_0, J) \{ \rho_V(M' \cup J) - \rho_V(M \cup J) \} \right] \quad (6\text{--}5)$$

となる.
特に, $M = \{t_0\}$ のとき $M' = \emptyset$, $\rho_V(\emptyset) = 1$ だから,

$$\rho_V(\{t_0\}) = \frac{z}{1+z} \left[1 + \sum_{\substack{J \subset V \setminus \{t_0\}, \\ J \neq \emptyset}} K(t_0, J) \{ \rho_V(J) - \rho_V(J \cup \{t_0\}) \} \right]$$
$$(6\text{--}6)$$

が成り立つ.これらをキルクウッド・ザルズブルグ方程式 (Kirkwood-Salsburg equation) とよぶ.

6.1 キルクウッド・ザルツブルグ方程式

次に，この方程式をあるバナッハ空間上の方程式として表現しよう．そのために次のようなバナッハ空間を設定する．

$\mathcal{F}(\mathbf{Z}^d)$ で $\mathbf{Z}^d$ のすべての有限部分集合からなる集合を表現し，さらに，

$$\mathbf{B} = \{\rho; \mathcal{F}(\mathbf{Z}^d) \text{ 上で定義された有界な複素数値関数}\}$$

とおく．ここで，$\rho \in \mathbf{B}$ に対して

$$\|\rho\| = \sup_{A \in \mathcal{F}(\mathbf{Z}^d)} |\rho(A)|$$

でノルムを定義すると，$\mathbf{B}$ はこのノルムに関してバナッハ空間となる．さらに，$\mathbf{B}$ 上の演算子 K を，$\sharp M \geq 2$ のとき

$$(K\rho)(M) = \frac{z}{z + e^{\beta W(M)}} \times \left[\rho(M') + \sum_{\emptyset \neq J \subset \mathbf{Z}^d \setminus M} K(t_0, J)\{\rho(M' \cup J) - \rho(M \cup J)\} \right].$$

$M = \{t_0\}$ のとき

$$(K\rho)(M) = \frac{z}{1+z} \sum_{\emptyset \neq J \subset \mathbf{Z}^d \setminus \{t_0\}} K(t_0, J)\{\rho(J) - \rho(J \cup \{t_0\})\}$$

で定める．ここで，z も複素数であると考える．

また，

$$\alpha(M) = \begin{cases} 1 & (\sharp M = 1), \\ 0 & (\sharp M \neq 1), \end{cases}$$

$$\chi_V(M) = \begin{cases} 1 & (M \subset V), \\ 0 & (M \not\subset V) \end{cases}$$

とおくと，(6–5), (6–6) のキルクウッド・ザルツブルグ方程式は

$$\rho_V = \chi_V \frac{z}{1+z}\alpha + \chi_V K \rho_V \tag{6–7}$$

という形に表される．この方程式は V における相関関数に対する方程式であるが，$\mathbf{Z}^d$ における同様の方程式

$$\rho = \frac{z}{1+z}\alpha + K\rho \tag{6–8}$$

を考えよう．これらの方程式は $\mathbf{B}$ 上の方程式であるが，これらは

$$\|K\| \equiv \sup_{\rho; \|\rho\|=1} \|K\rho\| < 1$$

のとき一意的な解をもち, ρ_V, ρ はノイマン級数で表現される. すなわち

$$\rho_V = \sum_{n=1}^{\infty} \frac{z}{1+z} (\chi_V K)^n \chi_V \alpha$$

と表される.

これから演算子 K のノルムを評価していこう. まず,

$$C_1 = \sum_{s \in \mathbf{Z}^d} |U(s)|$$

とおき, 不等式

$$\begin{cases} |e^a - 1| \leq e^{|a|} - 1 & (a \in \mathbf{R}), \\ (e^a - 1) + (e^b - 1) \leq e^{a+b} - 1 & (ab > 0) \end{cases}$$

を用いると

$$\sum_{s \in \mathbf{Z}^d} \left| e^{-\beta U(s-t)} - 1 \right| \leq \sum_{s \in \mathbf{Z}^d} \{ e^{\beta |U(s-t)|} - 1 \}$$

$$\leq \exp\left\{ \beta \sum_{s \in \mathbf{Z}^d} |U(s-t)| \right\} - 1$$

$$\leq \exp\{C_1 \beta\} - 1$$

となる. これより次の評価が従う.

補題 6-1　　$\sum_{J \neq \emptyset} |K(t_0, J)| \leq \exp\{e^{C_1 \beta} - 1\} - 1.$

証明　$\sum_{J \neq \emptyset} |K(t_0, J)| \leq \sum_{n=1}^{\infty} \frac{1}{n!} \sum_{s_1 \in \mathbf{Z}^d} \cdots \sum_{s_n \in \mathbf{Z}^d} \prod_{j=1}^{n} \left| e^{-\beta U(s_j - t_0)} - 1 \right|$

$$\leq \sum_{n=1}^{\infty} \frac{1}{n!} (e^{C_1 \beta} - 1)^n$$

$$= \exp\{e^{C_1 \beta} - 1\} - 1. \quad \blacksquare$$

補題 6-2　Re $z \geq -e^{-C_2 \beta}$ ならば, すべての $L \subset \mathbf{Z}^d$ に対して

$$\left| \frac{z}{z + e^{\beta W(L)}} \right| \leq \left| \frac{z}{z + e^{-C_2 \beta}} \right|$$

が成り立つ. ここで,

6.1 キルクウッド・ザルズブルグ方程式

$$C_2 = - \sum_{s\,;\,U(s)\leq 0} U(s)$$

である．

証明 上の不等式を示すには

$$\left| \frac{z + e^{-C_2\beta}}{z + e^{\beta W(L)}} \right| \leq 1$$

を示せばよい．この不等式をみたす z を複素平面上で図示すると図 6.2 の斜線部分になるが，これは明らかに $\mathrm{Re}\, z \geq -e^{-C_2\beta}$ という領域を含んでいる．したがって，上の不等式が示された． ∎

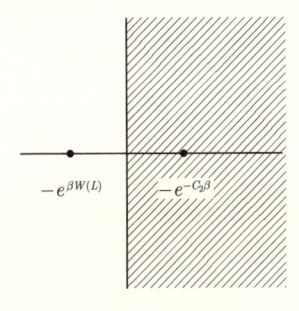

図 6.2 z の領域

補題 6-3 $\mathrm{Re}\, z \geq -e^{-C_2\beta}$ のとき

$$\|K\| \leq K_0(\beta, z)$$

となる．ここで，

$$K_0(\beta, z) = \left| \frac{z e^{\beta C_2}}{1 + z e^{\beta C_2}} \right| \{2\exp(e^{C_1\beta} - 1) - 1\}$$

である．

証明 $\|\rho\| = 1$ となる $\rho \in \mathbf{B}$ をとると，任意の $A \in \mathcal{F}(\mathbf{Z}^d)$ に対して $|\rho(A)| \leq 1$ が成立し

$$\left| \sum_{\emptyset \neq J \subset \mathbf{Z}^d \setminus M} K(t_0, J)\{\rho(M' \cup J) - \rho(M \cup J)\} \right| \leq 2 \sum_{\emptyset \neq J \subset \mathbf{Z}^d} |K(t_0, J)|$$

$$\leq 2\{\exp(e^{C_1\beta} - 1) - 1\}$$

となる．したがって，

$$\|K\| \leq \left|\frac{ze^{C_2\beta}}{1+ze^{C_2\beta}}\right| \cdot \{2\exp(e^{C_1\beta}-1)-1\}$$

が得られる.

今度は複素数の領域 $\mathcal{C}$ を
$$\mathcal{C} = \{z \in \mathbf{C};\ \mathrm{Re}\, z \geq -e^{-\beta C_2},\ K_0(\beta,z) < 1\}$$
と定める.

定理 6-4 (1) $z \in \mathcal{C}$ とすると
$$\rho_V = \chi_V \frac{z}{1+z}\alpha + \chi_V K\rho_V, \qquad \rho = \frac{z}{1+z}\alpha + K\rho$$
はそれぞれ $\mathbf{B}$ において一意的な解 ρ_V, ρ をもち
$$\|\rho_V\|, \|\rho\| < \left|\frac{z}{1+z}\right|\frac{1}{1-K_0(\beta,z)}$$
となり, $\rho_V(M), \rho(M)$ は $\mathcal{C}$ で解析的となる.

(2) $z \in \mathcal{C}$ のとき分配関数は $Z_\beta(V,z) \neq 0$ となる.

(3) $z \in \mathcal{C}$ のとき
$$\lim_{V \to \mathbf{Z}^d} \frac{\log Z_\beta(V,z)}{|V|} = \chi(z,\beta)$$
が存在し, $\chi(z,\beta)$ は $\mathcal{C}$ において解析的となる.

証明 (1) $z \in \mathcal{C}$ のとき $\|K\| < 1$ となるから, キルクウッド・ザルズブルグ方程式は一意的な解をもちそれらはノイマン級数で表される. すなわち
$$\rho_V = \sum_{n=0}^{\infty}(\chi_V K)^n \chi_V \frac{z}{1+z}\alpha,$$
$$\rho = \sum_{n=0}^{\infty} K^n \frac{z}{1+z}\alpha$$
と表される. これらの和は広義一様収束で各項は z の正則関数なので, ρ_V, ρ は z の正則関数となる.

(2) N_V を V 内の粒子数を表す確率変数とすると
$$z\frac{d\log Z_\beta(V,z)}{dz} = \frac{1}{Z_\beta(V,z)}\sum_{M \subset V} N_V(M) z^{N(M)} e^{-\beta U(M)}$$
$$= E_V[N_V]$$
$$= \sum_{t \in V} \rho_V(\{t\}).$$

6.1 キルクウッド・ザルツブルグ方程式

$z = 0$ のとき粒子は存在しえず，$\rho_V(\{t\}) = 0$ となるから，

$$\frac{d \log Z_\beta(V, z)}{dz} = \sum_{t \in V} \frac{\rho_V(\{t\})}{z}$$

の右辺は $\mathcal{C}$ において正則となる．したがって，その不定積分

$$\log Z_\beta(V, z) = \int \sum_{t \in V} \frac{\rho_V(\{t\})}{z} \, dz$$

も $\mathcal{C}$ において正則となる．ゆえに $Z_\beta(V, z)$ は $\mathcal{C}$ において零点をもたないことがわかる．

(3) $0 < r < 1$ に対して

$$\mathcal{C}_r = \{z \in \mathbf{C}; \, \mathrm{Re} \, z \geq -e^{-\beta C_2}, \, K_0(\beta, z) < r\}$$

とおく．

ρ_V のノルムの評価を用いると，任意の $z \in \mathcal{C}_r$ に対して

$$\left| \frac{\rho_V(\{t\})}{z} \right| \leq M_r$$

という評価が得られる．ここで，

$$M_r = \max_{z \in \mathcal{C}_r} \left| \frac{1}{1+z} \right| \frac{1}{1-r}$$

である．この評価を用いると

$$\left| \log Z_\beta(V, z) \right| = \left| \int_0^z \frac{\sum_{t \in V} \rho_V(\{t\})}{z} \, dz \right|$$

$$\leq \mathrm{diam}(\mathcal{C}_r) M_r |V|.$$

これより

$$f_V(z) = \frac{1}{|V|} \log Z_\beta(V, z)$$

は V について一様有界となり，またこれは正則関数であり，前章で述べたように z が正の実数のときには

$$\lim_{V \to \mathbf{Z}^d} \frac{1}{|V|} \log Z_\beta(V, z)$$

が存在することがわかっているので，ヴィタリの定理から $f_V(z)$ は $\mathcal{C}$ において広義一様に正則関数に収束することがわかる．∎

6.2 イジングモデルの相転移 (コントゥアーの方法)

ここでは, 2次元イジングモデルの平衡状態が十分大きな β に対して2つ以上存在すること, すなわち**相転移** (phase transition) が起こることを示そう. β は逆数温度であったから, β が大きな状態は低温状態に対応している.

$\mathbf{Z}^2$ における有界領域 V を考え, この上におけるスピン配置 $\sigma \in \Omega_V$ を考えよう. V の外側のスピン配置が $\omega \in \Omega$ に固定されているとき, イジングモデルの相互作用エネルギー $H_{V,\omega}(\sigma)$ は

$$H_{V,\omega}(\sigma) = -\frac{1}{2}J \sum_{\substack{i,j \in V, \\ |i-j|=1}} \sigma(i)\sigma(j) + h \sum_{i \in V} \sigma(i) - J \sum_{i \in V} \sum_{\substack{j \in V^c, \\ |i-j|=1}} \sigma(i)\omega(j)$$

のように表される.

$J > 0$ のとき, このモデルを強磁性イジングモデルとよぶことは前に述べたが, このときには隣接するスピンの向きを同じ方向にそろえるほうがエネルギーが小さくなり, その出現確率が大きくなる. したがって, 強磁性イジングモデルにおいては, 隣接するスピンを同じ方向へそろえようとする相互作用が働くと考えられる. 以後6.2節では強磁性イジングモデルのみを考えていく.

上の相互作用の式の $h \in \mathbf{R}$ は外部からの磁場を表しているが, 3.3節で述べた李政道・楊振寧の定理により, このモデルは $h \neq 0$ のときには相転移が起こらないことが示されているので, これからは $h = 0$ のときのみを考えよう.

境界条件 ω として, 2つの特別なスピン配置 ω^+, ω^- を考えよう. ω^+ はすべての点 $t \in \mathbf{Z}^2$ におけるスピンの状態が $+1$ となる配置, すなわち

$$\omega^+(t) = +1 \qquad (t \in \mathbf{Z}^2)$$

となる配置を表し, ω^- は

$$\omega^-(t) = -1 \qquad (t \in \mathbf{Z}^2)$$

となる配置を表しているとする.

次に境界条件が ω^+ のとき, $H_{V,\omega^+}(\sigma)$ を最小にする $\sigma \in \Omega_V$ は何であるかを考えよう. 強磁性イジングモデルにおいては隣接するスピンをそろえたほうがエネルギーが低くなるので, V の境界のスピンがすべて $+1$ に固定されているときには, V 内のすべてのスピンが $+1$ となるスピン配置 σ^+ が $H_{V,\omega^+}(\cdot)$ を最小にするスピン配置である. 同様に, 境界条件を ω^- にしたときには V 内のすべてのスピンを $-$ にするスピン配置 σ^- が $H_{V,\omega^-}(\cdot)$ を最小にする.

6.2 イジングモデルの相転移(コントゥアーの方法)

以上のことを頭において,一般のスピン配置 $\sigma \in \Omega_V$ を考えよう.このスピン配置 σ のもとで符号が異なるすべての隣接スピンの間に長さ1の線分を引こう(格子点間の距離を1にとっておく).これらの線分の集まりを連結成分に一意的に分けよう.この連結成分のおのおのを**コントゥアー** (contour) とよぶ.コントゥアーの本来の意味は『等高線』という意味で,コントゥアーによって+の部分と−の部分が分離されているのである (図 6.3).

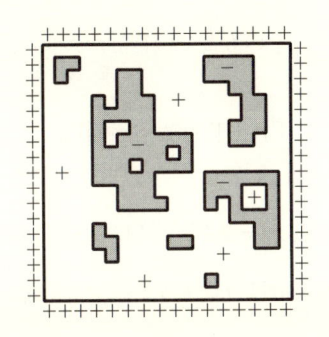

図 6.3 スピン配置とコントゥアー

スピン配置 σ に対して得られたコントゥアーの全体を $\{\Gamma_1, \Gamma_2, \cdots, \Gamma_n\}$ で表そう.逆に,V においてコントゥアーの集合が与えられるときには,これから V におけるスピン配置が再構成されるのである.すなわち,境界条件 ω^+ のもとでスピン配置 σ と互いに交わらないコントゥアーの集合 $\{\Gamma_1, \Gamma_2, \cdots, \Gamma_n\}$ とは1対1に対応するのである.そこで,σ と $\{\Gamma_1, \Gamma_2, \cdots, \Gamma_n\}$ とを同一視して

$$\sigma = \{\Gamma_1, \Gamma_2, \cdots, \Gamma_n\}$$

と表そう.

スピン配置 σ がコントゥアーの集合 $\{\Gamma_1, \Gamma_2, \cdots, \Gamma_n\}$ で表されるとき,σ のもつ相互作用エネルギー $H_{V,\omega^+}(\sigma)$ は

$$H_{V,\omega^+}(\sigma) = 2J \sum_{i=1}^{n} |\Gamma_i| + C_V \tag{6-9}$$

という形に表される.ここで,$|\Gamma_i|$ はコントゥアー Γ_i の長さで,C_V は V にのみ依存する定数である.以下にその理由を述べる.

$h = 0$ のときの相互作用エネルギーは,すべての隣接スピンの組 $\{i, j\}$ にわたって $-J\sigma(i)\sigma(j)$ を足し合わせたものであることに注意しよう.隣接スピンの符号が同じとき,すなわち $\sigma(i) = \sigma(j)$ のときには

$$-J\sigma(i)\sigma(j) = -J$$

となるが,符号が異なるときには

$$-J\sigma(i)\sigma(j) = J$$

となり,符号が同じになる隣接スピンの組に比べて $2J$ だけエネルギーが高くなる.

コントゥアーをはさんで相対している隣接スピンの組の符号は異なり,スピン配置 $\sigma = \{\Gamma_1, \Gamma_2, \cdots, \Gamma_n\}$ のもとでの符号が異なる隣接スピンの組の数はコントゥアーの長さの総和

$$|\Gamma_1| + |\Gamma_2| + \cdots + |\Gamma_n|$$

に等しいから, $H_{V,\omega^+}(\sigma)$ は

$$H_{V,\omega^+}(\sigma) = 2J \sum_{i=1}^{n} |\Gamma_i| + H_{V,\omega^+}(\sigma^+)$$

となる.ここで, σ^+ のもとではコントゥアーが全く現れないことに注意しておこう.

$H_{V,\omega^+}(\sigma^+)$ は V だけで決まるから,上の (6–9) が得られたことになる.

『$2J=1$』とおくと, (6–9) より V 内のスピン配置が $\sigma = \{\Gamma_1, \Gamma_2, \cdots, \Gamma_n\}$ となるギブス分布は

$$P_{V,\omega^+}^{\beta}(\sigma) = \frac{1}{Z_{V,+}} \exp\left(-\beta \sum_{i=1}^{n} |\Gamma_i|\right) \qquad (6\text{–}10)$$

で与えられることになる. $Z_{V,+}$ は規格化定数で

$$Z_{V,+} = \sum_{\sigma = \{\Gamma_1, \cdots, \Gamma_n\} \in \Omega_V} \exp\left(-\beta \sum_{i=1}^{n} |\Gamma_i|\right)$$

で与えられる.

コントゥアーという概念を導入することによって,イジングモデルは (6–10) のようなわりとシンプルな形に表されるようになったのである.スピン配置 σ はコントゥアーの集合 $\{\Gamma_1, \Gamma_2, \cdots, \Gamma_n\}$ で表され,各コントゥアーが自己エネルギー $|\Gamma_i|$ をもつとしてギブス分布を考えればよいのである.

次に, V 内において 1 つのコントゥアー Γ が出現する確率を考えよう.これはコントゥアー Γ が 1 つだけ現れる確率ではなく,コントゥアー Γ を含むスピン配置全体の集合 $B_V(\Gamma) \subset \Omega_V$ を $P_{V,\omega^+}^{\beta}(\cdot)$ で測ったものである. $B_V(\Gamma)$ は

$$B_V(\Gamma) = \{\sigma \in \Omega_V; \Gamma \in \sigma\}$$

6.2 イジングモデルの相転移 (コントゥアーの方法)

と表されるので，この確率を $\rho_V^\beta(\Gamma)$ で表すと

$$\rho_V^\beta(\Gamma) = \frac{\sum_{\sigma=\{\Gamma_1,\cdots,\Gamma_n\}\in B_V(\Gamma)} \exp\left(-\beta \sum_{i=1}^n |\Gamma_i|\right)}{Z_{V,+}}$$

となる．$\sigma = \{\Gamma_1, \cdots, \Gamma_n\} \in B_V(\Gamma)$ のコントゥアー $\Gamma_1, \cdots, \Gamma_n$ のうち1つが Γ なのである．

この $\rho_V^\beta(\Gamma)$ を**コントゥアーの相関関数**とよぶ．相関関数についてはパイエルスの不等式とよばれる次の不等式が得られる．

定理 6-5　(パイエルスの不等式 (Peierls inequality))

$$\rho_V^\beta(\Gamma) \leq \exp(-\beta|\Gamma|).$$

証明　$\sigma \in B_V(\Gamma)$ に対して σ のコントゥアーの中には必ず Γ が入っているので，σ に対して次で表されるスピン配置 $f\sigma$ を考えることができる．

$$f\sigma(t) = \begin{cases} \sigma(t) & (t\text{ が }\Gamma\text{ で囲まれていないとき}), \\ -\sigma(t) & (t\text{ が }\Gamma\text{ で囲まれているとき}). \end{cases}$$

ここで，f は $B_V(\Gamma)$ から Ω_V への写像と考えることができる．$\sigma = \{\Gamma_1, \Gamma_2, \cdots, \Gamma_n\}$ のとき $f\sigma$ のコントゥアーの全体は $\{\Gamma_1, \Gamma_2, \cdots, \Gamma_n\}$ から Γ を除いたものになる．スピン配置 $f\sigma$ のもとでは，Γ の内側のスピン配置はもとの σ とは $+, -$ が反転しているだけであり，Γ の内側に現れるコントゥアーは σ でも $f\sigma$ でも同じものとなる．すなわち，Γ 内部のスピン配置に関する『情報』は f をほどこしても変化していないということがわかる．ただ f をほどこすとコントゥアー Γ が消えるだけなのである (図 6.4)．したがって，写像 f は $B_V(\Gamma)$ 上1対1であることがわかる．

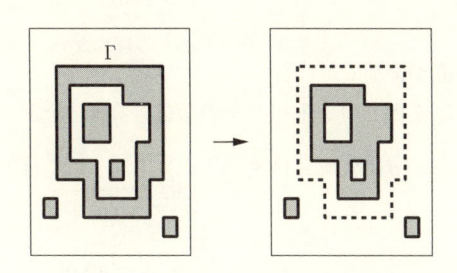

図 6.4　コントゥアー Γ を消す変換

これらのことから

$$\rho_V^\beta(\Gamma) = \frac{1}{Z_{V,+}} \sum_{\sigma \in B_V(\Gamma)} \exp\left(-\beta \sum_{\tilde{\Gamma} \in \sigma} |\tilde{\Gamma}|\right)$$

$$= \frac{1}{Z_{V,+}} \sum_{\sigma \in B_V(\Gamma)} \exp(-\beta|\Gamma|) \exp\left(-\beta \sum_{\tilde{\Gamma} \in f\sigma} |\tilde{\Gamma}|\right)$$

$$= \exp(-\beta|\Gamma|) \frac{\sum_{\sigma \in f(B_V(\Gamma))} \exp\left(-\beta \sum_{\tilde{\Gamma} \in \sigma} |\tilde{\Gamma}|\right)}{\sum_{\sigma \in \Omega_V} \exp\left(-\beta \sum_{\tilde{\Gamma} \in \sigma} |\tilde{\Gamma}|\right)}.$$

ただし,最後の等号においては f が $B_V(\Gamma)$ 上 1 対 1 であることが用いられている.したがって,

$$f(B_V(\Gamma)) = \{f\sigma; \sigma \in B_V(\Gamma)\} \subset \Omega_V$$

であるから

$$\rho_V^\beta(\Gamma) \leq \exp(-\beta|\Gamma|)$$

ということがわかる. ■

このパイエルスの不等式を用いて境界条件 ω^+ のもとで V の中心 O におけるスピンの値が -1 となる確率 $P_{V,\omega^+}(\sigma(O) = -1)$ を評価してみよう.

図からも明らかなように,境界条件 ω^+ のもとで O におけるスピンの値が -1 となるときには,必ず O を囲むコントゥアーが出現しなければならない.O を含む $-$ スピンの "かたまり" を考えると,V の境界はすべて $+$ スピンで囲まれているので,このかたまりは V の境界をこえて外へいくことができず,V の中に収まらなければならないのである.したがって,

$$P_{V,\omega^+}^\beta(\sigma(O) = -1) \leq \sum_{\substack{\Gamma : O \text{ を囲む} \\ \text{コントゥアー}}} \rho_V^\beta(\Gamma)$$

という評価が成り立つ.

$|\Gamma| = k$ となる O を囲むコントゥアーの数は,高々 $4k^2 3^{k-1}$ であるから

$$P_{V,\omega^+}^\beta(\sigma(O) = -1) \leq \sum_{k=4}^\infty \sum_{\substack{\Gamma : O \text{ を囲むコン} \\ \text{トゥアー}, |\Gamma|=k}} \rho_V^\beta(\Gamma)$$

$$\leq 4 \sum_{k=4}^\infty k^2 3^{k-1} \exp(-\beta k)$$

6.2 イジングモデルの相転移 (コントゥアーの方法)

となる．上式の最右辺は $\beta > \log 3$ のときには級数が収束する．この最右辺を $g(\beta)$ とおくと，$g(\beta) \to 0 \ (\beta \to \infty)$ となる．

したがって，β を十分大きくとると

$$P^{\beta}_{V,\omega^+}(\sigma(O) = -1) \leq g(\beta) < \frac{1}{2} \qquad (6\text{--}11)$$

とできる．この評価は V に関して一様な評価であることを注意しておく．

また，$+$ と $-$ の役割を交換することにより

$$P_{V,\omega^-}(\sigma(O) = +1) \leq g(\beta) < \frac{1}{2} \qquad (6\text{--}12)$$

とできる．

V の増大列 $\{V_n\}$ で

$$P^{\beta}_+(\cdot) = \lim_{n \to \infty} P^{\beta}_{V_n,\omega^+}(\cdot) \quad \text{および} \quad P^{\beta}_-(\cdot) = \lim_{n \to \infty} P^{\beta}_{V_n,\omega^-}(\cdot)$$

がともに存在するようなものをとると，$P^{\beta}_+(\cdot), P^{\beta}_-(\cdot)$ は無限ギブス分布で上の (6–11), (6–12) の評価が V によらないことに注意すると

$$P^{\beta}_+(\sigma(O) = -1) \leq g(\beta) < \frac{1}{2},$$

$$P^{\beta}_-(\sigma(O) = +1) \leq g(\beta) < \frac{1}{2}$$

となるから，十分大きい β に対しては

$$P^{\beta}_+(\cdot) \neq P^{\beta}_-(\cdot)$$

となる．

以上のことをまとめると次のようになる．

定理 6-6 2次元強磁性イジングモデルにおいて十分大きい β にすると，境界条件 ω^+, ω^- に関する極限ギブス分布 $P^{\beta}_+(\cdot), P^{\beta}_-(\cdot) \in \mathcal{G}(\beta, 0)$ は相異なる．したがって，十分大きい β に対して $\sharp \mathcal{G}(\beta, 0) \geq 2$ となり相転移が起こる．

7 クラスター展開

アーセル (H.D. Ursell) やメイヤー (J.E. Mayer) により導入された**クラスター展開** (cluster expansion) は，統計力学における最も有効な研究手段の 1 つである．このクラスター展開の方法は，高温領域，低温領域における相関関数や自由エネルギーなどの計算に適用され，数多くの成果を生み出してきている．

7.1 節では，クラスター展開を数学的に定式化し，7.2 節においてはその応用について述べる (詳しくは [41], [67] を参照)．

7.1 クラスター展開とは

S をある集合とする．2 次元イジングモデルへの応用を考えるときには，S としてコントゥアー全体の集合を考える．

次に，
$$\sum_{a \in S} X(a) < \infty \qquad (7\text{--}1)$$
となる写像 $X : S \to \mathbf{N}_0 = \{0, 1, \cdots\}$ の全体からなる集合 $\mathfrak{X}$ を考える．$X \in \mathfrak{X}$ に対して
$$\mathrm{supp} X = \{a \in S \,;\, X(a) > 0\}$$
とおくと，(7–1) の条件より $\mathrm{supp} X$ は有限個の要素からなる集合である．

$\mathrm{supp} X = \{a_1, a_2, \cdots, a_k\}$ で $X(a_1) = n_1, X(a_2) = n_2, \cdots, X(a_k) = n_k$ のとき，a_1 を n_1 個，a_2 を n_2 個，$\cdots$，a_k を n_k 個並べた集合を
$$\overline{X} = \{\underbrace{a_1, \cdots, a_1}_{n_1}, \underbrace{a_2, \cdots, a_2}_{n_2}, \cdots, \underbrace{a_k, \cdots, a_k}_{n_k}\}$$
とおくと，これは X と同一視される．また，
$$\overline{X} = \sum_{i=1}^{k} n_i a_i$$

と表すこともある. さらに, $\overline{X}$ の元の個数を $\sharp\overline{X}$ で表す. つまり,
$$\sharp\overline{X} = \sum_{i=1}^{k} n_i$$
である.

$\mathfrak{X}$ において,
$$(X_1 + X_2)(a) = X_1(a) + X_2(a)$$
によって和が定義される. 例えば, $X_1, X_2 \in \mathfrak{X}$ が
$$\overline{X_1} = \{a_1, a_1, a_2, a_3\}, \qquad \overline{X_2} = \{a_1, a_2, a_4\}$$
で与えられるときには,
$$\overline{X_1 + X_2} = \{a_1, a_1, a_1, a_2, a_2, a_3, a_4\}$$
によって $X_1 + X_2$ が定められる. 言い換えれば,
$$(X_1 + X_2)(a) = \begin{cases} 3 & (a = a_1), \\ 2 & (a = a_2), \\ 1 & (a = a_3 \text{ または } a_4), \\ 0 & (\text{それ以外}) \end{cases}$$
となる.

$X \in \mathfrak{X}$ に対して
$$X! = \prod_{a \in S} X(a)!$$
とおく. $X! = 1$ のときには, $\overline{X}$ の要素に重複はなく $\overline{X}$ は S の部分集合となる.

次に, この $\mathfrak{X}$ の上で定義された関数 φ で, 各 $n \geq 1$ に対して
$$\sup_{X: \sharp\overline{X}=n} |\varphi(X)| < \infty \qquad (7\text{--}2)$$
となるものの全体を考えよう. ここで, sup は $\sharp\overline{X} = n$ をみたすすべての $X \in \mathfrak{X}$ にわたってとられる. この (7--2) をみたす関数 φ の全体からなる集合を $\mathfrak{L}$ で表す. $\overline{X} = \{x_1, x_2, \cdots, x_n\}$ のとき $\varphi(X) = \varphi(x_1, x_2, \cdots, x_n)$ と表すと, φ は $x_1, x_2, \cdots, x_n$ に関して対称となる. すなわち, $x_1, , \cdots, x_n$ を並び換えたものを $x_{i_1}, \cdots, x_{i_n}$ とすると, $\{x_1, \cdots, x_n\}$ と $\{x_{i_1}, \cdots, x_{i_n}\}$ とは集合としては同じものであるから
$$\varphi(x_{i_1}, \cdots, x_{i_n}) = \varphi(x_1, \cdots, x_n)$$
となる.

7.1 クラスター展開とは

$\mathcal{L}$ に属する 2 つの関数 φ_1, φ_2 に対して積 $\varphi_1 * \varphi_2$ を

$$\varphi_1 * \varphi_2(X) = \sum_{\substack{(X_1, X_2); \\ X_1 + X_2 = X}} \frac{X!}{X_1! X_2!} \varphi_1(X_1) \varphi_2(X_2)$$

によって定義する.ここで,和は X を $\overline{X_1 + X_2} = \overline{X}$ となるように分割するすべての分割 (X_1, X_2) についてとられる.このとき,分割 (X_1, X_2) と分割 (X_2, X_1) とは別のものであると考える.

例えば,$\overline{X} = \{a_1, a_1, a_1, a_2, a_2\}$ のとき $X! = 3! \, 2!$ ですべての分割 (X_1, X_2) を書き下すと表 7.1 のようになる.

したがって,

$$\begin{aligned}
\varphi_1 * \varphi_2(X) = &\,\varphi_1(\emptyset)\varphi_2(X) + 3\varphi_1(a_1)\varphi_2(a_1, a_1, a_2, a_2) \\
&+ 3\varphi_1(a_1, a_1)\varphi_2(a_1, a_2, a_2) + \varphi_1(a_1, a_1, a_1)\varphi_2(a_2, a_2) \\
&+ 2\varphi_1(a_1, a_1, a_1, a_2)\varphi_2(a_2) + \varphi_1(X)\varphi_2(\emptyset) \\
&+ \varphi_1(a_2)\varphi_2(a_1, a_1, a_1, a_2) \\
&+ \varphi_1(a_2, a_2)\varphi_2(a_1, a_1, a_1) + 3\varphi_1(a_1, a_2, a_2)\varphi_2(a_1, a_1) \\
&+ 3\varphi_1(a_1, a_1, a_2, a_2)\varphi_2(a_1)
\end{aligned}$$

となる.

表 7.1 X の分割

X_1	X_2	$\frac{X!}{X_1! X_2!}$
$\emptyset$	X	1
$\{a_1\}$	$\{a_1, a_1, a_2, a_2\}$	3
$\{a_1, a_1\}$	$\{a_1, a_2, a_2\}$	3
$\{a_1, a_1, a_1\}$	$\{a_2, a_2\}$	1
$\{a_1, a_1, a_1, a_2\}$	$\{a_2\}$	2
X	$\emptyset$	1
$\{a_2\}$	$\{a_1, a_1, a_1, a_2\}$	2
$\{a_2, a_2\}$	$\{a_1, a_1, a_1\}$	1
$\{a_1, a_2, a_2\}$	$\{a_1, a_1\}$	3
$\{a_1, a_1, a_2, a_2\}$	$\{a_1\}$	3

この $\mathcal{L}$ における積 $*$ に関して

$$e(X) = \begin{cases} 1 & (X = \emptyset), \\ 0 & (X \neq \emptyset) \end{cases}$$

で与えられる $e \in \mathcal{L}$ が**単位元**となる.すなわち,任意の $\varphi \in \mathcal{L}$ に対して

$$\varphi * e = e * \varphi = \varphi$$

が成立する.

$\varphi(\emptyset) = 0$ となる $\varphi \in \mathcal{L}$ の全体を $\mathcal{L}_0$ で表し,$\varphi(\emptyset) = 1$ となる $\varphi \in \mathcal{L}$ の全体を $\mathcal{L}_1$ で表す.さらに,写像 $Exp : \mathcal{L}_0 \to \mathcal{L}_1$ を

$$Exp\,\varphi(X) = \sum_{n=0}^{\infty} \frac{1}{n!} \underbrace{\varphi * \cdots * \varphi}_{n}(X) \quad (\varphi \in \mathcal{L}_0)$$

$$= e(X) + \sum_{n=1}^{\infty} \frac{1}{n!} \sum_{\substack{(X_1, \cdots, X_n); \\ X_1 + \cdots + X_n = X}} \frac{X!}{X_1! \cdots X_n!} \varphi(X_1) \cdots \varphi(X_n)$$

によって定義する.ここで,$n = 0$ の項は $e(X)$ と定めた.$\sharp \overline{X} = m$ のときは,$n \geq m+1$ に対しては上式の $X_1, \cdots, X_n$ のうちどれか 1 つは空集合 $\emptyset$ となり,また $\varphi \in \mathcal{L}_0$ であるから

$$\underbrace{\varphi * \cdots * \varphi}_{n}(X) = 0$$

となる.したがって,上の級数は X ごとに有限和となるので,級数の収束については心配する必要はない.

次に,Exp の逆写像となる写像 $Log : \mathcal{L}_1 \to \mathcal{L}_0$ を

$$Log\,\varphi(X) = \sum_{n=1}^{\infty} \frac{(-1)^{n+1}}{n} \underbrace{\varphi_0 * \cdots * \varphi_0}_{n}(X)$$

で定義する.ここで,$\varphi_0 = \varphi - e$ で $\varphi_0 \in \mathcal{L}_0$ となる.

まず,この Exp と Log の間には次の関係が成り立つ.

補題 7-1 次の (1), (2) が成立する.
(1) $Exp\,(Log\,\varphi)(X) = \varphi(X) \quad (\varphi \in \mathcal{L}_1)$.
(2) $Log\,(Exp\,\varphi)(X) = \varphi(X) \quad (\varphi \in \mathcal{L}_0)$.

7.1 クラスター展開とは

関数 $\chi \in \mathcal{L}$ が

$$\chi(X_1 + X_2) = \chi(X_1) \cdot \chi(X_2)$$

をみたすとき，χ を**乗法的** (multiplicative) であるとよぶ．次に述べる定理はクラスター展開における最も重要な定理である．

定理 7-2 $\chi \in \mathcal{L}$ を乗法的な関数とし，$\varphi \in \mathcal{L}_1$ に対して $\varphi^T = Log\,\varphi$ とおく．

$$\sum_{X \in \mathfrak{x}} \frac{1}{X!} \left| \varphi^T(X) \chi(X) \right| < \infty \tag{7-3}$$

が成立するならば，

$$\sum_{X \in \mathfrak{x}} \frac{1}{X!} |\varphi(X) \chi(X)| < \infty$$

となり，

$$\sum_{X \in \mathfrak{x}} \frac{1}{X!} \varphi(X) \chi(X) = \exp\left(\sum_{X \in \mathfrak{x}} \frac{1}{X!} \varphi^T(X) \chi(X) \right) \tag{7-4}$$

が成立する．

証明 関数 $\varphi_1, \varphi_2 \in \mathcal{L}$ に対して

$$\sum_{X \in \mathfrak{x}} \frac{1}{X!} |\varphi_1(X) \chi(X)| < \infty, \qquad \sum_{X \in \mathfrak{x}} \frac{1}{X!} |\varphi_2(X) \chi(X)| < \infty$$

が成り立つとき，

$$\sum_{X \in \mathfrak{x}} \frac{1}{X!} \varphi_1 * \varphi_2(X) = \sum_{X \in \mathfrak{x}} \frac{1}{X!} \sum_{\substack{(X_1, X_2); \\ X_1 + X_2 = X}} \frac{X!}{X_1! X_2!} \varphi_1(X_1) \varphi_2(X_2)$$

$$= \left(\sum_{X \in \mathfrak{x}} \frac{1}{X!} \varphi_1(X) \right) \left(\sum_{X \in \mathfrak{x}} \frac{1}{X!} \varphi_2(X) \right)$$

となることに注意しよう．

(7–3) が成り立つとする．補題 7-1 より，$\varphi = Exp\,\varphi^T$ であるから，

$$\sum_{X \in \mathfrak{x}} \frac{|\varphi(X) \chi(X)|}{X!} = \sum_{X \in \mathfrak{x}} \frac{1}{X!} |\chi(X)| \cdot \left| \sum_{n=0}^{\infty} \frac{1}{n!} \underbrace{\varphi^T * \cdots * \varphi^T}_{n}(X) \right|$$

$$\leq \sum_{n=0}^{\infty} \frac{1}{n!} \sum_{X \in \mathfrak{x}} \frac{1}{X!} |\chi(X)| \cdot \left| \underbrace{\varphi^T * \cdots * \varphi^T}_{n}(X) \right|$$

$$\leq \sum_{n=0}^{\infty} \frac{1}{n!} \sum_{X \in \mathfrak{X}} \sum_{\substack{(X_1,\cdots,X_n); \\ X_1+\cdots+X_n=X}} \prod_{i=1}^{n} \frac{\left|\varphi^T(X_i)\chi(X_i)\right|}{X_i!}$$

$$= \sum_{n=0}^{\infty} \frac{1}{n!} \left(\sum_{X \in \mathfrak{X}} \frac{1}{X!} \left|\varphi^T(X)\chi(X)\right| \right)^n$$

$$= \exp\left(\sum_{X \in \mathfrak{X}} \frac{1}{X!} \left|\varphi^T(X)\chi(X)\right| \right) < \infty$$

となり,

$$\sum_{X \in \mathfrak{X}} \frac{1}{X!} \varphi(X)\chi(X)$$

$$= \sum_{X \in \mathfrak{X}} \frac{1}{X!} \sum_{n=0}^{\infty} \frac{1}{n!}$$

$$\times \sum_{\substack{(X_1,\cdots,X_n); \\ X_1+\cdots+X_n=X}} \frac{X!}{X_1! \cdots X_n!} \varphi(X_1)\cdots\varphi(X_n)\chi(X_1+\cdots+X_n)$$

$$= \sum_{n=0}^{\infty} \frac{1}{n!} \left(\sum_{X \in \mathfrak{X}} \frac{1}{X!} \varphi^T(X)\chi(X) \right)^n$$

$$= \exp\left(\sum_{X \in \mathfrak{X}} \frac{1}{X!} \varphi^T(X)\chi(X) \right)$$

が成立する. ∎

この $\varphi^T(X)$ を**アーセル関数** (Ursell function) とよぶ. 統計力学においては, 関数 φ として

$$\varphi(X) = \prod_{i=1}^{n} z(a_i) \prod_{\{i,j\}} (1 + f(a_i, a_j))$$
$$(\overline{X} = \{a_1,\cdots,a_n\}) \tag{7-5}$$

という形で与えられるものを考える場合が多い. ここで, $z(\cdot)$ は S 上の関数で, $f(\cdot,\cdot)$ は $f(a,b) = f(b,a)$ をみたす S 上の 2 変数関数である.

7.2 節以後において述べる応用例に関しても, φ として上の形で表されるものを考える.

φ が (7-5) の形に与えられたとき, $\varphi^T = Log\,\varphi$ がどのような形に書けるかを考えていこう. そのためにグラフについての概念を導入しておく.

7.1 クラスター展開とは

$V = \{1, \cdots, n\}$ を頂点の集合とし,すべての $i, j \in V$ ($i \neq j$) の間に線分を引いてつくった『図形』を**完全グラフ** (complete graph) とよび,この線分を**ボンド** (bond) とよぶ.また,頂点 i, j を両端とするボンド b を $b = \{i, j\}$ と表す.

例えば,$V = \{1, 2, 3, 4, 5\}$ のときの完全グラフは図 7.1 のように与えられる.

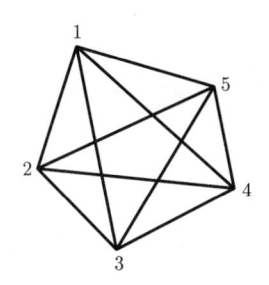

図 7.1 完全グラフ

$V = \{1, \cdots, n\}$ を頂点の集合としてもつ完全グラフを G_n で表し,G_n からいくつかのボンドを取り除いたもの G を G_n の**部分グラフ** (subgraph) とか単に**グラフ**とよぶ.また,このとき $G \subset G_n$ と表す.グラフ G のボンド全体の集合を $B(G)$ で表し,頂点全体の集合を $V(G)$ で表す.この場合は $V(G) = \{1, \cdots, n\}$ である.

一般に,2 つのグラフ G_1, G_2 に関して『$G_1 \subset G_2$』を

$$G_1 \subset G_2 \iff V(G_1) = V(G_2) \text{ かつ } B(G_1) \subset B(G_2) \qquad (7\text{--}6)$$

によって定義する.

グラフ G において,任意の 2 つの異なった頂点 i, j に対して i から j まで G のボンドを通って行きつけるとき,G は**連結グラフ** (connected graph) であるという.

X が $\overline{X} = \{a_1, \cdots, a_n\}$ で与えられているとき,グラフ $G(X) = G(a_1, \cdots, a_n)$ を

$$V(G(a_1, \cdots, a_n)) = \{1, \cdots, n\},$$
$$B(G(a_1, \cdots, a_n)) = \{\{i, j\}; f(a_i, a_j) \neq 0\}$$

で定義する.すなわち,$G(a_1, \cdots, a_n)$ は $\{1, \cdots, n\}$ を頂点の集合とし,$f(a_i, a_j) \neq 0$ となる i と j の間にボンドを引いて得られるグラフである.

補題 7-3 関数 φ が (7–5) で与えられるとき, $\varphi^T(X)$ は $\overline{X} = \{a_1, \cdots, a_n\}$ に対して

$$\varphi^T(X) = \prod_{i=1}^n z(a_i) \sum_{C \subset G_n : \text{conn.}} \prod_{\{i,j\} \in B(C)} f(a_i, a_j) \qquad (7\text{--}7)$$

で与えられる. ここで, 和は G_n のすべての連結グラフ C にわたってとられることを意味する. conn. は connected (連結) の略である. また, $B(C) = \emptyset$ のときには上の積は 1 の値をとるとする.

したがって,

$$G(a_1, \cdots, a_n) \text{ が連結でない} \Longrightarrow \varphi^T(X) = 0$$

が成立する.

証明 (7–7) だけを示せば十分である. そこで,

$$\psi(X) = \prod_{i=1}^n z(a_i) \sum_{C \subset G_n : \text{conn.}} \prod_{\{i,j\} \in B(C)} f(a_i, a_j)$$

$$(\overline{X} = \{a_1, \cdots, a_n\})$$

とおき,

$$\text{Exp}\,\psi(X) = \varphi(X)$$

となることを示そう.

一般に, 数列 $\{x_i\}_{i \in A}$ に対して

$$\prod_{i \in A} (1 + x_i) = \sum_{B \subset A} \prod_{i \in B} x_i$$

が成り立つことに注意すると, (7–5) より

$$\varphi(X) = \prod_{i=1}^n z(a_i) \prod_{\{i,j\} \in B(G_n)} \{1 + f(a_i, a_j)\}$$

$$= \prod_{i=1}^n z(a_i) \sum_{G \subset G_n} \prod_{\{i,j\} \in B(G)} f(a_i, a_j) \qquad (7\text{--}8)$$

となる.

ここで, G を連結成分の和 $C_1, \cdots, C_k$ に分解する. すなわち, 各 C_i は連結グラフで

$$V(C_1) \cup \cdots \cup V(C_k) = \{1, \cdots, n\},$$

$$V(C_i) \cap V(C_j) = \emptyset \qquad (i \neq j),$$

$$B(G) = B(C_1) \cup \cdots \cup B(C_k),$$

$$B(C_i) \cap B(C_j) = \emptyset \qquad (i \neq j)$$

となる (図 7.2).

7.1 クラスター展開とは

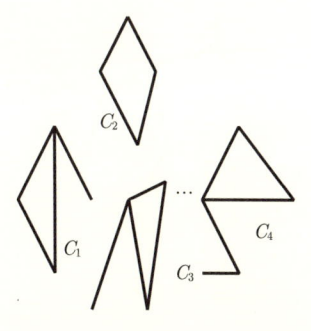

図 7.2 連結グラフへの分解

このとき, (7-8) より

$$\varphi(X) = \prod_{i=1}^{n} z(a_i) \sum_{k=1}^{n} \sum_{\substack{\{C_1,\cdots,C_k\}; \\ \text{各 } C_i \subset G_n:\text{conn.}, \\ V(C_1)\cup\cdots\cup V(C_k)=\{1,\cdots,n\}, \\ V(C_i)\cap V(C_j)=\emptyset \ (i\neq j)}} \prod_{m=1}^{k} \left(\prod_{\{i,j\}\in B(C_m)} f(a_i,a_j) \right)$$

$$= \prod_{i=1}^{n} z(a_i) \sum_{k=1}^{n} \sum_{\substack{\{Y_1,\cdots,Y_k\}, \\ Y_1\cup\cdots\cup Y_k=\{1,\cdots,n\}, \\ Y_i\cap Y_j=\emptyset \ (i\neq j)}} \prod_{m=1}^{k} \left(\sum_{\substack{C\subset G_n:\text{conn.}, \\ V(C)=Y_m}} \prod_{\{i,j\}\in B(C)} f(a_i,a_j) \right)$$

$$= \sum_{k=1}^{n} \frac{1}{k!} \sum_{\substack{(Y_1,\cdots,Y_k), \\ Y_1\cup\cdots\cup Y_k=\{1,\cdots,n\}, \\ Y_i\cap Y_j=\emptyset \ (i\neq j)}} \prod_{m=1}^{k} \left(\prod_{i\in Y_m} z(a_i) \sum_{\substack{C\subset G_n:\text{conn.}, \\ V(C)=Y_m}} \prod_{\{i,j\}\in B(C)} f(a_i,a_j) \right)$$

$$= \sum_{k=1}^{n} \frac{1}{k!} \sum_{\substack{(X_1,\cdots,X_k), \\ X_1+\cdots+X_k=X}} \frac{X!}{X_1!\cdots X_k!} \prod_{m=1}^{k} \psi(X_m) = Exp\,\psi(X)$$

となる. ∎

アーセル関数 $\varphi^T(X)$ の木による表現

ここでは, 『木 (tree)』という概念を導入し, これを用いたアーセル関数 $\varphi^T(X)$ の新たな表現を求めよう.

連結グラフであって, 『閉路』のないグラフを木とよぶ. 言い換えれば, 木とは連結グラフであってそれから任意のボンドを取り除いたとき連結でなくなるものである (図 7.3).

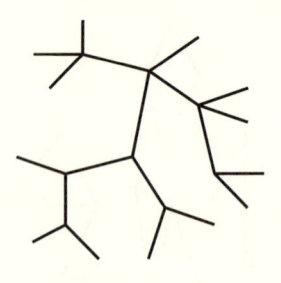

図 7.3 木の図

$V(C) = \{1, 2, \cdots, n\}$ となる連結グラフ C を考える．各頂点 i に対して 1 からの『近さ』を表す**重み関数** (weight function) $w(i)$ を

$$w(i) = \begin{cases} 0 & (i = 1), \\ 1 \text{ から } i \text{ までに達するのに通ったボンドの最小数} & (i \neq 1) \end{cases}$$

によって定義する．

(7–7) において，$\varphi^T(X)$ は $G(X) = G(a_1, \cdots, a_n)$ の連結グラフ C についての和として表されるが，この C から木 $\mathfrak{T}(C)$ を次の 2 つの操作から構成しよう．

第 1 の操作: $w(i) = w(j)$ となるボンド $\{i, j\}$ をすべて C から除く．

第 1 の操作の後で C から C' に変わったとすると C' は連結である．

第 2 の操作: 頂点 $i \neq 1$ から $w(j) = w(i) - 1$ なる 2 つ以上の頂点 j にボンドでつながっているとき，これらのボンドのうち j が最小となるボンドを残して残りのボンドをすべて C' から除く．

この 2 つの操作の後，C から得られるグラフを $\mathfrak{T}(C)$ とすると $\mathfrak{T}(C)$ は木になっており，$\mathfrak{T}(C)$ の各頂点 i の重み関数 $w(i)$ は C における重み関数と同じである．図 7.4 の第 1 の図にもとの状態が示されており，頂点の番号の次の（ ）内に重み関数の値が示されている．次の図が第 1 の操作後の図で最後の図が第 2 の操作後に得られる木 $\mathfrak{T}(C)$ である．

逆に $\{1, 2, \cdots, n\}$ を頂点の集合とする木 $\hat{\mathfrak{T}}$ が与えられたときには，$\mathfrak{T}(C) = \hat{\mathfrak{T}}$ となる連結グラフ C をすべて再構成することができる．$\hat{\mathfrak{T}}$ の各頂点 $i \neq 1$ に対して $w(i') = w(i) - 1$ となる頂点 i' がただ 1 つ定まっているが，各 i ごと $\hat{\mathfrak{T}}$ に

7.1 クラスター展開とは

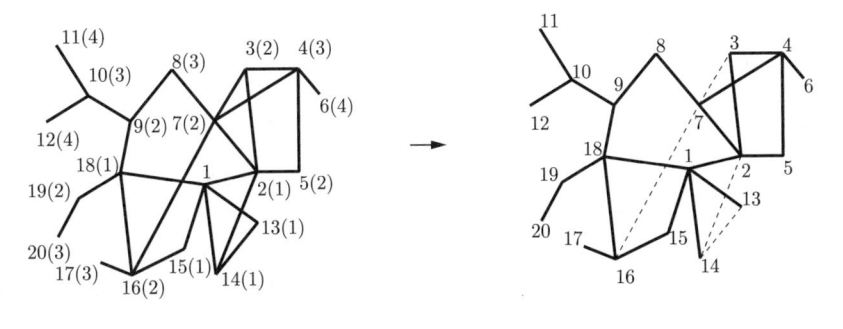

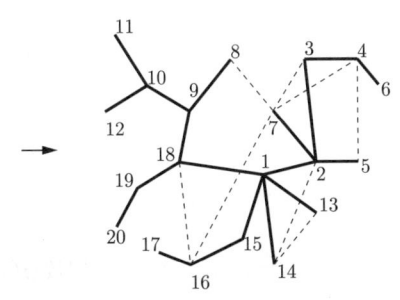

図 7.4 グラフ $\mathfrak{T}(C)$

(1) $w(j) = w(i) - 1$ で $j > i'$ となるボンド $\{i, j\}$,

(2) $w(j) = w(i)$ となるボンド $\{i, j\}$

を付け加えていくことによって C を再構成することができる.

$\overline{X} = \{a_1, \cdots, a_n\}$ と $\hat{\mathfrak{T}} \subset G(a_1, \cdots, a_n)$ となる木 $\hat{\mathfrak{T}}$ とが与えられたとする. このとき, $\mathfrak{T}(C) = \hat{\mathfrak{T}}$ となる連結グラフ $C \subset G(a_1, \cdots, a_n)$ で, (7.6) で定義されたグラフの包含関係に関して最大となるものがある. それを $C^*(\hat{\mathfrak{T}})$ で表そう.

この $C^*(\hat{\mathfrak{T}})$ は $\hat{\mathfrak{T}}$ の各頂点 $i \neq 1$ ごと, $\hat{\mathfrak{T}}$ に上の (1) の条件をみたすすべてのボンド $\{i, j\}$ を加え, さらに (2) の条件をみたすすべてのボンド $\{i, j\}$ を加えることによって得られる.

また, このとき $\mathfrak{T}(C) = \hat{\mathfrak{T}}$ となる $G(a_1, \cdots, a_n)$ の連結グラフ C 全体の集合は

$$\{C; \hat{\mathfrak{T}} \subset C \subset C^*(\hat{\mathfrak{T}})\}$$

と表すことができる.

したがって, (7-7) より

$$
\frac{\varphi^T(a_1,\cdots,a_n)}{\prod_{i=1}^{n} z(a_i)}
$$

$$
= \sum_{\substack{\hat{\mathcal{T}} \subset G(a_1,\cdots,a_n), \\ \hat{\mathcal{T}}: \text{木}}} \sum_{\hat{\mathcal{T}} \subset C \subset C^*(\hat{\mathcal{T}})} \prod_{\{i,j\} \in B(C)} f(a_i, a_j)
$$

$$
= \sum_{\substack{\hat{\mathcal{T}} \subset G(a_1,\cdots,a_n), \\ \hat{\mathcal{T}}: \text{木}}} \prod_{\{i,j\} \in B(\hat{\mathcal{T}})} f(a_i, a_j) \sum_{\hat{\mathcal{T}} \subset C \subset C^*(\hat{\mathcal{T}})} \prod_{\{i,j\} \in B(C) \setminus B(\hat{\mathcal{T}})} f(a_i, a_j)
$$

$$
= \sum_{\substack{\hat{\mathcal{T}} \subset G(a_1,\cdots,a_n), \\ \hat{\mathcal{T}}: \text{木}}} \prod_{\{i,j\} \in B(\hat{\mathcal{T}})} f(a_i, a_j) \prod_{\{i,j\} \in B(C^*(\hat{\mathcal{T}})) \setminus B(\hat{\mathcal{T}})} (1 + f(a_i, a_j))
$$

となる.

以上のことを補題としてまとめると次のようになる.

補題 7-4 関数 φ が (7-5) で与えられるとき, アーセル関数 $\varphi^T(a_1,\cdots,a_n)$ は

$$
\varphi^T(a_1,\cdots,a_n)
$$

$$
= \sum_{\substack{\hat{\mathcal{T}} \subset G(a_1,\cdots,a_n), \\ \hat{\mathcal{T}}: \text{木}}} \prod_{\{i,j\} \in B(\hat{\mathcal{T}})} f(a_i, a_j) \prod_{\{i,j\} \in B(C^*(\hat{\mathcal{T}})) \setminus B(\hat{\mathcal{T}})} (1 + f(a_i, a_j))
$$

と表される.

7.2 2次元イジングモデルへの応用

ここでは 7.1 節で展開した議論を 2 次元イジングモデルに適用することを試みる.

$\Lambda = \{t = (t_1, t_2) \in \mathbf{Z}^2; -L \leq t_1, t_2 \leq L\}$ とし, Λ の外側に+境界条件をつけ, さらに外部磁場 0 として 2 次元イジングモデルを考えよう.

6 章で述べたように, Λ におけるスピン配置 $\sigma \in \Omega_\Lambda = \{+1, -1\}^\Lambda$ はコントゥアーの組 $\{\gamma_1, \cdots, \gamma_n\}$ で表され, その確率分布は

$$P_{\Lambda,+}^\beta(\sigma) = \frac{1}{Z_{\Lambda,+}^\beta} \exp\left(-\beta \sum_{i=1}^n |\gamma_i|\right) \tag{7-9}$$

7.2 2次元イジングモデルへの応用

で与えられる.

特に,分配関数 $Z^\beta_{\Lambda,+}$ は

$$Z^\beta_{\Lambda,+} = \sum_{n=0}^\infty \sum_{\{\gamma_1,\cdots,\gamma_n\}} \prod_{i=1}^n \chi_\Lambda(\gamma_i)\exp(-\beta|\gamma_i|)$$
$$\times \prod_{\{i,j\};1\leq i\neq j\leq n}(1+f(\gamma_i,\gamma_j)) \tag{7-10}$$

と表される.ここで,和は $\mathbf{Z}^2$ におけるコントゥアーのすべての組 $(\gamma_1,\cdots,\gamma_n)$ $(n\geq 0)$ にわたる和で,$\chi_\Lambda(\gamma)$,$f(\gamma_i,\gamma_j)$ は

$$\chi_\Lambda(\gamma) = \begin{cases} 1 & (\gamma\subset\Lambda), \\ 0 & (\text{それ以外}), \end{cases}$$

$$f(\gamma_i,\gamma_j) = \begin{cases} 0 & (\gamma_i\cap\gamma_j=\emptyset), \\ -1 & (\text{それ以外}) \end{cases}$$

で与えられる.

S を $\mathbf{Z}^2$ におけるコントゥアー全体の集合とし,$\mathfrak{X}$ を 7.1 節と同じように定め,$\overline{X}=\{\gamma_1,\cdots,\gamma_n\}$ なる $X\in\mathfrak{X}$ に対して関数 $\alpha(X)$ を

$$\alpha(X)=\prod_{1\leq i\neq j\leq n}(1+f(\gamma_i,\gamma_j)) \tag{7-11}$$

で定める.ここで,$X!\neq 1$ ならば $\alpha(X)=0$ となることに注意しよう.

$$|X|=\sum_{\gamma\in\mathrm{supp}X}|\gamma|X(\gamma)$$

とおくと,$e^{-|X|}$ を $X\in\mathfrak{X}$ の関数とみると乗法的である.

このとき,Λ における+境界条件のもとでの分配関数は

$$Z^\beta_{\Lambda,+} = \sum_{X\in\mathfrak{X}}\alpha(X)e^{-\beta|X|}\chi_\Lambda(X) \tag{7-12}$$

と表される.ここで,

$$\chi_\Lambda(X) = \begin{cases} 1 & (\mathrm{supp}X\subset\Lambda), \\ 0 & (\text{それ以外}) \end{cases}$$

である.明らかにこの関数も乗法的である.

それでは,α が (7-11) で与えられるときアーセル関数はどのような形に表されるであろうか.

$f(\gamma_i, \gamma_j)$ が上の形で与えられるとき,補題 7-4 の $\hat{\mathcal{T}} \subset G(\gamma_1, \cdots, \gamma_n)$ の和において,$\hat{\mathcal{T}} = C^*(\hat{\mathcal{T}})$ 以外では $B(C^*(\hat{\mathcal{T}})) \setminus B(\hat{\mathcal{T}}) \neq \emptyset$ であるので,これらの項は 0 になるので,アーセル関数は

$$\alpha^T(\gamma_1, \cdots, \gamma_n) = \sum_{\substack{\hat{\mathcal{T}} \subset G(\gamma_1, \cdots, \gamma_n): \text{木}, \\ C^*(\hat{\mathcal{T}}) = \hat{\mathcal{T}}}} \prod_{\{i,j\} \in B(\hat{\mathcal{T}})} f(\gamma_i, \gamma_j)$$

$$= \sum_{\substack{\hat{\mathcal{T}} \subset G(\gamma_1, \cdots, \gamma_n): \text{木}, \\ C^*(\hat{\mathcal{T}}) = \hat{\mathcal{T}}}} (-1)^{|B(\hat{\mathcal{T}})|} \quad (7\text{--}13)$$

と表される.ここで,$|B(\hat{\mathcal{T}})|$ は $\hat{\mathcal{T}}$ のボンドの個数である.

頂点 i に対して,i から出ているボンドの数を $d(i)$ で表し,これを i の**結合数** (incidence number) とよぶ.

結合数が $d(1), \cdots, d(n)$ となる n 個の頂点 $\{1, \cdots, n\}$ をもつ木の数は

$$\binom{n-2}{d(1)-1, \cdots, d(n)-1} = \frac{(n-2)!}{(d(1)-1)! \cdots (d(n)-1)!} \quad (7\text{--}14)$$

で与えられる[1]).

$t_0 \in (\mathbf{Z}^2)^*$ を任意に固定し,

$$C_\beta = \sum_{\gamma \ni t_0} \exp(-\beta |\gamma|) \cdot \exp(|\gamma|)$$

とおく.ここで,和は t_0 を通るすべてのコントゥアーにわたってとられる.$|\gamma| = k$ となり,$\gamma \ni t_0$ となるコントゥアーの数は $4 \cdot 3^{k-1} k$ で上から評価されるから,$\beta > \log 3$ のときには

$$C_\beta \leq \sum_{k=4}^\infty e^{-\beta k} 4 \cdot 3^{k-1} k < \infty$$

となる.さらに $\beta \to \infty$ のとき,C_β は指数オーダーで 0 に収束する.

補題 7-5 $C_\beta < \infty$ のとき

$$\sum_{\gamma_1 \ni t_0} \sum_{\gamma_2} \cdots \sum_{\gamma_n} |\alpha^T(\gamma_1, \cdots, \gamma_n)| \prod_{i=1}^n e^{-\beta |\gamma_i|} \leq (n-1)! C_\beta^n \quad (7\text{--}15)$$

となる.γ_1 についての和は t_0 を通るコントゥアー全体についての和である.

---

1) この証明は n に関する帰納法で示せばよいが,詳しくは組み合わせ数学に関する "Combinatorial Problems and Exercises" (László Lovász 著,North Holland) の §4 の 1 を参照のこと.

7.2 2次元イジングモデルへの応用　　　　　　　　　　　　　　　　　　149

証明 (7–13) より

$$\sum_{\gamma_1 \ni t_0} \sum_{\gamma_2} \cdots \sum_{\gamma_n} |\alpha^T(\gamma_1, \cdots, \gamma_n)| \prod_{i=1}^{n} e^{-\beta|\gamma_i|}$$

$$\leq \sum_{\gamma_1 \ni t_0} \sum_{\gamma_2} \cdots \sum_{\gamma_n} \sum_{\mathcal{T} \subset G(\gamma_1,\cdots,\gamma_n):\text{木}} \prod_{\{i,j\} \in B(\mathcal{T})} |f(\gamma_i, \gamma_j)| \prod_{i=1}^{n} e^{-\beta|\gamma_i|}$$

$$= \sum_{\mathcal{T} \subset G_n:\text{木}} \sum_{\gamma_1 \ni t_0} \sum_{\gamma_2} \cdots \sum_{\gamma_n} \prod_{\{i,j\} \in B(\mathcal{T})} |f(\gamma_i, \gamma_j)| \prod_{i=1}^{n} e^{-\beta|\gamma_i|}$$

となる．最後の式において，$\gamma_1, \cdots, \gamma_n$ の和は $\gamma_1 \ni \gamma_0$，$\mathcal{T} \subset G(\gamma_1, \cdots, \gamma_n)$ となるすべての $\gamma_1, \cdots, \gamma_n$ に関してとられる．

木 $\mathcal{T} \subset G_n$ の頂点 $1, \cdots, n$ の結合数が $d(1), \cdots, d(n)$ で与えられているとする．

図 7.5 のように木 $\mathcal{T}$ の 1 以外の端点，すなわち $k \geq 2$ で $d(k) = 1$ となる 1 つの頂点を k とし，k とボンドで結ばれている頂点を $p(k)$ とする（$d(k) = 1$ であるから，$p(k)$ は一意的に定まる）．このような k について γ_k の和を上から評価すると

$$\sum_{\gamma_k} \prod_{\{i,j\} \in B(\mathcal{T})} |f(\gamma_i, \gamma_j)| \prod_{i=1}^{n} e^{-\beta|\gamma_i|}$$

$$\leq \left(|\gamma_{p(k)}| \sum_{\gamma \ni O} e^{-\beta|\gamma|} \right) \prod_{\{i,j\} \in B(\tilde{\mathcal{T}})} |f(\gamma_i, \gamma_j)| \prod_{1 \leq i \leq n; i \neq k} e^{-\beta|\gamma_i|}$$

となる．ここで，$\tilde{\mathcal{T}}$ は $\mathcal{T}$ から頂点 k とボンド $\{k, p(k)\}$ を取り除いた木である．

A_1 を木 $\mathcal{T}$ における $d(k) = 1$ となる頂点 $k (\geq 2)$ 全体の集合とし，$\mathcal{T}$ から A_1 の頂点およびそれらに連結するボンドを取り除いた木を $\mathcal{T}_1^c$ で表す．

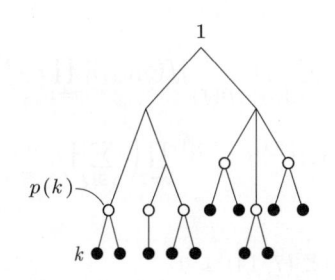

図 7.5　●：A_1 の点，○：A_2 の点

また, $V(\mathcal{T}) \setminus A_1 = \{1, \cdots, m\}$ とし, $k \in A_1$ に対して k とボンドで結ばれている唯一の頂点を前と同様に $p(k)$ で表す. このとき,

$$\sum_{\gamma_1 \ni t_0} \sum_{\gamma_2} \cdots \sum_{\gamma_n} \prod_{\{i,j\} \in B(\mathcal{T})} |f(\gamma_i, \gamma_j)| \prod_{i=1}^{n} e^{-\beta|\gamma_i|}$$
$$\leq \sum_{\gamma_1 \ni t_0} \sum_{\gamma_2} \cdots \sum_{\gamma_m} \prod_{k \in A_1} \left(|\gamma_{p(k)}| \sum_{\gamma_k \ni O} e^{-\beta|\gamma_k|} \right)$$
$$\times \prod_{\{i,j\} \in B(\mathcal{T}_1^c)} |f(\gamma_i, \gamma_j)| \prod_{i=1}^{m} e^{-\beta|\gamma_i|} \qquad (7\text{–}16)$$

の評価が成立する.

次に, $\mathcal{T}_1^c$ における 1 以外の端点全体の集合 ($\mathcal{T}_1^c$ における結合数が 1 となる頂点の全体) を A_2 とし, $V(\mathcal{T}) \setminus (A_1 \cup A_2) = \{1, \cdots, q\}$ とおくと, (7–16) と同様にして

$$\sum_{\gamma_1 \ni t_0} \sum_{\gamma_2} \cdots \sum_{\gamma_n} \prod_{\{i,j\} \in B(\mathcal{T})} |f(\gamma_i, \gamma_j)| \prod_{i=1}^{n} e^{-\beta|\gamma_i|}$$
$$\leq \sum_{\gamma_1 \ni t_0} \sum_{\gamma_2} \cdots \sum_{\gamma_q} \prod_{k \in A_1} \left(\sum_{\gamma_k \ni O} e^{-\beta|\gamma_k|} \right) \prod_{k \in A_2} \left(\sum_{\gamma_k \ni O} |\gamma_k|^{d(k)-1} e^{-\beta|\gamma_k|} \right)$$
$$\times \left(\prod_{k \in A_2} |\gamma_{p(k)}| \right) \prod_{\{i,j\} \in B(\mathcal{T}_2^c)} |f(\gamma_i, \gamma_j)| \prod_{i=1}^{q} e^{-\beta|\gamma_i|}$$

となる. ここで, $\mathcal{T}_2^c$ は $\mathcal{T}_1^c$ より A_2 の頂点およびそれらに結合するすべてのボンドを取り除いた木であり, また

$$\prod_{k \in A_1} |\gamma_{p(k)}| = \prod_{k \in A_2} |\gamma_k|^{d(k)-1}$$

となることを用いた. この操作を繰り返すことにより

$$\sum_{\gamma_1 \ni t_0} \sum_{\gamma_2} \cdots \sum_{\gamma_n} \prod_{\{i,j\} \in B(\mathcal{T})} |f(\gamma_i, \gamma_j)| \prod_{i=1}^{n} e^{-\beta|\gamma_i|}$$
$$\leq \sum_{\gamma_1 \ni t_0} |\gamma_1|^{d(1)} e^{-\beta|\gamma_1|} \prod_{k=2}^{n} \left(\sum_{\gamma \ni O} |\gamma|^{d(k)-1} e^{-\beta|\gamma|} \right)$$

となる評価が得られる.

したがって, 上の評価と (7–14) より

7.2　2次元イジングモデルへの応用

$$\sum_{\gamma_1 \ni t_0} \sum_{\gamma_2} \cdots \sum_{\gamma_n} |\alpha^T(\gamma_1, \cdots, \gamma_n)| \prod_{i=1}^{n} e^{-\beta|\gamma_i|}$$

$$\leq \sum_{\substack{d(1) \geq 1, \cdots, d(n) \geq 1; \\ d(1)+\cdots+d(n)=2n-2}} \frac{(n-2)!}{(d(1)-1)! \cdots (d(n)-1)!}$$

$$\times \left(\sum_{\gamma_1 \ni t_0} |\gamma_1|^{d(1)} e^{-\beta|\gamma_1|} \right) \prod_{k=2}^{n} \left(\sum_{\gamma \ni O} |\gamma|^{d(k)-1} e^{-\beta|\gamma|} \right)$$

（ここで，$d(1) \leq (n-1)$ だから）

$$\leq \sum_{\substack{d(1) \geq 1, \cdots, d(n) \geq 1; \\ d(1)+\cdots+d(n)=2n-2}} \frac{(n-1)!}{d(1)!\,(d(2)-1)! \cdots (d(n)-1)!}$$

$$\times \left(\sum_{\gamma_1 \ni t_0} |\gamma_1|^{d(1)} e^{-\beta|\gamma_1|} \right) \prod_{k=2}^{n} \left(\sum_{\gamma \ni O} |\gamma|^{d(k)-1} e^{-\beta|\gamma|} \right)$$

$$\leq (n-1)! \left(\sum_{\gamma \ni O} \sum_{d=0}^{\infty} \frac{1}{d!} |\gamma|^d e^{-\beta|\gamma|} \right)^n$$

$$\leq (n-1)!\, C_\beta^n$$

となる． ∎

次に，分配関数 $Z_{\Lambda,+}^{\beta}$ のクラスター展開を求めよう．

補題 7-5 より

$$\sum_{X \in \mathfrak{X}} e^{-\beta|X|} \chi_\Lambda(X) \frac{|\alpha^T(X)|}{X!}$$

$$\leq \sum_{t_0 \in \Lambda} \sum_{n=1}^{\infty} \frac{n}{n!} \sum_{\gamma_1 \ni t_0} \sum_{\gamma_2} \cdots \sum_{\gamma_n} |\alpha^T(\gamma_1, \cdots, \gamma_n)| \prod_{i=1}^{n} e^{-\beta|\gamma_i|}$$

$$\leq |\Lambda| \sum_{n=1}^{\infty} C_\beta^n$$

となる．したがって，次の定理が得られる．

定理 7-6 $C_\beta < 1$ のとき，次の (1)〜(3) が成立する．

(1) t_0 を任意の点とすると，次の評価が得られる．

$$\sum_{X \in \mathfrak{X}} e^{-\beta|X|} \frac{|\alpha^T(X)|}{X!} \leq \frac{C_\beta}{1 - C_\beta}.$$

(2) $\Lambda \subset \mathbf{Z}^2$ を 1 辺 $2L+1$ の正方形とすると $Z_{\Lambda,+}^{\beta}$ は次のように表される．

$$Z_{\Lambda,+}^{\beta} = \exp\Big(\sum_{X \in \mathfrak{x}} e^{-\beta|X|} \chi_\Lambda(X) \frac{\alpha^T(X)}{X!}\Big)$$
$$= \exp\Big(\sum_{n=1}^{\infty} \frac{1}{n!} \sum_{\gamma_1 \subset \Lambda} \cdots \sum_{\gamma_n \subset \Lambda} \alpha^T(\gamma_1, \cdots, \gamma_n) \prod_{i=1}^{n} e^{-\beta|\gamma_i|}\Big).$$

ここで，指数関数の中の級数は絶対収束する．

(3) このとき
$$f(\beta) = \lim_{\Lambda \to \mathbf{Z}^2} \frac{1}{|\Lambda|} \ln Z_{\Lambda,+}^{\beta}$$
$$= \sum_{n=1}^{\infty} \frac{1}{n!} \sum_{\gamma_1; f(\gamma_1)=O} \sum_{\gamma_2} \cdots \sum_{\gamma_n} \alpha^T(\gamma_1, \cdots, \gamma_n) \prod_{i=1}^{n} e^{-\beta|\gamma_i|}$$

となり，右辺の級数も絶対収束である．

ここで，$f(\gamma_1)$ は γ_1 の第 1 座標が最小となる点の中で第 2 座標が最小となる点である (図 7.6)．

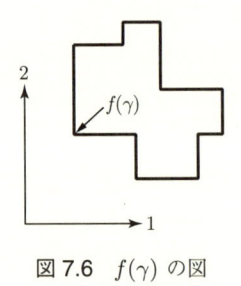

図 7.6 $f(\gamma)$ の図

証明 (7–15) と定理 7-2 より (1), (2) の証明は明らかであるので，(3) のみを示す．

$G(X)$ が連結でないときには，$\alpha^T(X) = 0$ となることに注意すると

$$\log Z_{\Lambda,+}^{\beta} = \sum_{X; \mathrm{supp} X \subset \Lambda} e^{-\beta|X|} \frac{\alpha^T(X)}{X!}$$
$$= \sum_{X; f(X) \in \Lambda} e^{-\beta|X|} \frac{\alpha^T(X)}{X!} - \sum_{\substack{X; f(X) \in \Lambda, \\ \mathrm{supp} X \cap \partial \Lambda \neq \emptyset}} e^{-\beta|X|} \frac{\alpha^T(X)}{X!}$$
$$(7\text{--}17)$$

となる．ここで，$\partial \Lambda$ は Λ の境界であり，$f(X)$ は $\mathrm{supp}\, X$ の第 1 座標が最小となる点の中で第 2 座標が最小となる点である．

7.2 2次元イジングモデルへの応用　　　　　　　　　　　　　　　153

$\alpha^T(X)$ が X のシフトに関して不変であることを用いると，(7–17) の右辺第 1 項 I_1 は

$$I_1 = |\Lambda| \sum_{X; f(X)=O} e^{-\beta|X|} \frac{\alpha^T(X)}{X!}$$

となり，第 2 項 I_2 は

$$|I_2| \leq |\partial\Lambda| \sum_{X \ni O} e^{-\beta|X|} \frac{|\alpha^T(X)|}{X!}$$

となる．ここで，上の和は $\operatorname{supp} X \ni O$ となる $X \in \mathfrak{X}$ についての和を表す．これより (3) の証明はただちに得られる． ∎

注意　　$\beta_0 = \inf\left(\beta > 0;\ C_\beta = \sum_{\gamma \ni O} \exp\{-(\beta-1)|\gamma|\} < 1\right)$

とおくと β_0 は明らかに有限値をとり，$\beta > \beta_0$ のときには，定理 7-6 (1)〜(3) が成り立つ．

外側コントゥアーの相関関数

Λ におけるスピン配置 $\sigma \in \Omega_\Lambda = \{+1, -1\}^\Lambda$ がコントゥアーの組 $\{\gamma_1, \cdots, \gamma_n\}$ で表されているとき，他のコントゥアーに囲まれない一番外側のコントゥアーを**外側コントゥアー** (outer contour) とよぶ．6 章でコントゥアーに関する相関関数 $\rho_\Lambda^\beta(\cdot)$ を導入したが，ここでも外側コントゥアーの相関関数を定義しよう．

スピン配置 $\sigma \in \Omega_\Lambda$ のもとでの外側コントゥアーの全体を σ_{out} で表し，外側コントゥアーの相関関数を，Λ 内のコントゥアー γ に対して

$$\pi_\Lambda(\gamma) = P_{\Lambda,+}^\beta(\{\sigma; \gamma \in \sigma_{\text{out}}\})$$

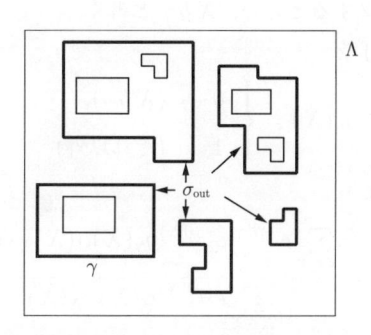

図 7.7　外側コントゥアー

で定める (図 7.7). γ に対して $\theta(\gamma)$ で γ に囲まれる領域内の Λ の点の全体を表す.

$$\gamma_1, \gamma_2 \in \sigma_{\text{out}} \quad \text{ならば} \quad \theta(\gamma_1) \cap \theta(\gamma_2) = \phi$$

である.

6 章で述べたパイエルスの不等式を用いると

$$\pi_\Lambda^\beta(\gamma) \leq e^{-\beta|\gamma|} \tag{7-18}$$

という評価が成り立つ.

$\beta > \beta_0$ のとき

$$\sum_{X \ni O} e^{-\beta|X|} \frac{|\alpha^T(X)|}{X!} = h_1(\beta) < \infty$$

となることは前で示したが,さらに $0 < c < 1$ となる任意の c に対して β を十分大きくとると

$$\sum_{\substack{X \ni O, \\ |X| \geq k}} e^{-\beta|X|} \frac{|\alpha^T(X)|}{X!} < h_2(\beta) e^{-ck\beta} \tag{7-19}$$

となることに注意しておこう. なぜなら

$$\text{左辺} = \sum_{\substack{X \ni O, \\ |X| \geq k}} e^{-c\beta|X|} e^{-(1-c)\beta|X|} \frac{|\alpha^T(X)|}{X!}$$

$$\leq e^{-c\beta k} \sum_{X \ni O} e^{-(1-c)\beta|X|} \frac{|\alpha^T(X)|}{X!}$$

となるからである. ここで, $\beta \to \infty$ のとき $h_1(\beta), h_2(\beta) \to 0$ となる.

Λ を 7.2 節のはじめで与えたものとし,γ を Λ 内の 1 つのコントゥアーとする. $X \in \mathfrak{X}$ に対して supp$X$ のあるコントゥアーが γ と交わるか γ を囲むとき, X は γ をブロックするといい, $X \, b \, \gamma$ と書く.

そして,関数 $g_\gamma(X)$ を

$$g_\gamma(X) = \begin{cases} 0 & (X \, b \, \gamma), \\ 1 & (\text{それ以外}) \end{cases}$$

で定めると, $\pi_\Lambda^\beta(\gamma)$ は

$$\pi_\Lambda^\beta(\gamma) = \frac{\displaystyle\sum_{X \in \mathfrak{X}} e^{-\beta|\gamma|} e^{-\beta|X|} g_\gamma(X) \alpha(X) \chi_\Lambda(X)}{\displaystyle\sum_{X \in \mathfrak{X}} e^{-\beta|X|} \alpha(X) \chi_\Lambda(X)} \tag{7-20}$$

と表される.

7.2 2次元イジングモデルへの応用

$g_\gamma(X)$ も明らかに乗法的であるから，7.1 節と同様にして $\beta > \beta_0$ のとき

$$\pi_\Lambda^\beta(\gamma) = \exp\left(-\sum_{X \in \mathfrak{X}} e^{-\beta|X|}\chi_\Lambda(X)\left(1 - g_\gamma(X)\right)\frac{\alpha^T(X)}{X!}\right)$$

$$= \exp\left(-\sum_{X \in \mathfrak{X}; X b \gamma} e^{-\beta|X|}\chi_\Lambda(X)\frac{\alpha^T(X)}{X!}\right) \qquad (7\text{--}21)$$

と表される．ここで，最後の和は $X b \gamma$ となる $X \in \mathfrak{X}$ についての和を表している．

$\beta > \beta_0$ のとき，$\mathbf{Z}^2$ における相関関数 $\pi^\beta(\gamma)$ を

$$\pi^\beta(\gamma) = \exp\left(-\sum_{X \in \mathfrak{X}; X b \gamma} e^{-\beta|X|}\frac{\alpha^T(X)}{X!}\right) \qquad (7\text{--}22)$$

で定義すると，この和も絶対収束している．

次に，$\pi_\Lambda^\beta(\gamma)$ と $\pi^\beta(\gamma)$ の差を評価してみよう．
(7–21), (7–22) より

$$\left|\pi_\Lambda^\beta(\gamma) - \pi^\beta(\gamma)\right| = \pi_\Lambda^\beta(\gamma)\left|1 - \exp\left(-\sum_{\substack{X \in \mathfrak{X}; X b \gamma, \\ X \not\subset \Lambda}} e^{-\beta|X|}\frac{\alpha^T(X)}{X!}\right)\right|$$

となる．ここで，右辺の和は $\mathrm{supp}X$ のあるコントゥアーが γ と交わるか，γ を囲みさらに $\mathrm{supp}X \cap \partial\Lambda \neq \emptyset$ となる X についての和である（図 7.8）．

したがって，このような X に対しては，$|X| \geq d(\gamma, \partial\Lambda)$ となり，(7–19) を用いると，ある $c' > 0$ が存在して $\beta > \beta_0$ のとき

$$\sum_{\substack{X \in \mathfrak{X}; X b \gamma, \\ X \not\subset \Lambda}} e^{-\beta|X|}\frac{|\alpha^T(X)|}{X!} \leq \exp\{-c'\beta d(\gamma, \partial\Lambda)\}$$

となる．

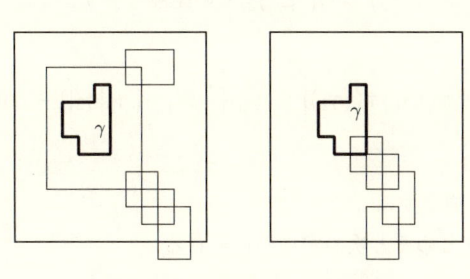

図 7.8 γ をブロックする X

$|1-e^x| \leq |x|e^{|x|}$ なる不等式と (7–18) を用いると，ある $c>0$ に対して

$$\left|\pi_\Lambda^\beta(\gamma) - \pi^\beta(\gamma)\right| \leq \exp\{-\beta|\gamma| - c\beta d(\gamma, \partial\Lambda)\} \qquad (\beta > \beta_0) \qquad (7\text{–}23)$$

が成り立つ．

次に，$\theta(\gamma_1) \cap \theta(\gamma_2) = \emptyset$ となる Λ 内の 2 つのコントゥアー γ_1, γ_2 をとり，2 次相関関数 $\pi_\Lambda^\beta(\gamma_1, \gamma_2)$ を考え，$\pi_\Lambda^\beta(\gamma_1, \gamma_2)$ と $\pi_\Lambda^\beta(\gamma_1)\pi_\Lambda^\beta(\gamma_2)$ の差を評価しよう．Λ から $\theta(\gamma_1)$ と $\partial\gamma_1$ を取り除いた領域を $\Lambda(\gamma_1)$ とすると，図 7.9 より

$$\left|\pi_\Lambda^\beta(\gamma_1, \gamma_2) - \pi_\Lambda^\beta(\gamma_1)\pi_\Lambda^\beta(\gamma_2)\right| = \pi_\Lambda^\beta(\gamma_1) \left|\frac{\pi_\Lambda^\beta(\gamma_1, \gamma_2)}{\pi_\Lambda^\beta(\gamma_1)} - \pi_\Lambda^\beta(\gamma_2)\right|$$
$$= \pi_\Lambda^\beta(\gamma_1) \left|\pi_{\Lambda(\gamma_1)}^\beta(\gamma_2) - \pi_\Lambda^\beta(\gamma_2)\right|$$

となる．

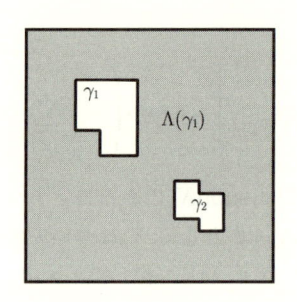

図 7.9　$\Lambda(\gamma_1)$ と γ_2

(7–23) を導いたのと同じ方法により

$$\left|\pi_{\Lambda(\gamma_1)}^\beta(\gamma_2) - \pi_\Lambda^\beta(\gamma_2)\right| \leq \exp\{-\beta|\gamma_2| - c\beta d(\gamma_1, \gamma_2)\}$$

となる．ここで，$d(\gamma_1, \gamma_2)$ は γ_1 と γ_2 との距離を表す．

したがって，

$$\left|\pi_\Lambda^\beta(\gamma_1, \gamma_2) - \pi_\Lambda^\beta(\gamma_1)\pi_\Lambda^\beta(\gamma_2)\right| \leq \exp\{-\beta(|\gamma_1| + |\gamma_2|) - c\beta d(\gamma_1, \gamma_2)\}$$
$$(7\text{–}24)$$

が $\beta > \beta_0$ のとき成立する．

以上のことをまとめると次の定理が得られる．

定理 7-7 $\beta > \beta_0$ のとき，次の評価が成り立つ．

(1) $\exp\{-\beta|\gamma| - g(\beta)|\gamma|\} \leq \pi_\Lambda^\beta(\gamma) \leq \exp\{-\beta|\gamma|\}$.

(2) $\left|\pi_\Lambda^\beta(\gamma) - \pi^\beta(\gamma)\right| \leq \exp\{-\beta|\gamma| - c\beta d(\gamma, \partial\Lambda)\}$.

(3) $\left|\pi_\Lambda^\beta(\gamma_1, \gamma_2) - \pi_\Lambda^\beta(\gamma_1)\pi_\Lambda^\beta(\gamma_2)\right| \leq \exp\{-\beta(|\gamma_1| + |\gamma_2|) - c\beta d(\gamma_1, \gamma_2)\}$.

ここで，$c > 0$ で $g(\beta)$ は $\beta \to \infty$ のとき 0 に収束する関数である．

7.3 $-$ スピンの数に関する大数の法則

ここでは，7.2 節で求めた相関関数のいろいろな性質を用いて Λ 内の $-$ スピンの数 $N_\Lambda^-(\cdot)$ についての大数の法則を導こう．

まず，$N_\Lambda^-(\cdot)$ の確率分布 $P_{\Lambda,+}^\beta(\cdot)$ による平均値と分散が相関関数を用いてどのように表現されるかを考えよう．

補題 7-8 (1) $E_{\Lambda,+}^\beta(N_\Lambda^-) = \sum_{\gamma \subset \Lambda} \pi_\Lambda^\beta(\gamma) \langle n^-(\gamma) \rangle$.

(2) $\mathrm{Var}_{\Lambda,+}^\beta(N_\Lambda^-) = \sum_{\gamma \subset \Lambda} D(n^-(\gamma)) \pi_\Lambda^\beta(\gamma)$
$\quad + \sum_{\gamma \subset \Lambda} \langle n^-(\gamma) \rangle^2 \left\{\pi_\Lambda^\beta(\gamma) - \pi_\Lambda^\beta(\gamma)^2\right\}$
$\quad + \sum_{\substack{\gamma_1, \gamma_2 \subset \Lambda, \\ \gamma_1 \neq \gamma_2}} \langle n^-(\gamma_1) \rangle \langle n^-(\gamma_2) \rangle \left\{\pi_\Lambda^\beta(\gamma_1, \gamma_2) - \pi_\Lambda(\gamma_1)\pi_\Lambda^\beta(\gamma_2)\right\}$.

ここで，$\langle n^-(\gamma) \rangle, D(n^-(\gamma))$ は γ で囲まれる領域 $\theta(\gamma)$ における $-$ スピンの数 $n^-(\gamma)$ の $P_{\tilde\theta(\gamma),-}^\beta(\cdot)$ による平均値と分散である．ただし，$\tilde\theta(\gamma)$ は $\theta(\gamma)$ の点で，$\theta(\gamma)$ の外の点と隣接していないものの全体とする (γ が外側コントゥアーであるとき，$\theta(\gamma) \setminus \tilde\theta(\gamma)$ におけるスピンはすべて $-$ であることに注意)．

補題 7-8 と定理 7-7 より $N_\Lambda^-(\cdot)$ の平均値と分散に関する評価を求めよう．

その前に記号を 1 つ導入しておく．$\gamma_1, \gamma_2 \in S$ が平行移動で互いに重ね合わすことができるとき，γ_1 と γ_2 とは**合同** (congruent) であるといい，$\gamma_1 \sim \gamma_2$ と表す．$\gamma_1 \sim \gamma_2$ のとき γ_1 と γ_2 を同一視することによって得られる**同値類** (equivalence class) の集合を $\tilde S$ で表す (数学的に言えば，**同値関係** $\sim$ による S の**商集合** (quotient set) $S/\sim$ が $\tilde S$ である)．各同値類の代表元としては $f(\gamma) = O$ となるものをとればよい．

補題 7-9 $\beta > \beta_0$ のとき，次の評価が成り立つ．
(1) $\left| E_{\Lambda,+}^{\beta}(N_\Lambda^-) - n^*(\beta)|\Lambda| \right| \leq g_1(\beta)|\partial\Lambda|$.
(2) $\mathrm{Var}_{\Lambda,+}^{\beta}(N_\Lambda^-) \leq g_2(\beta)|\Lambda|$.

ここで，
$$n^*(\beta) = \sum_{\tilde{\gamma} \in \tilde{S}} \langle n^-(\tilde{\gamma}) \rangle \pi^\beta(\tilde{\gamma})$$

であり，さらに $g_1(\beta), g_2(\beta) \to 0 \ (\beta \to \infty)$ である．

証明 (1) 補題 7-8 より

$$E_{\Lambda,+}^{\beta}(N_\Lambda^-) - n^*(\beta)|\Lambda| = \sum_{\tilde{\gamma} \in \tilde{S}} \langle n^-(\tilde{\gamma}) \rangle \left(\sum_{\substack{\gamma \subset \Lambda, \\ \gamma \in \tilde{\gamma}}} \pi_\Lambda^\beta(\gamma) - |\Lambda| \pi^\beta(\tilde{\gamma}) \right)$$

となる．ここで，

$$\sum_{\substack{\gamma \subset \Lambda, \\ \gamma \in \tilde{\gamma}}} \pi_\Lambda^\beta(\gamma) = \sum_{\substack{\gamma \in \tilde{\gamma}, \\ f(\gamma) \in \Lambda}} \pi^\beta(\tilde{\gamma}) - \sum_{\substack{\gamma \in \tilde{\gamma}, \\ f(\gamma) \in \Lambda; \gamma \not\subset \Lambda}} \pi^\beta(\gamma) + \sum_{\substack{\gamma \in \tilde{\gamma}, \\ \gamma \subset \Lambda}} \left\{ \pi_\Lambda^\beta(\gamma) - \pi^\beta(\gamma) \right\}$$

$$= |\Lambda| \pi^\beta(\tilde{\gamma}) - \sum_{\substack{\gamma \in \tilde{\gamma}, \\ f(\gamma) \in \Lambda; \gamma \not\subset \Lambda}} \pi^\beta(\gamma) + \sum_{\substack{\gamma \in \tilde{\gamma}, \\ \gamma \subset \Lambda}} \left\{ \pi_\Lambda^\beta(\gamma) - \pi^\beta(\gamma) \right\}$$

と変形できる．さらに，右辺第 2 項の γ は必ず $\partial\Lambda$ と交わることに注意し，また定理 7-7 を用いることにより

$$\left| \sum_{\substack{\gamma \subset \Lambda, \\ \gamma \in \tilde{\gamma}}} \pi_\Lambda^\beta(\gamma) - |\Lambda| \pi^\beta(\tilde{\gamma}) \right| < c |\tilde{\gamma}| e^{-\beta |\tilde{\gamma}|} |\partial\Lambda|$$

という評価が得られ，これより (1) の証明が従う．

(2) 定理 7-7 の評価を用いることにより，(1) と同様にして得られる． ∎

補題 7-9 を用いることにより $N_\Lambda^-(\cdot)$ に関する次の**大数の法則**が得られる．

定理 7-10 (**大数の法則** (law of large numbers)) $\beta > \beta_0$ のとき，$0 < \alpha < \frac{1}{2}$ となる任意の α に対して，Λ を十分大きくとれば

$$P_{\Lambda,+}^{\beta}\left(\left| \frac{N_\Lambda^-(\cdot)}{|\Lambda|} - n^*(\beta) \right| > \frac{1}{|\Lambda|^\alpha} \right) < 4 g_2(\beta) \frac{1}{|\Lambda|^{1-2\alpha}}$$

の評価が得られる．

証明
$$\left|\frac{N_\Lambda^-(\cdot)}{|\Lambda|} - n^*(\beta)\right| > \frac{1}{|\Lambda|^\alpha}$$

が成り立つとき，補題 7-9 (1) より，十分大きな Λ に対して

$$\left|N_\Lambda^- - E_{\Lambda,+}^\beta(N_\Lambda^-)\right| > |\Lambda|^{1-\alpha} - g_1(\beta)|\partial\Lambda| > \frac{1}{2}|\Lambda|^{1-\alpha}$$

が成り立つ．

そこで，チェビシェフの不等式と補題 7-9 (2) により

$$P_{\Lambda,+}^\beta\left(\left|\frac{N_\Lambda^-(\cdot)}{|\Lambda|} - n^*(\beta)\right| > \frac{1}{|\Lambda|^\alpha}\right) \leq \frac{4g_2(\beta)|\Lambda|}{|\Lambda|^{2-2\alpha}} = 4g_2(\beta)\frac{1}{|\Lambda|^{1-2\alpha}}$$

となる． ∎

7.4　クラスター展開の中心極限定理への応用

ここでは，コントゥアーの長さの総和に関する**中心極限定理**をクラスター展開の方法を用いて導こう．

スピン配置 $\omega = \{\gamma_1, \gamma_2, \cdots, \gamma_n\}$ に対して

$$H_\Lambda(\omega) = \sum_{i=1}^n |\gamma_i|$$

を用いてコントゥアーの長さの総和を定義しよう．$H_\Lambda(\omega)$ は本質的にはスピン配置 ω のもつエネルギーに等しくなる．正確に言えば，$H_\Lambda(\omega)$ は ω のエネルギーと Λ に依存して決まる定数との和として表される．

$X \in \mathfrak{X}$ に対して

$$H(X) = |X|\left(= \sum_{\gamma \in \mathrm{supp} X} X(\gamma)|\gamma|\right)$$

で関数 $H(\cdot)$ を定めると，この関数は

$$H(X_1 + X_2) = H(X_1) + H(X_2)$$

をみたす．したがって，$e^{itH(\cdot)} = e^{it|X|}$ は乗法的な関数となる．

H_Λ の特性関数は

$$E_\Lambda[e^{itH_\Lambda}] = \frac{1}{Z_\Lambda}\sum_{X \in \mathfrak{X}} e^{-\beta|X|}\alpha(X)e^{it|X|}\chi_\Lambda(X)$$

で与えられるが，$\beta > \beta_0$ のときクラスター展開の方法により

$$E_\Lambda[e^{itH_\Lambda}] = \frac{1}{Z_\Lambda} \exp\left(\sum_{X \subset \Lambda} e^{it|X|} e^{-\beta|X|} \frac{\alpha^T(X)}{X!}\right)$$
$$= \exp\left(\sum_{X \subset \Lambda} (e^{it|X|} - 1) e^{-\beta|X|} \frac{\alpha^T(X)}{X!}\right) \quad (7\text{--}25)$$

と表される．

(7–25) の両辺を t で微分すると

$$E_\Lambda[H_\Lambda e^{itH_\Lambda}] = \sum_{X \subset \Lambda} |X| e^{it|X|} e^{-\beta|X|} \frac{\alpha^T(X)}{X!}$$
$$\times \exp\left(\sum_{X \subset \Lambda} (e^{it|X|} - 1) e^{-\beta|X|} \frac{\alpha^T(X)}{X!}\right) \quad (7\text{--}26)$$

が得られる．(7–26) において $t = 0$ とおくと

$$E_\Lambda[H_\Lambda] = \sum_{X \subset \Lambda} |X| e^{-\beta|X|} \frac{\alpha^T(X)}{X!}. \quad (7\text{--}27)$$

また，(7–26) を t で微分し $t = 0$ とおくことにより

$$E_\Lambda[H_\Lambda^2] = \sum_{X \subset \Lambda} |X|^2 e^{-\beta|X|} \frac{\alpha^T(X)}{X!} + \left(\sum_{X \subset \Lambda} |X| e^{-\beta|X|} \frac{\alpha^T(X)}{X!}\right)^2$$

が得られる．したがって，H_Λ の分散 $D_\Lambda[H_\Lambda]$ は

$$D_\Lambda[H_\Lambda] = \sum_{X \subset \Lambda} |X|^2 e^{-\beta|X|} \frac{\alpha^T(X)}{X!} \quad (7\text{--}28)$$

という形に表される．

$H(X)$, $e^{\beta|X|}\alpha^T(X)$ が X の平行移動に関して不変となることを用いると

$$D_\Lambda[H_\Lambda] = \sum_{i(X) \in \Lambda} |X|^2 e^{-\beta|X|} \frac{\alpha^T(X)}{X!} - \sum_{\substack{i(X) \in \Lambda, \\ X \not\subset \Lambda}} |X|^2 e^{-\beta|X|} \frac{\alpha^T(X)}{X!}$$
$$= \sigma^2(\beta)|\Lambda| + R_\Lambda$$

と表される．ここで，$i(X)$ は $\mathrm{supp}X$ の点の中で順序が最小のもので，

$$\sigma^2(\beta) = \sum_{i(X)=O} |X|^2 e^{-\beta|X|} \frac{\alpha^T(X)}{X!},$$
$$R_\Lambda = -\sum_{\substack{i(X) \in \Lambda, \\ X \not\subset \Lambda}} |X|^2 e^{-\beta|X|} \frac{\alpha^T(X)}{X!}$$

7.4 クラスター展開の中心極限定理への応用

である．この R_Λ は

$$|R_\Lambda| \leq \sum_{\substack{i(X)\in\Lambda,\\ X\not\subset\Lambda}} |X|^2 e^{-\beta|X|} \frac{|\alpha^T(X)|}{X!}$$

$$\leq \sum_{\partial\Lambda\in t} \sum_{X\ni t} |X|^2 e^{-\beta|X|} \frac{|\alpha^T(X)|}{X!}$$

$$\leq |\partial\Lambda| \sum_{X\ni O} |X|^2 e^{-\beta|X|} \frac{|\alpha^T(X)|}{X!}$$

という評価をみたす．このとき

$$h(\beta) = \sum_{X\ni O} |X|^2 e^{-\beta|X|} \frac{|\alpha^T(X)|}{X!}$$

とおくと，β が十分大きいとき

$$|X|^2 e^{-\beta|X|} \leq e^{-\frac{1}{2}\beta|X|}$$

となるから $h(\beta) \to 0$ $(\beta \to \infty)$ となる．上の不等式は

$$|R_\Lambda| \leq h(\beta)|\partial\Lambda|$$

と表される．さらに，

$$\widetilde{H}_\Lambda = \frac{H_\Lambda - E_\Lambda[H_\Lambda]}{\sqrt{|\Lambda|}}$$

とおくと，この特性関数は

$$E_\Lambda[e^{it\widetilde{H}_\Lambda}] = \exp\left(-it\frac{E_\Lambda[H_\Lambda]}{\sqrt{|\Lambda|}}\right) E_\Lambda\left[e^{it\frac{H_\Lambda}{\sqrt{|\Lambda|}}}\right]$$

$$= \exp\left(-\frac{it}{\sqrt{|\Lambda|}} \sum_{X\subset\Lambda} |X| e^{-\beta|X|} \frac{\alpha^T(X)}{X!}\right)$$

$$\times \exp\left(\sum_{X\subset\Lambda} e^{-\beta|X|} \frac{\alpha^T(X)}{X!} \left(e^{it\frac{|X|}{\sqrt{|\Lambda|}}} - 1\right)\right)$$

$$= \exp\left\{\sum_{X\subset\Lambda} \left(e^{it\frac{|X|}{\sqrt{|\Lambda|}}} - 1 - it\frac{|X|}{\sqrt{|\Lambda|}}\right) e^{-\beta|X|} \frac{\alpha^T(X)}{X!}\right\}$$

$$= \exp\left\{-\frac{t^2}{2|\Lambda|} \sum_{X\subset\Lambda} |X|^2 e^{-\beta|X|} \frac{\alpha^T(X)}{X!}\right.$$

$$\left. - \frac{i}{3!} t^3 \frac{1}{|\Lambda|^{\frac{3}{2}}} \sum_{X\subset\Lambda} |X|^3 e^{it\theta\frac{|X|}{\sqrt{|\Lambda|}}} e^{-\beta|X|} \frac{\alpha^T(X)}{X!}\right\}$$

となる．ここで，$0 < \theta < 1$ である．指数の中の第 2 項を I とすると

$$|I| \leq \frac{|t|^3}{3!} \frac{1}{|\Lambda|^{\frac{3}{2}}} \sum_{X \subset \Lambda} |X|^3 e^{-\beta|X|} \frac{|\alpha^T(X)|}{X!}$$

$$= \frac{|t|^3}{3!} \frac{1}{|\Lambda|^{\frac{3}{2}}} \left(\sum_{i(X) \in \Lambda} |X|^3 e^{-\beta|X|} \frac{|\alpha^T(X)|}{X!} - \sum_{\substack{i(X) \in \Lambda, \\ X \not\subset \Lambda}} |X|^3 e^{-\beta|X|} \frac{|\alpha^T(X)|}{X!} \right)$$

$$\leq \frac{|t|^3}{3!} \frac{1}{|\Lambda|^{\frac{3}{2}}} \biggl(|\Lambda| \sum_{i(X)=O} |X|^3 e^{-\beta|X|} \frac{|\alpha^T(X)|}{X!}$$

$$+ |\partial\Lambda| \sum_{X=O} |X|^3 e^{-\beta|X|} \frac{|\alpha^T(X)|}{X!} \biggr)$$

より，$I = O\left(\dfrac{1}{|\Lambda|^{\frac{1}{2}}}\right)$ ということがわかる．ゆえに，

$$E_\Lambda[e^{it\widetilde{H}_\Lambda}] \to \exp\left(-\frac{\sigma(\beta)^2 t^2}{2}\right) : N(0, \sigma(\beta)^2) \text{ の特性関数}$$

が成立する．

したがって，次の定理が成立する．

定理 7-11 $\beta > \beta_0$ のとき

$$P_{\Lambda,+}^\beta \left(\frac{H_\Lambda - E_\Lambda[H_\Lambda]}{\sqrt{|\Lambda|}} \in (\alpha_1, \alpha_2) \right)$$

$$\to \frac{1}{\sqrt{2\pi}\sigma(\beta)} \int_{\alpha_1}^{\alpha_2} \exp\left(-\frac{x^2}{2\sigma(\beta)^2}\right) dx \qquad (L \to \infty)$$

が成り立つ．

8 格子スピン系の相転移のさまざまな話題

われわれはこれまで相転移の数学的な意味づけと，クラスター展開を使った相転移モデルの初歩的な解析をみてきた．現在ではさらに進んだ解析手段がいろいろと知られており，さまざまな物理学的現象を数学的に説明することができるようになっている．本章では，現在のこのような解析に使われる道具や理論の概要を紹介する．さらに進んで詳しいことが知りたい読者には参考文献を実際に繙いてみられることをお勧めする．

8.1 2次元イジングモデルの相構造の決定

与えられた相互作用 Φ に対して，ギブス測度がどのくらいたくさんあるか？つまり，$\mathcal{G}(\Phi)$ がどのような集合になるかを決定することは難しい．相互作用の少しの違いが $\mathcal{G}(\Phi)$ の構造の違いに大きく反映する場合がある．相転移のあるモデルで $\mathcal{G}(\Phi)$ の構造が決定されているのは **2次元イジングモデル**だけである．

以下，話をイジングモデルに限ろう．定理 5-28 と李政道・楊振寧の定理 (3.3 節) により，$h \neq 0$ ならば $\mathcal{G}(\beta, h)$ はただ 1 点からなる．したがって，以下では $h = 0$，$P_+^{\beta,0} \neq P_-^{\beta,0}$ と仮定しておく ($\beta > \beta_c$ ならばこうなるが，$\beta < \beta_c$ では $\mathcal{G}(\beta, 0)$ はただ 1 点からなる．$\beta = \beta_c$ では難しいが，$\mathcal{G}(\beta, 0)$ は 3 次元の場合を除きただ 1 点からなることが知られている)．

$P_+^{\beta,0}$ と $P_-^{\beta,0}$ が $\mathcal{G}(\beta, 0)$ の端点になることは 70 年代はじめにはすでに知られていたが，他に端点があるかということが問題であった．これに対し，まずドブリュシンが 1972 年に，3 次元において $P_+^{\beta,0}$ と $P_-^{\beta,0}$ を使っては表されない**極限ギブス測度**を見つけた ([17], [18])．これに対応する境界条件は上半空間 $\{(j_1, j_2, j_3) \in \mathbf{Z}^3; j_3 \geq 0\}$ で $+$ をとり，下半空間 $\{(j_1, j_2, j_3) \in \mathbf{Z}^3; j_3 < 0\}$ で $-$ をとるスピン配置である．この結果を受けて同じ年に，ギャラボッチが 2 次元において同じタイプの境界条件の極限ギブス測度は

$$\frac{1}{2}\left(P_+^{\beta,0} + P_-^{\beta,0}\right)$$

となることを示した (正確に言うと, これらの結果はどちらも『β が十分大きいとき』という制限がつく).

この 2 つの結果から 2 次元イジングモデルのギブス測度の端点は $P_+^{\beta,0}$ と $P_-^{\beta,0}$ しかないのではないかという予想が立てられた. この予想に対してはメサジェーとミラクルソールを中心としていろいろな研究がなされたが, 1979 年にルソーによってまったく新しいパーコレーションを使った議論が提案され ([69]), この方法により翌 1980 年にこの予想は肯定的に解決された ([1], [42]).

ここでは, このパーコレーションを用いてシフト不変なギブス測度は $P_+^{\beta,0}$ と $P_-^{\beta,0}$ の凸結合で書けることを示す. じつはゲオルギーと樋口 [34] により, この議論はより一般的な見通しのよいものになっているが, パーコレーションに関する知識が必要なので, ここでは少し前の議論になるが, 初等的なものを紹介する. シフト不変性の仮定がなくても $\mathcal{G}(\beta,0)$ の端点は $P_+^{\beta,0}$ と $P_-^{\beta,0}$ しかないのであるが, この部分の証明は [1], [34], [42] を参照してもらうことにする. まず最初にいくつか言葉を準備する.

連結性と $*$ 連結性

$\mathbf{Z}^2$ の 2 点 $i = (i_1, i_2)$, $j = (j_1, j_2)$ が隣接 (adjacent) するとは

$$|i-j| = |i_1 - j_1| + |i_2 - j_2| = 1$$

となるときにいい, $*$ 隣接するとは

$$\|i-j\| \equiv \max\{|i_1 - j_1|, |i_2 - j_2|\} = 1$$

となるときにいう.

$\mathbf{Z}^2$ の点列 $\gamma = \{t_1, t_2, \cdots, t_n\}$ が路 (path)($*$ 路) であるとは,

（ⅰ） 任意の $1 \leq \nu \leq n-1$ に対して t_ν と $t_{\nu+1}$ が隣接 ($*$ 隣接).

（ⅱ） t_ν と t_μ が隣接 ($*$ 隣接) するなら $|\nu - \mu| = 1$.

$i, j \in \mathbf{Z}^2$ に対して路 ($*$ 路) $\gamma = \{t_1, t_2, \cdots, t_n\}$ が i と j を結ぶとは, $\{i, j\} = \{t_1, t_n\}$, つまり, γ の始点と終点が i と j になっていることをいう.

$A \subset \mathbf{Z}^2$ が連結 (connected)($*$ 連結) とは, 任意の $i, j \in A$ に対して i と j を結ぶ路 ($*$ 路)γ が A 内に存在するときにいう.

輪, $*$ 輪, 半輪, $*$ 半輪

路 $\gamma = \{t_1, t_2, \cdots, t_n\}$ が輪 (circuit)($*$ 輪) であるとは, $\gamma' = \{t_1, t_2, \cdots, t_{n-1}\}$

8.1 2次元イジングモデルの相構造の決定

と $\{t_n, t_1, t_2, \cdots, t_{n-2}\}$ がともに路 (∗路) となるものをいう．大ざっぱに言うと，輪 (∗輪) は出発点と終点とが一致している路 (∗路) のことである．π が半平面であるとは，縦軸か横軸に平行な直線によって分けられる片方の $\mathbf{Z}^2$ の (無限) 部分集合である半平面のみをいうことにする．π の境界 $\partial \pi$ を

$$\partial \pi = \{j \in \pi; \text{ある } i \in \pi^c \text{に対して } i \text{ と } j \text{ は隣接}\}$$

と定める．

路 $\gamma = \{t_1, t_2, \cdots, t_n\}$ が半平面 π の **半輪** (∗ **半輪**) であるとは，$t_1, t_n \in \partial \pi$, $\gamma \subset \pi$ かつ $\gamma \setminus \{t_1, t_n\} \subset \pi \setminus \partial \pi$ となるときにいう．

輪，∗輪，半輪，∗半輪は $\mathbf{Z}^2$ または半平面 π を 2 つの部分に分けている．

輪 (∗輪) γ が $\omega \in \Omega$ について $\omega^{-1}(+1) = \{j \in \mathbf{Z}^2; \omega(j) = +1\}$ の部分集合となるとき，γ は ω で + 輪 (+∗ 輪) になっているという．+ 半輪，+∗ 半輪，− 輪，… も同様に定めることにする．

パーコレーションと相転移の基本的な関係は次の命題による．

命題 8-1 $P \in \mathcal{G}(\beta, 0)$ において

$$P(|C_O^+(\omega)| = \infty) = 0 \tag{8-1}$$

ならば $P = P_-^\beta = \lim_{\Lambda \uparrow \mathbf{Z}^2} P_{\Lambda, \omega^-}^\beta$ である．

証明のために 1 つ補題を準備する．

補題 8-2 $P \in \mathcal{G}(\beta, 0)$ とする．任意の $i, j \in \mathbf{Z}^2$ に対して

$$P(|C_i^+(\omega)| = \infty) > 0 \quad \text{と} \quad P(|C_j^+(\omega)| = \infty) > 0$$

は同値．

証明 i と j を結ぶ路 γ を 1 つとる．

$\{|C_j^+(\omega)| = \infty\}$
$\supset \{|C_i^+(\omega)| = \infty\} \cap \{\omega(t) = +1, t \in \gamma\}$
$\supset \{\partial_{\text{out}} \gamma \text{ から無限にのびる + 路がある}\} \cap \{\omega(+) = +1, t \in \gamma\}$ (8-2)

である．ただし，$\partial_{\text{out}} \gamma$ は γ に隣接する γ の外の点の全体とする．右辺の最初の事象は γ の外側のスピン配置にのみよって決まるのでこの事象を A_γ^+ と書くと，P がギブス測度であることから

$$P(A_\gamma^+ \cap \{\omega(t) = +1, t \in \gamma\}) = \int_{A_\gamma^+} P_{\gamma,\eta}^\beta(\omega(t) = +1, t \in \gamma) P(d\eta)$$

$$\geq a(\beta)^{|\gamma|} P(A_\gamma^+)$$

$$\geq a(\beta)^{|\gamma|} P(\{|C_i^+(\omega)| = \infty\}). \qquad (8\text{--}3)$$

ただし，$a(\beta) = \min_\omega P_{\{O\},\omega}^\beta(\omega(O) = +1) > 0$ である．(8–3) の最後の不等式は $A_\gamma^+ \supset \{|C_i^+(\omega)| = \infty\}$ から導ける．

(8–2) と (8–3) から $P(|C_i^+(\omega)| = \infty) > 0$ から $P(|C_j^+(\omega)| = \infty) > 0$ であることがわかる．逆は i と j の役割を入れ換えればよい． ∎

命題 8-1 の証明 f を単調増加なシリンダー関数とする．f は有限集合 Λ 内のスピン配置で決まるものとするとき，補題 8-2 により確率 1 で

$$\left| \bigcup_{i \in \Lambda} C_i^+(\omega) \right| < \infty$$

である．したがって，Λ を囲む $-*$ 輪が必ず存在する．任意の $\epsilon > 0$ に対して $W \supset \Lambda$ を十分に大きくとると

$$P(\Lambda \text{を囲む} -* \text{輪が} W \text{の中にある}) > 1 - \epsilon \qquad (8\text{--}4)$$

となる．そこで ω を (8–4) 左辺の事象からとってきたとき，$S(\omega)$ を W 内で Λ を囲む一番外側の $-*$ 輪とする．$S(\omega)$ の形でもって (8–4) の事象を分けることにより

$$\sum_S P(S(\omega) = S) > 1 - \epsilon$$

と書くことができる．このとき，Θ_S を S で囲まれる領域として

$$P(f) = \int P(d\omega) f(\omega)$$

$$< \sum_S \int_{\{S(\omega)=S\}} P(d\omega) P_{\Theta_S, \omega^-}^\beta(f) + \epsilon \| f \|_\infty \qquad (8\text{--}5)$$

を得る．なぜなら，$\{S(\omega) = S\}$ は Θ_S の外側のスピン配置のみで決まるからである（$\{S(\omega) = S\} \in \mathcal{B}_{\Theta_S^c}$）．

FKG 不等式により，f が単調増加なので

$$P_{\Theta_S, \omega^-}^\beta(f) \leq P_-^\beta(f)$$

となり，これを (8–5) に代入すると

8.1 2次元イジングモデルの相構造の決定

$$P(f) \leq P_-^\beta(f) + \epsilon \| f \|_\infty$$

となる．ϵ は任意だから $P(f) \leq P_-^\beta(f)$ となるが，定理 5-26 と合わせて $P(f) = P_-^\beta(f)$ が成立する．つまり $P = P_-^\beta$ である． ∎

ルソーのアイデアは，このパーコレーションを半平面に制限して行なうことである．

記号として，半平面 π とその中の点 j において j を含む $\omega^{-1}(+1) \cap \pi$ の連結成分 (∗連結成分) を $C_j^+(\pi)(C_j^{+*}(\pi))$ と ω を省略して書くことにする．また，R_π を $\partial \pi$ による折り返し ($\partial \pi$ を軸とする対称移動) とし，同じ R_π で Ω 上の変換 $R_\pi : \Omega \to \Omega$ を

$$(R_\pi \omega)(i) = \omega(R_\pi i) \qquad (i \in \mathbf{Z}^2) \tag{8-6}$$

によって定める．もう1つの変換として，スピンのすべてを反転させる変換をここでは U と書く．つまり，

$$(U\omega)(i) = -\omega(i) \qquad (i \in \mathbf{Z}^2)$$

と定める．

補題 8-3 π を半平面，S を π の ∗半輪，$\hat{S} = R_\pi S$, $S \cup \hat{S}$ で囲まれる領域を Θ, f を $\mathcal{B}_\Theta$-可測な単調増加シリンダー関数とする (図 8.1)．このとき，ω が S 上 $+1$, $\hat{S} \setminus S$ 上 -1 になるならば

$$P_{\Theta,\omega}^\beta(f) \geq P_{\Theta,\omega}^\beta(f \circ U \circ R_\pi) \tag{8-7}$$

が成り立つ．

証明 Θ が R_π で不変なので，ギブス測度の性質により

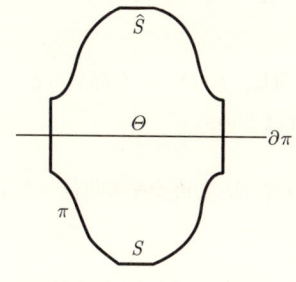

図 8.1 $\hat{S}, S, \Theta, \pi, \partial \pi$ の図

$$P^{\beta}_{\Theta,\omega}(f) = P^{\beta}_{\Theta,U \circ R_\pi}(f \circ U \circ R_\pi)$$

となる．ここで, $f \circ U \circ R_\pi$ は f が単調増加だから単調減少となる．
$U \circ R_\pi \omega$ は $\hat{S}$ 上 -1 で $S \setminus \hat{S}$ 上 $+1$ となるので, $S \cup \hat{S}$ 上では ω が $U \circ R_\pi \omega$ より大となり, FKG 不等式より

$$P^{\beta}_{\Theta,U \circ R_\pi \omega}(f \circ U \circ R_\pi) \geq P^{\beta}_{\Theta,\omega}(f \circ U \circ R_\pi)$$

となる． ∎

注意 ω が S 上 -1, $\hat{S} \setminus S$ 上 $+1$ ならば, (8–7) の不等式は逆向きになる．

系 8-4 $\pi, S, \hat{S}, \Theta, \omega$ は補題 8-3 と同じとする．このとき, j が $\partial \pi \cap \Theta$ の元とすると

$$P^{\beta}_{\Theta,\omega}(j \text{ を囲む } +* \text{ 輪で } S \text{ と } +* \text{ 路で結ばれるものがある}) \geq \frac{1}{2} \quad (8\text{–}8)$$

となる．

証明 (8–8) の左辺の事象を B^{+*} と書き, S を $\hat{S}$, $+*$ を $-*$ に変えたものを B^{-*} と書くと

$$1_{B^{+*}} \circ U \circ R = 1_{B^{-*}} \quad \text{かつ} \quad B^{+*} \cup B^{-*} = \Omega$$

であることから, (8–8) を得る． ∎

系 8-5 l を $\partial \pi$ を π から $\frac{1}{2}$ だけ離れた方向に平行移動した直線とする．l は $\mathbf{Z}^2 \cap \pi$ と $\mathbf{Z}^2 \setminus \pi$ とから等距離にある直線である．l に関する対称移動を R_l と書く．π の $*$ 半輪 S と $S' = R_l S$ に対して $S \cup S'$ で囲まれる領域を Θ' とすると, ω が S 上 $+1$, S' 上 -1 ならば, 任意の $\mathcal{B}_{\Theta'}$-可測な関数 f に対して

$$P^{\beta}_{\Theta',\omega}(f) = P^{\beta}_{\Theta',\omega}(f \circ U \circ R_l)$$

となる．

証明 補題 8-3 の証明と同じ．$S \cap S' = \emptyset$ だから $S \cup S'$ 上では, ω と $U \circ R_l \omega$ は一致することに注意すればよい． ∎

命題 8-6 π を半平面, e を $\partial \pi$ と直交する単位ベクトルとする．$P \in \mathcal{G}(\beta, 0)$ が

$$P\left(\bigcup_{j \in \pi} \{|C^+_j(\pi)| = \infty\}\right) = P\left(\bigcup_{j \in \pi} \{|C^-_j(\pi)| = \infty\}\right) = 0 \quad (8\text{–}9)$$

8.1 2次元イジングモデルの相構造の決定

となるならば,
$$P \circ \tau_e = P \circ U \circ R_\pi = P$$
が成立する.

証明 イメージしやすいように π を上半平面 $\{(j_1, j_2) \in \mathbf{Z}^2; j_2 \geq 0\}$ とおき, $e = (0, -1)$ としておく. まず, $P = P \circ U \circ R_\pi$ を示す. f を単調増加なシリンダー関数で, Λ を原点を中心とする正方形で f は $\mathcal{B}_\Lambda$-可測とする. このとき, P-a.s. で
$$|C_j^+(\pi)| < \infty \quad (j \in \Lambda \cap \pi)$$
となる. したがって, $\Lambda \cap \pi$ を囲む $-*$ 半輪が必ず存在する. 任意の $\epsilon > 0$ に対して, 原点中心の正方形 W を十分大きくとることにより, この $-*$ 半輪が W 内にある確率は $1 - \epsilon$ より大にとれる. このとき, $W \cap \pi$ 内で $\Lambda \cap \pi$ を囲む $-*$ 半輪で一番外側のものを $S = S(\omega)$ と書くと, その形で分類して
$$P(f) \leq \sum_S P(f 1_{\{S(\omega) = S\}}) + \|f\|_\infty \epsilon \tag{8-10}$$
とできる. $\{S(\omega) = S\}$ は S およびその外側のスピン配置で決まるので, 条件付き平均を考えると FKG 不等式により
$$P(f|S(\omega) = S) \leq P(f|\omega(i) = -1 \, (i \in S), \omega(i) = +1 \, (i \in \hat{S} \setminus S))$$
となる. 右辺は補題 8-3 により
$$P(f \circ U \circ R_\pi | \omega(i) = -1 \, (i \in S), \omega(i) = +1 \, (i \in \hat{S} \setminus S))$$
$$\leq P(f \circ U \circ R_\pi | S(\omega) = S) \tag{8-11}$$
よりも小 ($f \circ U \circ R_\pi$ は単調減少). したがって, (8–11) を (8–10) に代入して
$$P(f) \leq P(f \circ U \circ R_\pi) + \|f\|_\infty \epsilon$$
が得られ, $\epsilon \downarrow 0$ として
$$P(f) \leq P(f \circ U \circ R_\pi)$$
が得られる.

同様の議論により
$$P\Big(\bigcup_{j \in \pi} \{|C_j^-(\pi)| = \infty\} \Big) = 0$$
を用いて

$$P(f) \geq P(f \circ U \circ R_\pi)$$

を得る．したがって，任意の単調増加なシリンダー関数 f に対して

$$P(f) = P(f \circ U \circ R_\pi)$$

となる．ここで，$g = f \circ U \circ R_\pi$ に対して，補題 8-3 の系 8.5 を用いると

$$P(g) = P(g \circ U \circ R_l)$$

となるから

$$\begin{aligned} P(f) &= P(f \circ U \circ R_\pi \circ U \circ R_l) \\ &= P(f \circ R_\pi \circ R_l) \\ &= P(f \circ \tau_e) \end{aligned}$$

が得られる． ∎

命題 8-7 ([69]) π を半平面とする．$P \in \mathcal{G}(\beta, 0)$ は端点とする．このとき，P-a.e.ω に対して次の (1), (2) が成立する．

(1) $\omega^{-1}(+1)$ および $\omega^{-1}(-1)$ の π の中での無限連結成分 $I_\infty^+(\pi)$, $I_\infty^-(\pi)$ は，それぞれ高々 1 個．

(2) $I_\infty^+(\pi)$ は $\partial\pi$ の無限個の点を含む．$I_\infty^-(\pi)$ も同様．

この命題の証明は長くなるので，ここでは省略する．命題 8-7 の意味するものは次の結果である．

定理 8-8 $P \in \mathcal{G}(\beta, 0)$ がシフト不変ならば，P は P_+^β と P_-^β の凸結合で表すことができる．

この定理をいくつかの補題に分けて証明していこう．

補題 8-9 ([69]) $P \in \mathcal{G}(\beta, 0)$ をシフト不変とする．このとき，π を任意の半平面として

$$P(\{I_\infty^+(\pi) \neq \emptyset\} \cap \{I_\infty^-(\pi) \neq \emptyset\}) = 0$$

が成立する．

証明 一般性を失うことなく π を上半平面として議論をすることができる．

$$P(\{I_\infty^+(\pi) \neq \emptyset\} \cap \{I_\infty^-(\pi) \neq \emptyset\}) > 0$$

8.1 2次元イジングモデルの相構造の決定

とすると,命題 8-7 により $I_\infty^+(\pi)$ も $I_\infty^-(\pi)$ も $\partial\pi$ と無限回交わるが,$I_\infty^+(\pi)$ が $\partial\pi$ の右側と無限回交われば,$I_\infty^-(\pi)$ は $I_\infty^+(\pi)$ にさえぎられて $\partial\pi$ の左側としか無限回交われない.一般性を失うことなく

$$P(I_\infty^+(\pi) \text{ が}\partial\pi\text{の右側と}\infty\text{回交わり}, I_\infty^-(\pi)\text{ は}\partial\pi\text{の左側と}\infty\text{回交わる}) > 0 \tag{8-12}$$

としてよい.(8–12) の事象に属する ω については $I_\infty^+(\pi) \cap \partial\pi$ の左端の点 l_π^+ が存在する.ところが,P はシフト不変だから,任意の $j \in \partial\pi$ に対して $P(l_\pi^+ = j)$ は $j \in \partial\pi$ によらない正の値となる.$j \in \partial\pi$ について和をとると,(8–12) の左辺になるから 左辺の値は $P(l_\pi^+ = j) \times \infty$ の値,これは左辺の値が 1 以下,正であることから不可能.したがって,

$$P(\{I_\infty^+(\pi) \neq \emptyset\} \cap \{I_\infty^-(\pi) \neq \emptyset\}) = 0$$

となる. ∎

補題 8-9 により,P がシフト不変なときには半平面で $\omega^{-1}(+1)$ か $\omega^{-1}(-1)$ のどちらかは無限連結成分をもたないことがわかる.P が $\mathcal{G}(\beta,0)$ の元なので,P を表す $\mathcal{G}(\beta,0)$ の端点はいずれもこの性質をもたなくてはいけないことになる.

補題 8-10 $P \in \mathcal{G}(\beta,0)$ が端点で,任意の半平面 π に対して

$$P(\{I_\infty^+(\pi) \neq \emptyset\} \cap \{I_\infty^-(\pi) \neq \emptyset\}) = 0 \tag{8-13}$$

をみたすものとする.さらに,ある半平面 π_1 に対して

$$P(\{I_\infty^+(\pi_1) \neq \emptyset\} \cup \{I_\infty^-(\pi_1) \neq \emptyset\}) = 0 \tag{8-14}$$

をみたすならば,P はシフト不変でかつ $\mathbf{Z}^2$ の任意の点を中心とした $180°$ 回転で不変となり,さらに任意の半平面 π に対しても

$$P(\{I_\infty^+(\pi) \neq \emptyset\} \cup \{I_\infty^-(\pi) \neq \emptyset\}) = 0 \tag{8-15}$$

が成立する.

証明 (8–14) は命題 8-7 により (8–9) と同値な条件となるので,命題 8-6 から $P = P \circ U \circ R_{\pi_1}$ となる.次に,π_1 と直交する半平面を π_2 とするとき,$P(I_\infty^+(\pi_2) \neq \emptyset) = 1$ ならば

$$1 = P \circ U \circ R_{\pi_1}(I_\infty^+(\pi_2) \neq \emptyset) = P(I_\infty^-(\pi_2) \neq \emptyset)$$

となり, π_2 で + と − の無限連結成分の共存が起こることになり, (8–13) に反する. 同様に, $P(I_\infty^-(\pi_2) \neq \emptyset) = 1$ も起こってはいけない. したがって

$$P(\{I_\infty^+(\pi_2) \neq \emptyset\} \cup \{I_\infty^-(\pi_2) \neq \emptyset\}) = 0 \qquad (8\text{–}16)$$

が成立する. (8–14), (8–16) と命題 8-6 により, P が縦軸方向も横軸方向もシフト不変であることがわかる. さらに, $P = P \circ U \circ R_{\pi_1} = P \circ U \circ R_{\pi_2}$ より

$$P \circ R_{\pi_1} \circ R_{\pi_2} = P \circ U \circ R_{\pi_1} \circ U \circ R_{\pi_2} = P$$

となる. また, $R_{\pi_1} \circ R_{\pi_2}$ は $\partial\pi_1 \cap \partial\pi_2$ (=1 点) を中心とする回転運動であり, シフト不変性と合わせると回転運動不変性が得られる. 任意の半平面 π は π_1 か π_2 のシフトで書けるから (8–15) が導ける. ∎

補題 8-11 $P \in \mathcal{G}(\beta, 0)$ が端点で, 任意の半平面 π に対して (8–13) が成立しているものとする. さらに, ある半平面 π_1 において $P(I_\infty^+(\pi_1) \neq \emptyset) = 1$ をみたすならば, π_2 を $\partial\pi_1$ を軸とした π_1 の対称移動として

$$P(I_\infty^+(\pi_2) \neq \emptyset) = 1$$

となる.

証明 結論を否定すると $P(I_\infty^+(\pi_2) \neq \emptyset) = 0$ となり, (8–13) と $P(I_\infty^+(\pi_1) \neq \emptyset) = 1$ から $P(I_\infty^-(\pi_1) \neq \emptyset) = 0$ も成立する. これより命題 8-6 の議論を用いると $P = P \circ U \circ R_{\pi_1}$ が導ける. ここで, π_3 を π_1 と直交する半平面とすると $P = P \circ U \circ R_{\pi_1}$ なので, $P(I_\infty^+(\pi_3) \neq \emptyset) = 1$ ならば $P(I_\infty^-(\pi_3) \neq \emptyset) = 1$ となり, (8–13) に反する. したがって, どちらの確率も 0 となり補題 8-10 より $P(I_\infty^+(\pi_1) \neq \emptyset) = 0$ でないといけない. これは矛盾する. ∎

補題 8-12 補題 8-11 と同じ仮定のもとで $P = P_+^\beta$ となる.

証明 $j \in \partial\pi_1$ を任意にとり, Λ を j を中心とする十分大きな正方形とする. $W \supset \Lambda$ を j を中心とする十分大きな正方形とすると

$$P(\{I_\infty^+(\pi_1) \cap \Lambda \neq \emptyset\} \cap \{I_\infty^+(\pi_2) \cap \Lambda \neq \emptyset\}) \geq \frac{3}{4} \qquad (8\text{–}17)$$

かつ

$$P(W \setminus \Lambda \text{内に} \Lambda \text{を囲む} \pi_1 \text{と} \pi_2 \text{の} +_* \text{半輪がそれぞれ存在}) \geq \frac{3}{4}$$
$$(8\text{–}18)$$

8.1　2次元イジングモデルの相構造の決定

とできる. $\partial W \cap \partial \pi_1$ の2点を k, l と書く. さらに, $V \supset W$ を j を中心とする十分大きな正方形として

$$P(V \setminus W \text{ 内に } \Lambda \text{ を囲む } \pi_1 \text{ と } \pi_2 \text{ の } +* \text{ 半輪がそれぞれ存在}) \geq \frac{3}{4}$$
(8–19)

とできる. 以上を合わせると FKG 不等式により

$$P\begin{pmatrix} V \setminus \Lambda \text{ の中で } k,l \text{ を囲み } \Lambda \text{ を囲まない } \pi_1 \text{ の } +* \text{ 半輪がそれぞれ} \\ \text{存在して, ともに } I_\infty^+(\pi_1) \text{ と } V \setminus \Lambda \text{ で } +* \text{ 連結となる} \end{pmatrix} \geq \left(\frac{3}{4}\right)^3$$

$$\geq \frac{1}{4}$$

となる. k, l を囲む $V \setminus \Lambda$ 内で Λ を囲まないような最大の π_1 の $+*$ 半輪の形で条件をつけることにより, 補題 8-3 の系 8.4 より

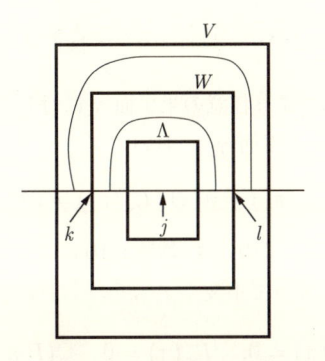

$$P\begin{pmatrix} k,l \text{ を囲む } +* \text{ 輪で } \Lambda \text{ を囲まないものがそれぞれ } V \setminus \Lambda \text{ 内に} \\ \text{存在して, } \Lambda \text{ の外で } \pi_1 \text{ の側を通る } +* \text{ 路によって結ばれる} \end{pmatrix} \geq \frac{1}{16}$$

となる (図 8.2).

図 8.2　Λ を囲む $+*$ 輪

π_1 を π_2 にしても (8–17)〜(8–19) より上と同じ議論ができるので, 上で π_1 を π_2 に変えた事象の確率も $\frac{1}{16}$ 以上となる. P は $\mathcal{G}(\beta,0)$ の端点なので, FKG 不等式が成り立つので, π_1 に対する事象と π_2 に対する事象の交わりの確率は $(\frac{1}{16})^2 = \frac{1}{216}$ 以上となる. ところが, この交わりの事象では Λ を囲む $+*$ 輪が存在している. この確率は Λ に関係しておらず, $\{\Lambda\text{を囲む} +*\text{輪が存在}\}$ という事象は Λ について減少するので

$$P\left(\bigcap_{\substack{\Lambda:j \text{ を中心と} \\ \text{する正方形}}} \{\Lambda \text{ を囲む} +* \text{輪が存在}\}\right) \geq \frac{1}{256}$$

がわかる.この事象は $\mathcal{B}_\infty$-可測なので,定理 5-10 により上の確率は 1 となり,命題 8-1 から $P = P_+^\beta$ が導ける. ∎

上の証明で P に対して FKG 不等式を使ったが,これは次の命題によって保証される.

命題 8-13 $P \in \mathcal{G}(\beta, 0)$ が端点ならば,P は FKG 不等式をみたす.

証明 $\Lambda_n \uparrow \mathbf{Z}^2$ を有界集合の列として $\Lambda_n \supset \Lambda$ とする.f, g を $\mathcal{B}_\Lambda$-可測で単調増加なシリンダー関数とする.P が端点であることと定理 5-10 により,ある $\omega \in \Omega$ があって

$$P = \lim_{n \to \infty} P_{\Lambda_n, \omega}^\beta$$

と書ける.このとき,$P_{\Lambda_n, \omega}^\beta$ は FKG 不等式をみたすので

$$P_{\Lambda_n, \omega}^\beta(fg) \geq P_{\Lambda_n, \omega}^\beta(f) P_{\Lambda_n, \omega}^\beta(g)$$

が成立する.ここで,$n \to \infty$ とすると求める式を得る. ∎

補題 8-11,補題 8-12 により任意の半平面 π に対し (8–13) をみたす $\mathcal{G}(\beta, 0)$ の端点 P については,上半平面 π_1 において

$$P(\{I_\infty^+(\pi_1) \neq \emptyset\} \cup \{I_\infty^-(\pi_1) \neq \emptyset\}) = 0$$

の場合のみを考えればよい.このとき,補題 8-10 により P は 180° 回転,$U \circ R_{\pi_1}$,$U \circ R_{\pi_2}$ およびシフトによって不変ですべての半平面 π 上

$$I_\infty^+(\pi) = \emptyset, \quad I_\infty^-(\pi) = \emptyset \quad (P\text{-a.s.})$$

が成立している.

補題 8-14 $P \in \mathcal{G}(\beta, 0)$ とし,π を半平面とする.

$$P(I_\infty^+(\pi) \neq \emptyset) = 0$$

ならば,$j \in \partial \pi$ を任意にとり j を中心とする任意の正方形 Λ に対して $\partial \pi \setminus \Lambda$ 上に j に関して対称な 2 点 k, l を選んで,次のどちらかが成立するようにできる.

8.1 2次元イジングモデルの相構造の決定

$$P(\Lambda \text{ を囲む } -* \text{ 輪が存在}) \geq \frac{1}{16} \tag{8-20}$$

または

$$P\begin{pmatrix} \Lambda \text{ の外で } k \text{ と } l \text{ を囲む } -* \text{ 輪がそれぞれとれて,} \\ \text{この 2 つの } -* \text{ 輪が } \Lambda \text{ の外で } -* \text{ 連結} \end{pmatrix} \geq \frac{1}{128} \tag{8-21}$$

となる.

証明 仮定から $I_\infty^+(\pi) = \emptyset$ (P-a.s.) となるので, j を中心とする正方形 $W_1 \supset W_2 \supset \Lambda$ を十分大きくとって

$$P\begin{pmatrix} W_2 \text{ 内に } \Lambda \text{ を囲む } \pi \text{ の } -* \text{ 半輪があり,} \\ W_1 \text{ 内に } W_2 \text{ を囲む } \pi \text{ の } -* \text{ 半輪がある} \end{pmatrix} \geq \frac{1}{2} \tag{8-22}$$

となるようにする. k, l は W_2 の境界 ∂W_2 と $\partial \pi$ の 2 つの交点とする. このとき, W_2 が j を中心としているから k, l は j について対称である. いつものように W_1 内で W_2 を囲む一番外側の π の $-*$ 輪を $S_1(\omega)$, Λ を囲む W_2 内の一番内側の π の $-*$ 半輪を $S_2(\omega)$ とし, $S_1(\omega)$ と $S_2(\omega)$ の形で (8-22) の事象を分類する. $(W_1 \setminus W_2) \cap \pi$ と $(W_2 \setminus \Lambda) \cap \pi$ にそれぞれ π の $*$ 半輪 S と T をとり

$$\{S_1(\omega) = S, S_2(\omega) = T\}$$

という事象で条件をつけて考える. この条件は π の中で S の外側と T の内側のスピン配置のみに関する条件であることを注意する.

S, T の $\partial \pi$ を軸とした対称移動を $\hat{S}, \hat{T}$ と書く. $S \cup \hat{S}$ と $T \cup \hat{T}$ によって囲まれるドーナツ状の領域を Θ とすると, $\Theta \cup S \cup T$ は k, l を含む集合となっている.

$$A = \begin{Bmatrix} \Theta \text{ 内に } k \text{ を囲み } \Lambda \text{ を囲まない } -* \text{ 輪が存在して,} \\ S \cup T \text{ と } -* \text{ 連結} \end{Bmatrix}$$

とおき,

$$P(A | \{S_1(\omega) = S, S_2(\omega) = T\})$$

を下から評価することを考える. $k \in S \cup T$ なら明らかにこの確率は 1 なので ($-*$ 輪として, 特に 1 点も許すことにする), $k \in \Theta$ の場合を考える.

A は単調減少な事象なので, P がギブス測度であることと FKG 不等式により

$P(A | \{S_1(\omega) = S, S_2(\omega) = T\})$

$\geq P(A | \omega(i) = -1 \, (i \in S \cup T), \omega(i) = +1 \, (i \in (\hat{S} \cup \hat{T}) \setminus (S \cup T)))$

を得る. ω を $S \cup T$ 上 -1, $(\hat{S} \cup \hat{T}) \setminus (S \cup T)$ 上 $+1$ となるスピン配置とすると, 上式右辺は $P_{\Theta,\omega}^{\beta}(A)$ と等しく, 補題 8-3 と同じ議論をすることにより

$$P_{\Theta,\omega}^{\beta}(A) \geq P_{\Theta,\omega}^{\beta}(U \circ R_\pi A)$$

となる. ところが,

$$U \circ R_\pi A = \left\{ \begin{array}{l} \Theta \text{ 内に } k \text{ を囲み, } \Lambda \text{ を囲まない } +* \text{ 輪で,} \\ \hat{S} \cup \hat{T} \text{ と } +* \text{ 連結なものが存在する} \end{array} \right\}$$

となるので

$$(A \cup (U \circ R_\pi A))^c \subset \{T \cup \hat{T} \text{ を囲む } -* \text{ 輪か } +* \text{ 輪が } W_1 \text{ 内に存在}\}$$

となることに注意すると

$$P_{\Theta,\omega}^{\beta}(A) \geq \frac{1}{2} - \frac{1}{2} P_{\Theta,\omega}^{\beta}(T \cup \hat{T} \text{ を囲む } -* \text{ 輪か } +* \text{ 輪が } W_1 \text{ 内に存在する}) \tag{8-23}$$

を得る. 再び補題 8-3 と同じ議論により

$$P_{\Theta,\omega}^{\beta}(T \cup \hat{T} \text{を囲む} -* \text{輪が } W_1 \text{内に存在})$$
$$\geq P_{\Theta,\omega}^{\beta}(T \cup \hat{T} \text{を囲む} +* \text{輪が } W_1 \text{内に存在})$$

なので, このことを用いて

$$P_{\Theta,\omega}^{\beta}(T \cup \hat{T} \text{を囲む} -* \text{輪か} +* \text{輪が } W_1 \text{内に存在})$$

と $\frac{1}{2}$ との大小を比較することによって, 次のいずれかが成立することになる.

$$P_{\Theta,\omega}^{\beta}(T \cup \hat{T} \text{を囲む} -* \text{輪が} \Theta \text{内に存在}) \geq \frac{1}{4} \tag{8-24}$$

または

$$P_{\Theta,\omega}^{\beta}(A) \geq \frac{1}{4}. \tag{8-25}$$

$T \cup \hat{T}$ を囲む $+*$ 輪が存在しなければ S と T を結ぶ $-*$ 路が Θ 内に存在するので,

$$P_{\Theta,\omega}^{\beta}(T \cup \hat{T} \text{を囲む} -* \text{輪か} +* \text{輪が } W_1 \text{ 内に存在}) \leq \frac{1}{2} \tag{8-26}$$

ならば

$$P_{\Theta,\omega}^{\beta}(S \text{ と } T \text{ は } \Theta \text{ 内で } -* \text{ 連結}) \geq \frac{1}{2} \tag{8-27}$$

8.1 2次元イジングモデルの相構造の決定

となる.もちろん,このとき (8–23) から (8–25) が成り立つこともわかる.事象 A の定義で k を l にかえても同じ議論はできるので

$$B = \{\Theta \text{ 内で } l \text{ を囲む } -* \text{ 輪が存在して,} S \text{ か } T \text{ と } -* \text{ 連結}\}$$

とおくと,(8–26) が成り立つならば $P^{\beta}_{\Theta,\omega}(B) \geq \frac{1}{4}$ も成立する.以上あわせて FKG 不等式を用いると,(8–26) が成り立つと

$$P^{\beta}_{\Theta,\omega}(k, l \text{ を囲む } -* \text{ 輪があり,これらは } \Theta \text{ 内で } -* \text{ 連結})$$
$$\geq P^{\beta}_{\Theta,\omega}(A \cap B \cap \{S \text{ と } T \text{ は } \Theta \text{ 内で } -* \text{ 連結}\})$$
$$\geq \left(\frac{1}{4}\right)^2 \frac{1}{2} = \frac{1}{32}$$

が成り立つ.また,(8–26) が成り立たないと (8–24) が成り立つ.したがって,(8–22) から

$$\sum_{S,T:(8\text{–}26) \text{ が成立}} P(S_1 = S, S_2 = T) \geq \frac{1}{4} \qquad (8\text{–}28)$$

または

$$\sum_{S,T:(8\text{–}24) \text{ が成立}} P(S_1 = S, S_2 = T) \geq \frac{1}{4} \qquad (8\text{–}29)$$

が成立する.(8–29) が成立するとき

$P(\Lambda \text{ を囲む } -* \text{ 輪が存在})$
$$\geq \sum_{S,T:(8\text{–}24) \text{ が成立}} P(\{\Lambda \text{ を囲む } -* \text{ 輪が存在}\} \cap \{S_1 = S, S_2 = T\})$$
$$\geq \frac{1}{4} \times \frac{1}{4} = \frac{1}{16}$$

が成り立つ.

また,(8–28) が成立するとき

(8–21) の左辺
$$\geq \sum_{S,T:(8\text{–}22) \text{ が成立}} P(A \cap B \cap \{S \text{ と } T \text{ は } \Theta \text{ で } -* \text{ 連結}\} \cap \{S_1 = S, S_2 = T\})$$
$$\geq \frac{1}{32} \times \frac{1}{4} = \frac{1}{128}$$

が成り立つ. ∎

定理 8-8 の証明 $P \in \mathcal{G}(\beta,0)$ が端点で任意の半平面 π に対して (8–13) が成り立つものと仮定して $P = P_+^\beta$ か $P = P_-^\beta$ を示せば,補題 8-9 から定理の結論を得る.

まず,ある半平面 π に対して (8–14) が成り立つと P は 180° 回転で不変となり,補題 8-14 を使うことにより (8–20) または (8–21) が成立している.(8–21) が成立しているとき,k,l を囲む $-*$ 輪達を結ぶ $-*$ 路が Λ に関し時計まわりか反時計まわりかで (k から l へ) 結んでいるから,どちらかの確率は $\frac{1}{2} \cdot \frac{1}{128} = \frac{1}{256}$ 以上となる.この 2 つの事象は j を中心とする 180° 回転で移りあい,P がこの回転移動で不変なことと,両方の事象が同時に起こると Λ を囲む $-*$ 輪が存在することから,FKG 不等式により,(8–20) と合わせて

$$P(\Lambda \text{を囲む} -* \text{輪が存在}) \geq \left(\frac{1}{256}\right)^2$$

が成り立つ.Λ は任意なので

$$P\left(\bigcap_\Lambda \{\Lambda \text{ を囲む} -* \text{輪が存在する}\}\right) \geq \left(\frac{1}{256}\right)^2 > 0$$

が成り立つ.ただし,$\bigcap_\Lambda$ は j を中心とする正方形 Λ についての共通部分をとる.この事象は $\mathcal{B}_\infty$-可測なので,定理 5-10 により上の確率は 1 に等しくなる.このとき,命題 8-1 により $P = P_-^\beta$ となるが,補題 8-10 とわれわれの最初の仮定により $P = P \circ U \circ R_\pi = P_+^\beta$ となり,$P_+^\beta \neq P_-^\beta$ という大前提に反する.つまり,任意の半平面 π で

$$P(\{I_\infty^+(\pi) \neq \emptyset\} \cup \{I_\infty^-(\pi) \neq \emptyset\}) = 1 \qquad (8\text{–}30)$$

とならなくてはいけない (これらの事象は $\mathcal{B}_\infty$-可測で P は端点であることに注意).いま,π_1 を上半平面,π_2 を下半平面とすると補題 8-12 と (8–30) により,$P = P_+^\beta$ か $P = P_-^\beta$ でなくてはならない. ∎

8.2 ミンロス・シナイの相分離定理 ([60], [61])

$\mathbf{Z}^2$ における 1 辺 L の正方形の領域 $V = V_L$ を考え,+ 境界条件のもとでイジングモデルを考える.このとき,V 内の - スピンの和を $|V|$ で割ったものが $L \to \infty$ としたとき $n^*(\beta)$ に収束するというのが大数の法則であった.

ここでは,V 内の - スピンの数を $\rho|V|$ に固定したとき,- スピンの配置がどう

8.2 ミンロス・シナイの相分離定理

なるかを考えよう.そのために,まず $-$ スピンの数を $\rho|V|$ に固定したときの条件付きギブス測度を定義しておく.スピン配置空間 Ω_V の中で $N_V^-(\omega) = \rho|V|$ となる $\omega \in \Omega_V$ の全体を $\Omega_{V,\rho}$ で表す.すなわち

$$\Omega_{V,\rho} = \{\omega \in \Omega_V;\ N_V^-(\omega) = \rho|V|\}$$

である.

次に,V 内の $-$ スピンの数が $\rho|V|$ となる条件のもとでの条件付き確率を

$$P_{V,\rho}(\omega) = \begin{cases} Z_{V,\rho}^{-1} \exp\{-\beta H_{V,+}(\omega)\} & (\omega \in \Omega_{V,\rho}), \\ 0 & (\omega \notin \Omega_{V,\rho}) \end{cases}$$

で定める.ここで,$Z_{V,\rho}$ は規格化定数である.この条件付き確率測度は $-$ スピンの数が $\rho|V|$ と固定された系の平衡状態を表すと考えられる.この測度を**カノニカルギブス測度** (canonical Gibbs measure) とよぶ.境界上のスピンが $+$ に固定されているので,$-$ スピン達は壁から離れる傾向をもつ.

$c_0 > 0$ をある与えられた十分に小さい定数とし (ミンロス・シナイの論文 [60] では $c_0 = \frac{1}{333}$ ととっている),

$$|\Gamma| \geq c_0 \log|V|$$

をみたすときコントゥアー Γ を c_0 **大コントゥアー**とよび,上とは逆の不等式が成り立つとき c_0 **小コントゥアー**とよぶ.また,c_0 小コントゥアーに囲まれない c_0 大コントゥアーを**相境界** (phase boundary) といい Δ で表す.この相境

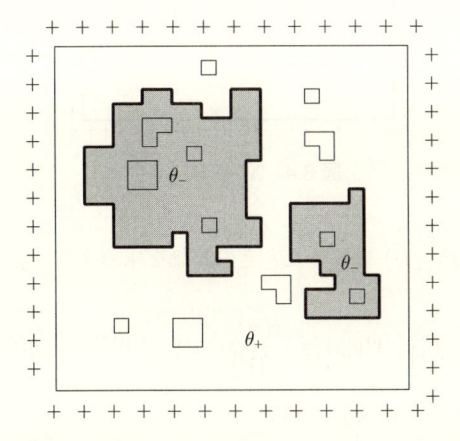

図 8.3 相境界 (太線の部分) と $+$ 相 θ_+,$-$ 相 θ_-

界によって V は図 8.3 のように $+$ 相 θ_+ と $-$ 相 θ_- に分離できる。これから，この $+$ 相，$-$ 相および相境界の挙動について確率的な評価を行なっていこう．

8.1 節において $+$ 境界条件のもとで $N_V^-(\cdot)/|V|$ が $n^*(\beta)$ に確率収束することをみたが，同様に $-$ 境界条件のもとで $N_V^-(\cdot)/|V|$ が $n^{**}(\beta) = 1 - n^*(\beta)$ に確率収束することがわかる．

このことに注意して，面積 $|W|$ が

$$n^*(\beta)(|V| - |W|) + n^{**}(\beta)|W| = \rho|V|$$

で与えられる正方形 W を 1 つ固定する．このとき

$$|W| = \frac{\rho - n^*(\beta)}{1 - 2n^*(\beta)}|V|$$

となる．

さらに，W を外側コントゥアーにもつスピン配置 $\omega \in \Omega_V$ 全体からなる集合を $\mathfrak{M}$ で表し，W の内側の $-$ 境界条件をもつ領域を W_1 とし，外側の $+$ 境界条件をもつ領域を W_2 とする (図 8.4)．

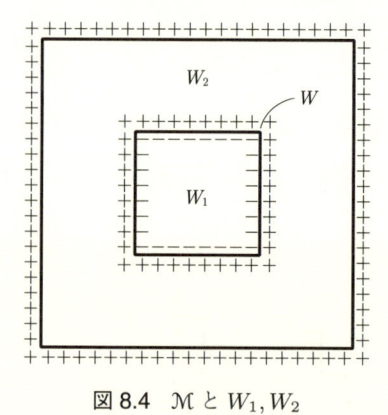

図 8.4　$\mathfrak{M}$ と W_1, W_2

まず，$\Omega_{V,\rho}$ を $P_{V,+}^{\beta}(\cdot)$ で測ったときの評価を求めよう．

補題 8-15 $\quad P_{V,+}^{\beta}(\Omega_{V,\rho}) \geq \dfrac{c(\beta)}{\sqrt{|V|}} \exp\{-4\beta|W|^{\frac{1}{2}} - \delta(\beta)|W|^{\frac{1}{2}}\}.$

ここで，$\delta(\beta) \to 0 \ (\beta \to \infty)$ である．

8.2 ミンロス・シナイの相分離定理

証明 条件付き確率 $P_{\mathcal{M}}(\cdot)$ を

$$P_{\mathcal{M}}(\cdot) = P_{V,+}^{\beta}(\cdot|\mathcal{M})$$

で定める.

$$P_{V,+}^{\beta}(\Omega_{V,\rho}) \geq P_{V,+}^{\beta}(\mathcal{M})P_{\mathcal{M}}(\Omega_{V,\rho})$$

という評価が得られ,$P_{\mathcal{M}}(\cdot)$ で測ったときには W の内側の事象と外側の事象とは独立になる.より詳しく述べると,W_1 におけるコントゥアーの全体を a_1 とし,W_2 におけるコントゥアーの全体を a_2 とすると

$$P_{\mathcal{M}}(\omega) = P_{W_1,-}^{\beta}(a_1)P_{W_2,+}(a_2) \qquad (\omega = (W, a_1, a_2))$$

となる.

k_γ を W_2 における γ と合同な外側コントゥアーの数とすると,これの $P_{\mathcal{M}}(\cdot)$ に関する期待値は

$$E_{\mathcal{M}}[k_\gamma] = \sum_{\substack{\Gamma \subset W_2, \\ \Gamma \in \tilde{\gamma}}} \pi_{W_2}^{\beta}(\Gamma)$$

と表される.また,補題 7-9 を導いたのと同じ方法により

$$\begin{cases} E_{\mathcal{M}}[k_\gamma] = \pi^{\beta}(\gamma)|W_2| + \tilde{\delta}_\gamma, \\ |\tilde{\delta}_\gamma| \leq c_1|\gamma|e^{-\beta|\gamma|}L \qquad (c_1 > 0) \end{cases} \tag{8-31}$$

という評価が成り立つ.また,k_γ の分散についても外側コントゥアーの相関関数を用いて

$$D_{\mathcal{M}}[k_\gamma] = \sum_{\substack{\Gamma_1, \Gamma_2 \subset W_2, \\ \Gamma_1, \Gamma_2 \in \tilde{\gamma}}} \left\{ \pi_{W_2}^{\beta}(\Gamma_1, \Gamma_2) - \pi_{W_2}^{\beta}(\Gamma_1)\pi_{W_2}^{\beta}(\Gamma_2) \right\}$$
$$+ \sum_{\substack{\Gamma \subset W_2, \\ \Gamma \in \tilde{\gamma}}} \pi_{W_2}^{\beta}(\Gamma)\left(1 - \pi_{W_2}^{\beta}(\Gamma)\right) \tag{8-32}$$

と表され

$$D_{\mathcal{M}}(k_\gamma) \leq c_2(\beta)e^{-\beta|\gamma|}L^2, \qquad c_2(\beta) \to 0 \ (\beta \to \infty)$$

という評価が成り立つ.(8-31), (8-32) とチェビシェフの不等式により,各 γ について

$$P_{\mathcal{M}}\left(|k_\gamma - \pi^{\beta}(\gamma)|W_2|| \geq c_1|\gamma|e^{-\frac{1}{3}\beta|\gamma|}L\right)$$
$$\leq \frac{c_2 e^{-\beta|\gamma|}L^2}{c_1^2|\gamma|^2(e^{-\frac{2}{3}\beta|\gamma|} - e^{-\beta|\gamma|})L^2} \leq c_3 e^{-\frac{1}{3}\beta|\gamma|}$$

という評価が成り立つ．ここで，$c_3 = c_2/4^2 c_1^2$ である．

また，$|\gamma| = k, \gamma \ni O$ となるコントゥアーの数は $4 \cdot 3^{k-1}$ で上から評価できるので

$$P_{\mathfrak{M}}\left(\text{ある } \gamma \text{ について } |k_\gamma - \pi^\beta(\gamma)|W_2|| \geq c_1|\gamma|e^{-\frac{1}{3}\beta|\gamma|}L\right)$$
$$\leq c_3 \sum_{k=4}^\infty 4 \cdot 3^{k-1} e^{-\frac{1}{3}\beta k} = g_1(\beta)$$

が成立し，$g_1(\beta) \to 0$ $(\beta \to \infty)$ となる．排反事象をとることにより

$$P_{\mathfrak{M}}\left(\text{すべての } \gamma \text{ に対して } |k_\gamma - \pi^\beta(\gamma)|W_2|| < c_1|\gamma|e^{-\frac{1}{3}\beta|\gamma|}L\right)$$
$$\geq 1 - g_1(\beta) \tag{8-33}$$

という評価が成り立つ．

したがって，

$$\tilde{\mathfrak{M}} = \left\{\omega \in \mathfrak{M}; \text{すべての } \gamma \text{ に対して } |k_\gamma(\omega) - \pi^\beta(\gamma)|W_2|| < c_1|\gamma|e^{-\frac{1}{3}\beta|\gamma|}L\right\}$$

とおくと，十分大きい β に対して

$$P_{\mathfrak{M}}(\tilde{\mathfrak{M}}) \geq \frac{1}{2} \tag{8-34}$$

が成り立つ．

a を W_2 における外側コントゥアーの集合とし，

$$\tilde{\mathfrak{M}}(a) = \left\{\begin{array}{l}\omega \in \tilde{\mathfrak{M}}; \omega \text{ のもとでの } W_2 \text{ における} \\ \text{外側コントゥアーの全体が } a \text{ になる}\end{array}\right\}$$

とおくと

$$\tilde{\mathfrak{M}} = \bigcup_a \tilde{\mathfrak{M}}(a)$$

となる．

γ_0 を 1 辺が 3 の正方形からなるコントゥアーとし，W_2 において γ_0 と合同な外側コントゥアー内部における $-$ スピンの総和を $N_1(\omega)$ とし，それ以外の外側コントゥアー内部の $-$ スピンの総和を $N_2(\omega)$ とし，$N_0(\omega) = N_1(\omega) + N_2(\omega)$ とおく．

$P_{\tilde{\mathfrak{M}}(a)}(\cdot)$ で測ったときの N_0 の挙動を評価しよう．

$$E_{\tilde{\mathfrak{M}}(a)}(N_0) = \sum_\gamma k_\gamma(a) \langle n_\gamma^- \rangle = |W_2| n^*(\beta) + \delta$$

8.2 ミンロス・シナイの相分離定理

とおくと
$$|\delta| \leq c_4(\beta)L, \qquad c_4(\beta) \to 0 \ (\beta \to \infty)$$
という評価が得られる．ここで，$k_\gamma(a)$ は W_2 の外側コントゥアーの全体 a の中で，γ と合同なコントゥアーの個数である．同様に，分散に関しても
$$D_{\tilde{\mathfrak{M}}(a)}(N_0) \leq c_5(\beta)L^2$$
という評価が得られる．次に，
$$g_2(\beta) = \frac{c_5(\beta)}{(d_1(\beta) - c_4(\beta))^2} \to 0, \quad d_1(\beta) \to 0 \qquad (\beta \to \infty)$$
となる $d_1(\beta)$ をとると，δ についての評価とチェビシェフの不等式を用いることにより
$$P_{\tilde{\mathfrak{M}}(a)}\left(|N_0 - n^*(\beta)|W_2|| > d_1(\beta)L\right) \leq g_2(\beta) \qquad (8\text{--}35)$$
となる．

$P_{\tilde{\mathfrak{M}}(a)}(\cdot)$ で測ったとき N_1 と N_2 は独立であることに注意する．さらに，N_1 は k_{γ_0} 個の独立同分布な確率変数の和として表され，$k_{\gamma_0} \sim \pi^\beta(\gamma_0)|W_2|$ であるから，N_1 については局所極限定理が適用でき，次の評価が得られる．

任意の $\epsilon > 0$ に対して L を十分大きくとると，
$$\left|k_1 - E_{\tilde{\mathfrak{M}}(a)}[N_1]\right| \leq t\sqrt{D_{\tilde{\mathfrak{M}}(a)}[N_1]}$$
となる k_1 について一様に
$$\left|\sqrt{D_{\tilde{\mathfrak{M}}(a)}[N_1]}P_{\tilde{\mathfrak{M}}(a)}(N_1 = k_1) - \frac{1}{\sqrt{2\pi}}\exp\left\{-\frac{1}{2}\left(\frac{k_1 - E_{\tilde{\mathfrak{M}}(a)}[N_1]}{\sqrt{D_{\tilde{\mathfrak{M}}(a)}[N_1]}}\right)^2\right\}\right| < \epsilon$$
とできる．ここで，$t > 0$ は任意に固定されている．

したがって，
$$P_{\tilde{\mathfrak{M}}(a)}(N_1 = k_1) \geq \frac{D(\beta)}{L}$$
となる $D(\beta) > 0$ がとれる．

そこで，
$$|k - n^*(\beta)|W_2|| \leq d_2(\beta)L, \qquad d_2(\beta) \to 0 \ (\beta \to \infty)$$
をみたす k をとり，$d_3(\beta) \to 0 \ (\beta \to \infty)$，$d_3(\beta) > d_1(\beta) + d_2(\beta)$ をみたす $d_3(\beta)$ をとると，

$$P_{\tilde{M}(a)}(N_0 = k)$$
$$= \sum_{k_1} P_{\tilde{M}(a)}(N_1 = k_1) P_{\tilde{M}(a)}(N_2 = k - k_1)$$
$$\geq \sum_{\left|k_1 - E_{\tilde{M}(a)}[N_1]\right| \leq d_3(\beta)L} P_{\tilde{M}(a)}(N_1 = k_1) P_{\tilde{M}(a)}(N_2 = k - k_1)$$
$$\geq \frac{D(\beta)}{L} P_{\tilde{M}(a)} \left(\left|k - N_2 - E_{\tilde{M}(a)}(N_1)\right| \leq d_3(\beta)L \right)$$

が成り立つ.

$d_4(\beta) = d_3(\beta) - d_1(\beta) - d_2(\beta)$ とおくと, (8–35) と k の取り方により

$$P_{\tilde{M}(a)} \left(\left|N_1 - E_{\tilde{M}(a)}(N_1)\right| \leq d_4(\beta)L \right)$$
$$\leq P_{\tilde{M}(a)} \left(\left|N_2 + E_{\tilde{M}(a)}(N_1) - k\right| \leq d_3(\beta)L \right) + g_2(\beta)$$

が成り立ち, $d_3(\beta)$ をうまくとることによりチェビシェフの不等式により, $g_3(\beta) \to 0 \; (\beta \to \infty)$ となる関数 $g_3(\beta)$ がとれて

$$P_{\tilde{M}(a)} \left(\left|N_2 + E_{\tilde{M}(a)}(N_1) - k\right| \leq d_3(\beta)L \right) \geq 1 - g_2(\beta) - g_3(\beta)$$

とできる.

したがって, 十分大きい β をとれば

$$P_{\tilde{M}(a)}(N_0 = k) \geq \frac{D(\beta)}{2L} \tag{8–36}$$

とできる.

W_1 における $-$ スピンの数を N_3 とすると,

$$P_{\tilde{M}(a)}(N_V^- = \rho|V|)$$
$$\geq \sum_{k;\; \left|k - n^*(\beta)|W_2|\right| \leq d_2(\beta)L} P_{\tilde{M}(a)}(N_0 = k) P_{\tilde{M}(a)} \left(N_3 = \rho|V| - k - 4|W|^{\frac{1}{2}} \right)$$
$$\geq \frac{D(\beta)}{2L} P_{\tilde{M}(a)} \left(\left|N_3 - n^{**}(\beta)|W_1|\right| \leq d_2(\beta)L \right)$$

が成り立つ.

$P_{\tilde{M}(a)}(\cdot)$ で測るとき, N_3 の挙動は W_1 において $-$ 境界条件のもとで W_1 内の $-$ スピンの数の挙動を調べることであるので, 前と同様の方法で十分大きい β について

8.2 ミンロス・シナイの相分離定理

$$P_{\tilde{\mathcal{M}}(a)}\left(|N_3 - n^{**}(\beta)|W_1|| \le d_2(\beta)L\right) \ge \frac{1}{2}$$

とできる．これより

$$P_{\tilde{\mathcal{M}}(a)}(N_V^- = \rho|V|) \ge \frac{D(\beta)}{4L} \tag{8–37}$$

となる．(8–37) の右辺は a によらないので

$$P_{\tilde{\mathcal{M}}}(N_V^- = \rho|V|) \ge \frac{D(\beta)}{4L}$$

となる．したがって，(8–34) より

$$P_{\mathcal{M}}(\Omega_{V,\rho}) = P_{\mathcal{M}}(N_V^- = \rho|V|) \ge \frac{D(\beta)}{8L}$$

となる．

また，$P_{V,+}^\beta(\mathcal{M}) = \rho_V(W)$ であるから外側コントゥアーの相関関数の下からの評価 (定理 7.7 (1)) を用いると，補題の証明が得られる． ∎

コントゥアーの相関関数の評価を導いたパイエルスの方法を用いることによって，相境界 Δ の長さに関する次のような評価が得られる．

補題 8-16 十分大きい V と β に対して

$$P_{V,+}^\beta(|\Delta| > t) < 2\exp\left\{\left(-\beta + \frac{2}{c_0}\right)t\right\}$$

が成り立つ．ここで，$|\Delta|$ は Δ の長さを表す．

証明 相境界 Δ が k 個のコントゥアー $\Gamma_1, \cdots, \Gamma_k$ からなり，これらの長さの和が u となる事象を $\mathcal{E}(u,k)$ とする．長さが $|\Gamma_1|, \cdots, |\Gamma_k|$ となる k 個のコントゥアーを V 内に配置する方法の数は，上から $|V|^k 3^{|\Gamma_1|+\cdots+|\Gamma_k|} = |V|^k 3^u$ で評価できる．また，u を k 個の和に分ける分け方の数は $\binom{u-1}{k-1}$ であるので，

$$P_{V,+}^\beta(\mathcal{E}(u,k)) \le |V|^k e^{-\beta u} 3^u \binom{u-1}{k-1}$$

となる．さらに，$kc_0 \log|V| \le u$ より十分大きい V と β に対して

$$\sum_k P_{V,+}^\beta(\mathcal{E}(u,k)) \le e^{-\beta u} 3^u |V|^{\frac{u}{c_0 \log|V|}} 2^u$$

$$\le \exp\left\{\left(-\beta + \frac{2}{c_0}\right)u\right\}$$

が成り立つ. ここで, c_0 が十分小さい数であったことに注意しておこう.

ゆえに,
$$P_{V,+}^{\beta}(|\Delta| > t) \leq \sum_{u > t} \exp\left\{\left(-\beta + \frac{2}{c_0}\right)u\right\}$$
$$\leq 2\exp\left\{\left(-\beta + \frac{2}{c_0}\right)t\right\}$$
となる. ∎

補題 8-15 と補題 8-16 より Δ の長さに関する次の命題が得られる.

命題 8-17 $\epsilon_1(\beta) \to 0$ $(\beta \to \infty)$ となる関数 $\epsilon_1(\beta)$ が存在して, 十分大きい β に対して
$$P_{V,\rho}^{\beta}\left(\Delta \geq 4|W|^{\frac{1}{2}}(1 + \epsilon_1(\beta))\right) \to 0 \quad (L \to \infty)$$
となる.

次に, $+$ 相 θ_+, $-$ 相 θ_- における $-$ スピンの数に関する確率的評価について考えていこう. 図 8.3 より明らかなように, $+$ 相は $+$ スピンで囲まれているので, θ_+ における $-$ スピンの確率的挙動は $+$ 境界条件をもつギブス測度で測ったものと同じになる. また, θ_- における挙動については $-$ 境界条件をもつギブス測度で測ればよいと考えられるので, θ_+, θ_- における $-$ スピンの数 N_1, N_2 は
$$N_1 \sim n^*(\beta)|\theta_+|, \quad N_2 \sim n^{**}(\beta)|\theta_-|$$
と考えられる. また, $N_1 + N_2 = \rho|V|$, $|\theta_+| + |\theta_-| = |V|$ であるので,
$$|\theta_-| \sim |W|, \quad |\theta_+| \sim |V| - |W|$$
となると予想される. 実際, $N_1, N_2, |\theta_+|, |\theta_-|$ について次の命題が成り立つ.

命題 8-18 十分大きい β について次の評価が成り立つ.
(1) $P_{V,\rho}\left(||\theta_-| - |W|| > g_3(\beta)|V|^{\frac{3}{4}}\right) \to 0 \quad (L \to \infty)$.
(2) $P_{V,\rho}\left(||\theta_+| - (|V| - |W|)| > g_3(\beta)|V|^{\frac{3}{4}}\right) \to 0 \quad (L \to \infty)$.
(3) $P_{V,\rho}\left(|N_1 - n^*(\beta)(|V| - |W|)| > g_3(\beta)|V|^{\frac{3}{4}}\right) \to 0 \quad (L \to \infty)$.
(4) $P_{V,\rho}\left(|N_2 - n^{**}(\beta)|W|| > g_3(\beta)|V|^{\frac{3}{4}}\right) \to 0 \quad (L \to \infty)$.

ここで, $g_3(\beta)$ は $g_3(\beta) \to 0$ $(\beta \to \infty)$ となる関数である.

8.2 ミンロス・シナイの相分離定理

この命題の証明は長くなるので概略を述べるだけにとどめる (詳しくはミンロス・シナイの論文 [60], [61] を参照).

まず, θ_+, θ_- におけるすべての外側コントゥアーは c_0 小コントゥアーであることに注意して次の測度 $P_{\theta,\pm,c_0}(\cdot)$ を定義する. θ を $|\theta| > k|V|$ をみたす V の部分集合とし, +境界条件のもとで θ 内のすべての外側コントゥアーは c_0 小コントゥアーであるという条件をつけた条件付き確率を $P_{\theta,+,c_0}(\cdot)$ とする. すなわち, 外側コントゥアーの組 $\xi = (\Gamma_1, \cdots, \Gamma_s)$ (各 Γ_i は c_0 小コントゥアー) に対して

$$P_{\theta,+,c_0}(\xi) = \frac{1}{Z_{\theta,+,c_0}} \exp\Big\{-\beta \sum_{i=1}^{s} |\Gamma_i|\Big\} \prod_{i=1}^{n} Z_{\tilde{\theta}(\Gamma_i),-},$$

$$Z_{\theta,+,c_0} = \sum_{\substack{\xi=(\Gamma_1,\cdots,\Gamma_s) \subset \theta, \\ \Gamma_i : c_0\text{-small}}} \exp\Big\{-\beta \sum_{i=1}^{s} |\Gamma_i|\Big\} \prod_{i=1}^{n} Z_{\tilde{\theta}(\Gamma_i),-}$$

と定める. ここで, c_0-small は c_0 小コントゥアーであることを表す. Γ_i の内側の境界部分は −スピンで占められているが, その内側の領域を $\tilde{\theta}(\Gamma_i)$ で表した. また, この測度に関して外側 c_0 小コントゥアー Γ の相関関数 $\rho_{\theta,c_0}(\Gamma)$ が定義できる.

θ における外側 c_0 小コントゥアーの組 ξ に属する外側コントゥアーで, c_0 小コントゥアー γ と合同なものの数を $N(\gamma;\xi)$ とし,

$$u_\lambda(\xi;\theta) = \frac{1}{|\theta|^{\frac{3}{4}}} \sum_{\gamma : c_0\text{-small}} \Big|N(\gamma;\xi) - \sum_{\substack{\Gamma \in \tilde{\gamma}, \\ \Gamma \subset \theta}} \rho_{\theta,c_0}(\Gamma)\Big| e^{\lambda|\gamma|} |\gamma|$$

とおく. ここで $\lambda = 1/5c_0$ であり, $\tilde{\gamma}$ は γ と合同なコントゥアーの同値類とする.

補題 8-19 $|\theta| > k|V|$ とし, 十分大きい β をとったとき

$$P_{\theta,+,c_0}(u_\lambda(\xi;\theta) \geq T) < 2\exp\big\{-h_1(\beta) k^{\frac{1}{2}} |V|^{\frac{1}{2}} T^2\big\}$$

が成り立つ. ここで, $h_1(\beta)$ は $h_1(\beta) \to \infty$ $(\beta \to \infty)$ となる関数である.

この補題の証明はミンロス・シナイの論文 [60] の Lemma 4.4 を参照のこと.

$u_\lambda(\xi;\theta) \geq T$ となるときの確率の評価が補題 8-19 で得られたので, 以後は $u_\lambda(\xi;\theta) < T$ となる場合について議論を進めていく.

まず,独立確率変数の和に関する次の補題を用意しておく.

補題 8-20 $X_1, \cdots, X_n$ を独立な確率変数の列とし,各 $\alpha \in \mathbf{R}$ と各 i に対して $R_i(\alpha) = E[e^{\alpha X_i}]$ が存在すると仮定する.さらに,
$$0 < \frac{\partial^2 \log R_i(\alpha)}{\partial \alpha^2} < c_i$$
が成り立つとすると,
$$P\left(\Big|\sum_{i=1}^n X_i - E\Big[\sum_{i=1}^n X_i\Big]\Big| > x\right) < 2\exp\left\{-\frac{x^2}{2c}\right\}$$
が成り立つ.ここで,$c = \sum_{i=1}^n c_i$ である.

この補題の証明は [60] の Lemma 4.5 を参照されたい.

$u_\lambda(\{\Gamma_1, \cdots, \Gamma_s\}; \theta) < T$ となる外側コントゥアーの組をとり,外側コントゥアーの全体が $\{\Gamma_1, \cdots, \Gamma_s\}$ となる条件付き確率を $P_{(\Gamma_1, \cdots, \Gamma_s)}(\cdot)$ で表す.補題 8-20 における X_i として Γ_i 内部の $-$ スピンの数とすると,
$$P_{(\Gamma_1, \cdots, \Gamma_s)}\left(|N_\theta^-(\xi) - E_{(\Gamma_1, \cdots, \Gamma_s)}[N_\theta^-]| > \frac{1}{2}t|\theta|^{\frac{3}{4}}\right)$$
$$\leq 2\exp\left\{-\frac{t^2|\theta|^{\frac{3}{2}}}{8\sum_{\gamma: c_0\text{-small}} N(\gamma; \{\Gamma_1, \cdots, \Gamma_s\})|v(\gamma)|^2}\right\}$$
が成り立つ.ここで,$|v(\gamma)|$ は γ で囲まれた領域の面積である.

$u_\lambda(\{\Gamma_1, \cdots, \Gamma_s\}; \theta) < T$ であるから,$|V|$ を十分大きく(したがって $|\theta|$ も十分大きく)すると
$$\sum_{\gamma: c_0\text{-small}} N(\gamma; \{\Gamma_1, \cdots, \Gamma_s\})|v(\gamma)|^2$$
$$< \sum_{\gamma: c_0\text{-small}} \left|N(\gamma; \{\Gamma_1, \cdots, \Gamma_s\}) - \sum_{\substack{\Gamma \in \gamma, \\ \Gamma \subset \theta}} \rho_{\theta, c_0}(\Gamma)\right| |v(\gamma)|^2$$
$$+ \sum_{\substack{\Gamma \subset \theta, \\ \Gamma: c_0\text{-small}}} \rho_{\theta, c_0}(\Gamma) |v(\gamma)|^2$$
$$< \max_{k \geq 4} k^3 e^{-\lambda k} |\theta|^{\frac{3}{4}} u_\lambda(\{\Gamma_1, \cdots, \Gamma_s\}; \theta) + \sum_{\substack{\Gamma \subset \theta, \\ \Gamma: c_0\text{-small}}} \rho_{\theta, c_0}(\Gamma) |\Gamma|^4$$
$$< s(\beta) |\theta|$$

8.2 ミンロス・シナイの相分離定理

となる．ここで，$s(\beta) \to 0$ $(\beta \to \infty)$ である．

したがって，

$$P_{(\Gamma_1,\cdots,\Gamma_s)}\Big(|N_\theta^-(\xi) - E_{(\Gamma_1,\cdots,\Gamma_s)}(N_\theta^-)| > \frac{1}{2}t|\theta|^{\frac{3}{4}}\Big)$$
$$\leq 2\exp\Big\{-\frac{t^2}{8s(\beta)}k^{\frac{1}{2}}|V|^{\frac{1}{2}}\Big\}$$

となる．また，$u_\lambda(\{\Gamma_1,\cdots,\Gamma_s\};\theta)$ の定義と $u_\lambda(\{\Gamma_1,\cdots,\Gamma_s\};\theta) < T$ の仮定より

$$|E_{(\Gamma_1,\cdots,\Gamma_s)}(N_\theta^-) - E_{\theta,+,c_0}(N_\theta^-)| < c_\lambda T|\theta|^{\frac{3}{4}}$$

となる．ここで，$c_\lambda > 0$ はある定数である．

$c_\lambda T < \frac{1}{2}t$, $T > \frac{1}{3}t$ をみたすように T を選ぶと，上の確率の評価は $\{\Gamma_1,\cdots,\Gamma_s\}$ に対して一様な評価であったので，

$$P_{\theta,+,c_0}\Big(|N_\theta^-(\xi) - E_{\theta,+,c_0}(N_\theta^-)| > t|\theta|^{\frac{3}{4}},\ u_\lambda(\xi;\theta) < T\Big)$$
$$< 2\exp\Big\{-\frac{t^2}{8s(\beta)}k^{\frac{1}{2}}|V|^{\frac{1}{2}}\Big\}$$

となる．

この評価と補題 8-19 より

$$P_{\theta,+,c_0}\Big(|N_\theta^-(\xi) - E_{\theta,+,c_0}(N_\theta^-)| > t|\theta|^{\frac{3}{4}}\Big) < c_1 \exp\Big\{-h_2(\beta)t^2 k^{\frac{1}{2}}|V|^{\frac{1}{2}}\Big\}$$

という評価が得られる．ここで，$h_2(\beta) \to \infty$ $(\beta \to \infty)$ である．

また，

$$|E_{\theta,+,c_0}(N_\theta^-) - n^*(\beta)|\theta|| < h_3(\beta)k^{\frac{1}{2}}|V|^{\frac{1}{2}}$$
$$(h_3(\beta) \to 0\ (\beta \to \infty))$$

が成り立つので次の評価が得られる．

$$P_{\theta,+,c_0}\Big(|N_\theta^- - n^*(\beta)|\theta|| > t|\theta|^{\frac{3}{4}}\Big) < c_1 \exp\Big\{-h_4(\beta)t^2 k^{\frac{1}{2}}|V|^{\frac{1}{2}}\Big\}$$
$$(h_4(\beta) \to \infty\ (\beta \to \infty))$$

$-$ 境界条件についても同様の評価が得られ，これらの評価と命題 8-15 より命題 8-18 の主張が示される．

命題 8-17 と命題 8-18 の評価をもとにしてミンロスとシナイは次の定理を導いた．

定理 8-21 次の (1)〜(4) の条件をみたすスピン配置の全体を $\mathcal{A}$ とすると，十分大きい β に対して

$$P_{V,\rho}^{\beta}(\mathcal{A}) \to 1 \qquad (L \to \infty)$$

が成り立つ．

(1) 相境界 Λ の中の最大のコントゥアーを $\Gamma_{\max}$ とするとき，$\Gamma_{\max}$ の長さ $|\Gamma_{\max}|$ と $\Gamma_{\max}$ で囲まれた領域の面積 $v(\Gamma_{\max})$ は

$$|\Gamma_{\max}| > 4|W|^{\frac{1}{2}}(1 - \epsilon_1(\beta)), \qquad v(\Gamma_{\max}) < |W|(1 + \epsilon_2(\beta))$$

をみたし，Λ の $\Gamma_{\max}$ 以外の部分 Γ_{rem} は

$$|\Gamma_{\mathrm{rem}}| < \epsilon_3(\beta)|W|^{\frac{1}{2}}$$

をみたす．ここで，$\epsilon_1(\beta), \epsilon_2(\beta), \epsilon_3(\beta) \to 0 \ (\beta \to \infty)$ である．

(2) $||\theta_-| - |W|| < g_3(\beta)|V|^{\frac{3}{4}}, \quad ||\theta_+| - (|V| - |W|)| < g_3(\beta)|V|^{\frac{3}{4}}.$

(3) θ_+ における $-$ スピンの数を N_1 とし，θ_- における $-$ スピンの数を N_2 とするとき

$$|N_1 - n^*(\beta)(|V| - |W|)| < g_3(\beta)|V|^{\frac{3}{4}},$$

$$|N_2 - n^{**}(\beta)|W|| < g_3(\beta)|V|^{\frac{3}{4}}$$

をみたす．ここで，$g_3(\beta) \to 0 \ (\beta \to \infty)$ である．

(4) $|\gamma| < \dfrac{2\log|V|}{3\beta}$ をみたす γ と合同な θ_+, θ_- におけるコントゥアーの数をそれぞれ $k_1(\gamma), k_2(\gamma)$ とすると，

$$\bigl|k_1(\gamma) - \rho(\gamma)|\theta_+|\bigr| < g_4(\beta)|V|^{\frac{3}{4}},$$

$$\bigl|k_2(\gamma) - \rho(\gamma)|\theta_-|\bigr| < g_4(\beta)|V|^{\frac{3}{4}}$$

が成り立つ．ここで，$g_4(\beta) \to 0 \ (\beta \to \infty)$ である．

この定理の証明は [60] を参照されたい．証明の本質的な道具はコントゥアーの相関関数の性質である．上の 2 つの命題に加えていろいろな注意が必要となる．例えば，$+$ 相，$-$ 相における外側コントゥアーは c_0 小コントゥアーしか現れないから，$+$ 相における $-$ スピンの数の密度は $n^*(\beta)$ より少し小さくなる

図 8.5 相分離の典型的なスピン配置

と考えられる.しかし,この誤差は $|V|^{\frac{1}{2}}$ のオーダーでおさえられることが示される.

この定理からわかることは + 境界条件のもとで,− スピンの数を $\rho|V|$ に制限すると 1 辺がほぼ $|W|^{\frac{1}{2}}$ の − 相の正方形のかたまりが現れるということである.しかし,正方形とは言っても完全な正方形ではなく,辺は "ある程度" でこぼこしている (図 8.5).この + 相と − 相の境界線の挙動に関しては Higuchi[44] を参照されたい.

8.3 2 点相関関数と表面張力

クラマー・ワニィアーの双対性 (Krammer-Wannier's duality)

ここでは,2 次元平方格子 $\mathbf{Z}^2$ とその裏格子 $(\mathbf{Z}^2)^*$ との間にある双対性とよばれる関係について述べる.

図 8.6 のように,$\mathbf{Z}^2$ の 4 本のボンドで囲まれた単位正方形をプラケット (plaquette) とよぶ.$\mathbf{Z}^2$ の点,ボンド,プラケットから構成される集合を,$\mathbf{Z}^2$ と区別するために $\mathbf{L}$ で表す.裏格子から同様にして定まる集合を $\mathbf{L}^*$ で表す.

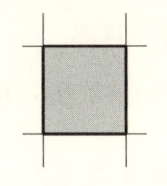

図 8.6 プラケット

また, $t \in (\mathbf{Z}^2)^*$ を中心とするプラケットを $p^*(t)$ で表すと, $p^*(t)$ は $\mathbf{L}$ のプラケットである (もっと正確にいうと $p^*(t)$ の各辺は $\mathbf{Z}^2$ のボンドである). 同様に, $t \in \mathbf{Z}^2$ に対して $p^*(t) \subset \mathbf{L}^*$ となる (図 8.7).

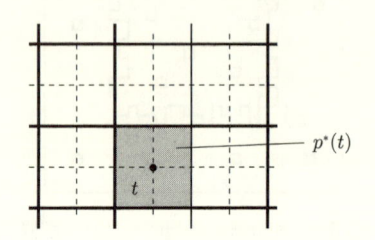

図 8.7 裏格子 (破線部分)

6 章で述べたように, $\mathbf{L}^*$ のいくつかのボンドからなる連結集合を γ で表し, コントゥアーとよぶ. また, $\mathbf{L}^*$ の点で γ の奇数個のボンドに連結している点の全体を $\delta\gamma$ で表し, γ の境界とよぶ.

8 章では, 便宜上 J の値を 1 とする (前章までは $J = \frac{1}{2}$ としていたことに注意).

Λ を $\mathbf{Z}^2$ の正方形とすると, + 境界条件のもとでの分配関数 $Z^\beta_{\Lambda,+}$ は

$$Z^\beta_{\Lambda,+} = \sum_{\substack{\{\gamma_1,\cdots,\gamma_n\} \subset \Lambda, \\ \delta\gamma_i = \emptyset \ (i=1,\cdots,n), \\ \gamma_i \cap \gamma_j = \emptyset \ (i \neq j)}} \prod_{i=1}^n e^{-2\beta|\gamma_i|} \tag{8-38}$$

と表される. ここで, 和は各 γ_i について $\delta\gamma_i = \emptyset$ となり, かつ Λ に含まれる互いに交わりをもたないすべてのコントゥアーの集合 $\{\gamma_1,\cdots,\gamma_n\}$ についてとられる.

次に, $\Lambda \subset \mathbf{L}$ に対して $\mathbf{L}^*$ の部分集合 Λ^* を次で定義する. Λ^* とは, $p^*(t)$ ($t \in \Lambda$) の全体を Λ^* のプラケットの集合とし, これらの境界を Λ^* のボンドの集合とし, これらのボンドの境界を Λ^* の点の集合である (図 8.8).

この Λ^* に対して, 自由境界条件および逆数温度 β^* のもとにおける分配関数 $Z^{\beta^*}_{\Lambda^*,f}$ を考える. すなわち, $Z^{\beta^*}_{\Lambda^*,f}$ は

$$\begin{aligned} Z^{\beta^*}_{\Lambda^*,f} &= \sum_{\sigma \in \Omega_{\Lambda^*}} \exp\{-\beta^* H_{\Lambda^*,f}(\sigma)\} \\ &= \sum_{\sigma \in \Omega_{\Lambda^*}} \exp\left\{\beta^* \sum_{\substack{\{t_1,t_2\} \subset \Lambda^*, \\ |t_1-t_2|=1}} \sigma(t_1)\sigma(t_2)\right\} \end{aligned} \tag{8-39}$$

8.3 2点相関関数と表面張力

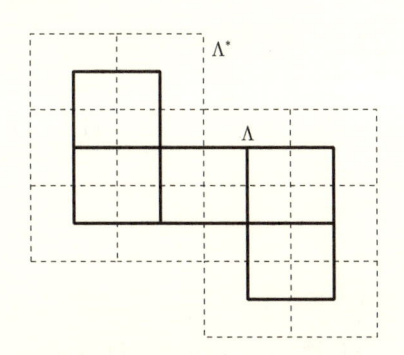

図 8.8 Λ^*(破線で示したところ)

で表される.

自由境界条件とは,Λ^* の外にはスピンが配置されていないとして相互作用エネルギーを考えるという意味である.したがって,(8–2) の $H_{\Lambda^*,f}(\sigma)$ は Λ^* 内のスピン間に働く相互作用エネルギーだけを考えに入れている.

(8–39) において,$\sigma(t_1)$, $\sigma(t_2)$ のとりうる値は ± 1 であるから

$$\exp\{\beta^*\sigma(t_1)\sigma(t_2)\} = \cosh\beta^* + \sigma(t_1)\sigma(t_2)\sinh\beta^* \quad (8\text{–}40)$$

という関係が成立する.

これを (8–40) に代入すると

$$\sum_{\sigma\in\Omega_{\Lambda^*}} \prod_{\substack{\{t_1,t_2\}\subset\Lambda^*,\\|t_1-t_2|=1}} (\cosh\beta^* + \sigma(t_1)\sigma(t_2)\sinh\beta^*)$$

$$= (\cosh\beta^*)^{n_b(\Lambda^*)} \sum_{\sigma\in\Omega_{\Lambda^*}} \prod_{\substack{\{t_1,t_2\}\subset\Lambda^*,\\|t_1-t_2|=1}} (1 + \sigma(t_1)\sigma(t_2)\tanh\beta^*) \quad (8\text{–}41)$$

となる.ここで,$n_b(\Lambda^*)$ は Λ^* におけるボンドの数を表している.

Λ^* におけるボンド全体の集合を $B(\Lambda^*)$ で表すと

$$\sum_{\sigma\in\Omega_{\Lambda^*}} \prod_{\{t_1,t_2\}\in B(\Lambda^*)} (1 + \sigma(t_1)\sigma(t_2)\tanh\beta^*)$$

$$= \sum_{\sigma\in\Omega_{\Lambda^*}} \sum_{A\subset B(\Lambda^*)} \prod_{\{t_1,t_2\}\in A} (\sigma(t_1)\sigma(t_2)\tanh\beta^*)$$

となる.

$A\subset B(\Lambda^*)$ についての和において,A を連結成分の和,すなわちコントゥアーの和 $\{\gamma_1,\cdots,\gamma_m\}$ に分解すると

$$\sum_{\sigma \in \Omega_{\Lambda^*}} \prod_{\{t_1,t_2\} \in B(\Lambda^*)} (1 + \sigma(t_1)\sigma(t_2)\tanh\beta^*)$$
$$= \sum_{\substack{\gamma=\{\gamma_1,\cdots,\gamma_m\},\\ \text{each}\gamma_i:\text{conn.}\subset B(\Lambda^*),\\ \gamma_i \cap \gamma_j = \emptyset \ (i \neq j)}} \prod_{i=1}^{m} (\tanh\beta^*)^{|\gamma_i|} \sum_{\sigma \in \Omega_{\Lambda^*}} \prod_{i=1}^{m} \left(\prod_{\{t_1,t_2\} \in \gamma_i} \sigma(t_1)\sigma(t_2) \right) \quad (8\text{-}42)$$

となる.

$\delta\gamma_i$ で γ_i の境界を表すとすると

$$\prod_{\{t_1,t_2\}\in\gamma_i} \sigma(t_1)\sigma(t_2) = \prod_{t \in \delta\gamma_i} \sigma(t_i)$$

となり,

$$\sum_{\sigma \in \Omega_{\Lambda^*}} \prod_{i=1}^{m} \left(\prod_{\{t_1,t_2\}\in\gamma_i} \sigma(t_1)\sigma(t_2) \right) = \sum_{\sigma \in \Omega_{\Lambda^*}} \prod_{t \in \delta\gamma} \sigma(t)$$
$$= \left(\sum_{\sigma(t)=\pm 1} \sigma(t) \right)^{|\delta\gamma|} \cdot 2^{n_v(\Lambda^*) - |\delta\gamma|} \quad (8\text{-}43)$$

となる. ここで, $\delta\gamma = \delta\gamma_1 \cup \cdots \cup \delta\gamma_m$ で, $n_v(\Lambda^*)$ は Λ^* における頂点の数で, $|\delta\gamma|$ は $\delta\gamma$ の点の数である.

$\delta\gamma \neq \emptyset$ のときは (8-43) の右辺 $= 0$ となるので, (8-42) においては $\delta\gamma = \emptyset$ となる項のみが残る.

ゆえに,

$$Z_{\Lambda^*,f}^{\beta^*} = 2^{n_v(\Lambda^*)}(\cosh\beta^*)^{n_b(\Lambda^*)} \sum_{\substack{\{\gamma_1,\cdots,\gamma_m\}\subset\Lambda^*,\\ \text{each}\delta\gamma_i = \emptyset,\\ \gamma_i\cap\gamma_j = \emptyset \ (i\neq j)}} \prod_{i=1}^{m}(\tanh\beta^*)^{|\gamma_i|} \quad (8\text{-}44)$$

となる.

したがって, $Z_{\Lambda^*,f}^{\beta^*}$ を $2^{n_v(\Lambda^*)}(\cosh\beta^*)^{n_v(\Lambda^*)}$ で割ったものを改めて $Z_{\Lambda^*,f}^{\beta^*}$ とすると, (8-38), (8-44) より次の定理が成り立つ.

定理 8-22 $\tanh\beta^* = e^{-2\beta}$ のとき

$$Z_{\Lambda,+}^{\beta} = Z_{\Lambda^*,f}^{\beta^*}$$

となる.

8.3 2点相関関数と表面張力

2点相関関数と表面張力

ここでは，イジングモデルにおける表面張力と2点相関関数との関係について考えよう．表面張力とは $+$, $-$ の2つの相が共存しているとき，2相境界面の表面エネルギーを表す量である．まず，2点相関関数について述べよう．

2点相関関数 互いに交わりをもたないコントゥアーの組 $\gamma = \{\gamma_1, \cdots, \gamma_n\}$ に対して関数 $w(\gamma)$ を

$$w(\gamma) = \prod_{\gamma_i \in \gamma} (\tanh \beta^*)^{|\gamma_i|}$$

で定める．

$\gamma = \{\gamma_1, \cdots, \gamma_n\}$ を各 $\delta\gamma_i = \emptyset$ かつ $\gamma_i \cap \gamma_j = \emptyset$ $(i \neq j)$ をみたすコントゥアーの組とするとき

$$Z_{\Lambda^*}(\gamma) = \sum_{\substack{\gamma': \delta\gamma' = \emptyset, \\ \gamma' \cup \gamma : \text{disjoint} \subset \Lambda^*}} w(\gamma')$$

とおく．ここで，和は $\delta\gamma' = \emptyset$ をみたし，かつ任意の $\gamma_i, \gamma_j \in \gamma' \cup \gamma$ $(i \neq j)$ に対して $\gamma_i \cap \gamma_j = \emptyset$ となる Λ^* における γ' の全体にわたってとられる．

A を偶数個の点よりなる Λ^* の点の集合とするとき，相関関数 $\langle \sigma(A) \rangle_{\Lambda^*, f}^{\beta^*}$ を

$$\langle \sigma(A) \rangle_{\Lambda^*, f}^{\beta^*} = \frac{1}{Z_{\Lambda^*, f}^{\beta^*}} \sum_{\sigma \in \Omega_{\Lambda^*}} \sigma(A) \exp\left\{ \beta^* \sum_{\substack{\{t_1, t_2\} \subset \Lambda^*, \\ |t_1 - t_2| = 1}} \sigma(t_1) \sigma(t_2) \right\} \tag{8-45}$$

で定める．ここで，$\sigma \in \Omega_{\Lambda^*}$ に対して

$$\sigma(A) = \prod_{t \in A} \sigma(t)$$

である．

(8-44) で与えられる $Z_{\Lambda^*, f}^{\beta^*}$ を $2^{n_v(\Lambda^*)} (\cosh\beta^*)^{n_v(\Lambda^*)}$ で割ったものを改めて $Z_{\Lambda^*, f}^{\beta^*}$ とおくと，次の補題が得られる．

補題 8-23
$$\langle \sigma(A) \rangle_{\Lambda^*, f}^{\beta^*} = \frac{1}{Z_{\Lambda^*, f}^{\beta^*}} \sum_{\substack{\gamma : \text{disjoint}, \\ \delta\gamma = A}} w(\gamma) Z_{\Lambda^*}(\gamma).$$

証明 定理 8-21 を導いたときと同様の変形を行なうと

$$\langle \sigma(A) \rangle^{\beta^*}_{\Lambda^*, f} = \frac{\sum_1 \prod_{i=1}^{m} (\tanh \beta^*)^{|\gamma_i|} \sum_{\sigma \in \Omega_{\Lambda^*}} \prod_{t \in A} \sigma(t) \prod_{i=1}^{m} \left(\prod_{\{t_1, t_2\} \in \gamma_i} \sigma(t_1) \sigma(t_2) \right)}{\sum_1 \prod_{i=1}^{m} (\tanh \beta^*)^{|\gamma_i|} \sum_{\sigma \in \Omega_{\Lambda^*}} \prod_{i=1}^{m} \left(\prod_{\{t_1, t_2\} \in \gamma_i} \sigma(t_1) \sigma(t_2) \right)}$$
(8–46)

となる．ここで，上の $\sum_1$ は各 γ_i が連結で $B(\Lambda^*)$ に含まれる互いに交わりをもたない $\gamma = \{\gamma_1, \cdots, \gamma_m\}$ についての和である．このとき，

$$\prod_{i=1}^{m} \prod_{\{t_1, t_2\} \in \gamma_i} \sigma(t_1) \sigma(t_2) \cdot \prod_{t \in A} \sigma(t) = \prod_{t \in \delta\gamma} \sigma(t) \prod_{t \in A} \sigma(t)$$
$$= \prod_{t \in A \ominus \delta\gamma} \sigma(t)$$

となる．ここで，$A \ominus \delta\gamma = (A \setminus \delta\gamma) \cup (\delta\gamma \setminus A)$ である．よって，(8–46) の右辺の分子において 0 にならないのは $A \ominus \delta\gamma = \emptyset$ となる項，すなわち $A = \delta\gamma$ となる項だけである．このことより補題 8-23 がただちに成立する．∎

グリフィスの不等式を用いると，$\Lambda_1^* \subset \Lambda_2^*$ のとき

$$E^{\beta^*}_{\Lambda_1^*, f}[\sigma(A)] \leq E^{\beta^*}_{\Lambda_2^*, f}[\sigma(A)]$$

となるから

$$\lim_{\Lambda^* \to (\mathbf{Z}^2)^*} E^{\beta^*}_{\Lambda^*, f}[\sigma(A)] = \langle \sigma(A) \rangle^{\beta^*}_f$$

が存在する．

$m \in \mathbf{R}^2$ を長さ 1 のベクトルとし，$l^*(m)$ を $(\mathbf{Z}^2)^*$ の点 $q_0 = (\frac{1}{2}, \frac{1}{2})$ を通り方向ベクトルが m となる直線とする．この $l^*(m)$ は q_0 以外の $(\mathbf{Z}^2)^*$ の点を通ると仮定する．

これから，次の極限 $\alpha(m)$ が存在することを示そう．

$$\alpha(m) = -\lim_{d_2(q_0, q) \to \infty} \frac{1}{d_2(q_0, q)} \log \langle \sigma(q_0) \sigma(q) \rangle^f$$

ここで，

$$d_2(t, t') = (|t_1 - t'_1|^2 + |t_2 - t'_2|^2)^{\frac{1}{2}}$$

である．

8.3 2点相関関数と表面張力

$l^*(m) \cap (\mathbf{Z}^2)^*$ 上の点で q_0 からの距離が最小となる点を q_1 とすると, $q_1 = q_0 + p_1$ ($p_1 \in \mathbf{Z}^2$) と書ける. r を整数とし, $p_r = rp_1$, $q_r = q_0 + p_r$ とおく. さらに

$$G(r) = -\frac{\log \langle \sigma(q_0)\sigma(q_r) \rangle^f}{d_2(q_0, q_1)}$$

とおく.

グリフィスの不等式により

$$\begin{aligned}\langle \sigma(q_0)\sigma(q_{r_1+r_2}) \rangle^f &= \langle \sigma(q_0)\sigma(q_{r_1})\sigma(q_{r_1})\sigma(q_{r_1+r_2}) \rangle^f \\ &\geq \langle \sigma(q_0)\sigma(q_{r_1}) \rangle^f \langle \sigma(q_{r_1})\sigma(q_{r_1+r_2}) \rangle^f \\ &= \langle \sigma(q_0)\sigma(q_{r_1}) \rangle^f \langle \sigma(q_0)\sigma(q_{r_2}) \rangle^f \end{aligned}$$

が成り立ち, これにより $G(r)$ の劣加法性が成り立つ. すなわち

$$G(r_1 + r_2) \leq G(r_1) + G(r_2)$$

が成り立つ. これにより

$$\alpha(m) = \lim_{r \to \infty} \frac{1}{r} G(r) = \inf_r \frac{G(r)}{r}$$

となり $\alpha(m)$ の存在が示された. この $\alpha(m)$ を **mass gap** とよぶ.

表面張力　$\mathbf{Z}^2$ 上の長方形 $\Lambda(L, M)$ を

$$\Lambda(L, M) = \{t = (t_1, t_2); -L < t_1 \leq L, -M < t_2 \leq M\}$$

で定める. $\boldsymbol{n} \in \mathbf{R}^2$ で $\|\boldsymbol{n}\| = 1$ となるものをとり, $l(\boldsymbol{n})$ で $(\frac{1}{2}, \frac{1}{2})$ を通り $\boldsymbol{n}$ に直交する直線とする. $\Lambda(L, M)$ に図 8.9 のような境界条件をつける. この境界条件を $\boldsymbol{n}$-境界条件とよぶ.

$\boldsymbol{n}$-境界条件のもとでの分配関数を $Z^{\boldsymbol{n}}(\Lambda(L, M))$, +境界条件のもとでの分配関数を $Z^+(\Lambda(L, M))$ で表し,

$$F^+(L, M) = -\log Z^+(\Lambda(L, M)),$$
$$F^{\boldsymbol{n}}(L, M) = -\log Z^{\boldsymbol{n}}(\Lambda(L, M)).$$

2つの境界条件の差は $\boldsymbol{n}$-境界条件のもとでは図の a, b 点を結ぶ境界線が存在するということである. したがって, 上の2つの自由エネルギー $F^{\boldsymbol{n}}(\Lambda(L, M))$

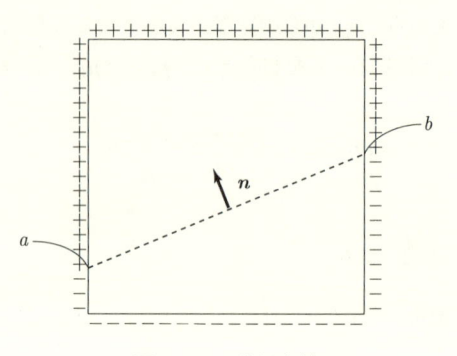

図 8.9 n-境界条件

と $F^+(\Lambda(L,M))$ との差をとると，領域全体に依存する項 (volume term) はキャンセルされて，a と b を結ぶ境界線から定まる $d_2(a,b)$ に比例する項が得られると期待できる．そこで，

$$\tau(\boldsymbol{n}|\Lambda(L,M)) = -\frac{1}{d_2(a,b)} \log \frac{Z^{\boldsymbol{n}}(\Lambda(L,M))}{Z^+(\Lambda(L,M))} \qquad (8\text{--}47)$$

と定めると，次の極限の存在が示される．

$$\tau(\boldsymbol{n}) = \lim_{\substack{L\to\infty,\\ M\to\infty}} \tau(\boldsymbol{n}|\Lambda(L,M)). \qquad (8\text{--}48)$$

これを**表面張力** (surface tension) とよぶ．$\tau(\boldsymbol{n})$ は $+$ の相と $-$ の相を分離する境界線の法線ベクトルが $\boldsymbol{n}$ であるとき，境界線の単位長さあたりのエネルギーと考えられる．

この表面張力と mass gap との間には次に述べる関係があることがわかっている．$\|\boldsymbol{n}\| = 1$ となる $\boldsymbol{n} \in \mathbf{R}^2$ をとり，$(\frac{1}{2}, \frac{1}{2})$ を通り $\boldsymbol{n} \in \mathbf{R}^2$ に直交する直線 $l(\boldsymbol{n})$ が $(\mathbf{Z}^2)^*$ の点を少なくとも 2 つ含むとし，$\boldsymbol{n}^* \in \mathbf{R}^2$ を $\|\boldsymbol{n}^*\| = 1$，$l^*(\boldsymbol{n}^*) = l(\boldsymbol{n})$ をみたすものとする．このとき，$\tau(\boldsymbol{n}) = \alpha(\boldsymbol{n}^*)$ となり，$p, q \in (\mathbf{Z}^2)^*$ に対して

$$\langle \sigma(p)\sigma(q) \rangle^f \leq \exp\{-d_2(p,q)\alpha(\boldsymbol{n}^*_{p,q})\}$$

が成り立つ．ここで，$\boldsymbol{n}^*_{p,q}$ は p と q を結ぶ直線の方向単位ベクトルである．

8.4 ピロゴフ・シナイの相転移理論 ([65], [66])

6章,7章で相転移を起こすモデルとしてイジングモデルを取り上げてきたが,一般的な相互作用系 Φ に対するギブス測度全体の集合 $\mathcal{G}(\Phi)$ についてはどのようなことが言えるのであろうか.

イジングモデルは $+$ スピン,$-$ スピンと粒子の種類は2種類であったが,次のような3種類の粒子 A,B,C からなるモデルを考えよう.スピン配置空間は

$$\Omega_V = \{\omega : V \to \{A,B,C\}\}, \qquad \Omega = \{\omega : \mathbf{Z}^d \to \{A,B,C\}\}$$

として表される.これら A,B,C の粒子間に働く相互作用として次のようなものを考えよう.まず隣接相互作用として,異なったタイプの粒子が隣接するとき正のエネルギーが与えられる.すなわち,$\sharp W \geq 2$ のとき,$W = \{t_1, t_2\}$, $|t_1 - t_2| = 1$ のときのみ $\Phi_W(\omega) \neq 0$ で

$$\Phi_{\{t_1,t_2\}}(\omega) = \begin{cases} \epsilon_{A,B} & (\omega(t_1) = A, \omega(t_2) = B \text{ または } \omega(t_1) = B, \omega(t_2) = A), \\ \epsilon_{B,C} & (\omega(t_1) = B, \omega(t_2) = C \text{ または } \omega(t_1) = C, \omega(t_2) = B), \\ \epsilon_{C,A} & (\omega(t_1) = C, \omega(t_2) = A \text{ または } \omega(t_1) = A, \omega(t_2) = C) \end{cases}$$

とする.ここで,$\epsilon_{A,B} > 0$, $\epsilon_{B,C} > 0$, $\epsilon_{C,A} > 0$ とする.これは (A,B) の粒子が隣接したとき $\epsilon_{A,B} > 0$ のエネルギーが与えられ,(B,C), (C,A) の粒子が隣接したとき,それぞれ $\epsilon_{B,C}$, $\epsilon_{C,A}$ のエネルギーが与えられることを意味する.また,$W = \{t\}$ のときは

$$\Phi_{\{t\}}(\omega) = \begin{cases} \mu_A & (\omega(t) = A), \\ \mu_B & (\omega(t) = B), \\ \mu_C & (\omega(t) = C) \end{cases}$$

という一体ポテンシャルが与えられるとする.

相互作用が対称のとき,すなわち

$$\epsilon_{A,B} = \epsilon_{B,C} = \epsilon_{C,A}, \qquad \mu_A = \mu_B = \mu_C$$

となるとき,

$$\omega_A(t) = A, \quad \omega_B(t) = B, \quad \omega_C(t) = C \qquad (t \in \mathbf{Z}^d)$$

で与えられるスピン配置 $\omega_A, \omega_B, \omega_C$ がエネルギーを最低にするスピン配置,すなわち**基底状態** (ground state) となる.このときには,パイエルスの方法を拡

張させて相転移の存在を証明することができる．しかし，イジングモデルにおけるコントゥアーの概念を拡張しておかなくてはならない．以後話を簡単にするために $d=2$ とする．V の外側のスピン配置を ω_A とする A 境界条件のもとでスピン配置 $\xi \in \Omega_V$ を考えよう．$t \in V$ とその4つの隣接格子点 $\{s_1, s_2, s_3, s_4\}$ に対して

$$\xi(t) = \xi(s_1) = \xi(s_2) = \xi(s_3) = \xi(s_4)$$

となるとき，$t \in V$ を ξ のもとでの基底エネルギー点とよび，上の関係が成り立たないとき $t \in V$ を励起エネルギー点とよぶ．また，励起エネルギー点の全体からなる集合を $\bar{\xi}$ で表す．$\bar{\xi}$ を連結成分に分解し，各連結成分 Γ とその上のスピン配置 ξ_Γ の組 $\bar{\Gamma} = (\Gamma, \xi_\Gamma)$ を拡張されたコントゥアーとよぶ．このとき，コントゥアーは外側の条件によって $\mathcal{C}_A, \mathcal{C}_B, \mathcal{C}_C$ の3つのクラスに分類される(図8.10)．

拡張されたコントゥアーはもはやイジングモデルのときのような閉曲線ではなく，図8.10に示されているような連結集合であり，その境界上のスピン配置はある1つのタイプの粒子によって占められている．例えば図の $\bar{\Gamma}_1$ というコントゥアーは外側の境界は A タイプの粒子で占められている．また，このコントゥアーには2つの『穴』があいていて，1つの穴の境界条件は B でもう1つの穴の境界条件は C となっている．また，これらの穴の中に2つのコントゥアー $\bar{\Gamma}_2, \bar{\Gamma}_3$ が存在している．ここで，$\bar{\Gamma}_2, \bar{\Gamma}_3$ の外側の境界条件は $\bar{\Gamma}_1$ の内側の

図 8.10 拡張されたコントゥアー

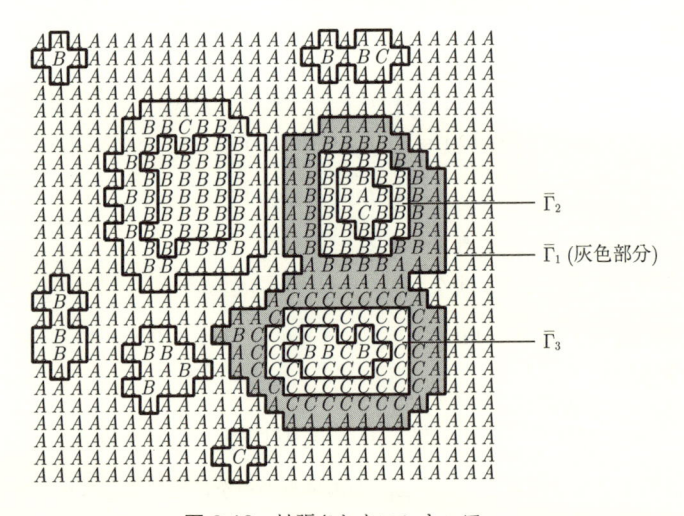

8.4 ピロゴフ・シナイの相転移理論

境界条件と一致していることに注意しておこう．コントゥアーは外側の境界条件によって A, B, C の3つのタイプに分類される．このタイプのコントゥアーの全体をそれぞれ $\mathcal{C}_A, \mathcal{C}_B, \mathcal{C}_C$ と表す．

V 内のスピン配置 ξ は V 内のコントゥアーの集合 $\overline{\Gamma}_1, \overline{\Gamma}_2, \cdots, \overline{\Gamma}_k$ が与えられると一意的に定まり，スピン配置 ξ をコントゥアーの集合 $\{\Gamma_1, \cdots, \Gamma_n\}$ で表すことができる．コントゥアーとは基底状態よりもエネルギーが高くなっているところであるから，ξ のもつエネルギー $H_V(\xi)$ と基底エネルギー H_0 との差は

$$H_V(\xi) - H_0 = \sum_{i=1}^{k} \epsilon(\overline{\Gamma}_i)$$

と表され，各 $\overline{\Gamma}_i$ について

$$\epsilon(\overline{\Gamma}_i) \geq \rho |\Gamma_i| \tag{8-49}$$

という評価が成り立つ．ここで，ρ はスピン配置 ξ とは無関係で相互作用のパラメータによって決定されるものである．

イジングモデルのときと同様に，この拡張されたコントゥアーについても相関関数 $\rho_{V,A}(\overline{\Gamma})$ が定義される．もし相互作用の間に対称性があるときにはパイエルスの方法を拡張することによって，相関関数の評価不等式

$$\rho_{V,a}(\overline{\Gamma}) \leq \exp\{-c\beta|\Gamma|\} \qquad (a = A, B, C)$$

が成り立つ．この不等式が得られると，β が十分大きいときには

$$P_{V,a}(\xi(t) = a) \geq 1 - g(\beta) \qquad (a = A, B, C)$$

という評価が V に対して一様に成り立つ．ここで，$g(\beta)$ は $g(\beta) \to 0$ ($\beta \to \infty$) をみたす．上の評価により，境界条件 A, B, C に対応する極限ギブス測度 P_A, P_B, P_C は十分大きい β に対してすべて異なり，各境界条件 $a \in \{A, B, C\}$ について

$$P_a(\xi(t) = a) \geq 1 - g(\beta)$$

という評価が成立する．この評価の意味することは測度 P_a で測るとスピン配置は大部分が a タイプの粒子で占められるということを示している．このとき，コントゥアーの相関関数は

$$\left| \rho_{V,a}(\overline{\Gamma}_1, \overline{\Gamma}_2) - \rho_{V,a}(\overline{\Gamma}_1)\rho_{V,a}(\overline{\Gamma}_2) \right| \leq e^{-c\beta d(\Gamma_1, \Gamma_2)}$$

という評価をみたす．この評価の意味することは Γ_1 と Γ_2 の間の距離が離れて

いくに従って，指数オーダーで Γ_1 の出現と Γ_2 の出現が独立になっていくということである．このことは測度 P_a の混合性を表しており，これにより P_A, P_B, P_C はギブス測度の集合 $\mathcal{G}_\beta$ の端点になっていることがわかる．

しかし，相互作用が対称でないときには，相関関数の上の2つの性質はパイエルスの方法を適用することによって得られない．ピロゴフ (S.A. Pirogov) とシナイ (Ya. Sinai) はこの困難を克服するためにコントゥアーモデル (contour model) とよばれる『仮想的』なモデルを導入した ([65], [66], [72])．前に述べたように，スピン配置 ξ に対応するコントゥアーの集合 $\{\overline{\Gamma}_1, \cdots, \overline{\Gamma}_n\}$ の中には A タイプのものもあれば B タイプ，C タイプのものもあり，相互作用のパラメータ $\epsilon_{AB}, \epsilon_{BC}, \epsilon_{CA}$ も同じであるとは限っていない．このことがパイエルスの方法の適用を妨げている．そこで，1つのタイプ a のコントゥアーだけからなるコントゥアーの組 $\{\overline{\Gamma}_1, \cdots, \overline{\Gamma}_k\}$ (各 $\overline{\Gamma}_i \in C_a$) の集合

$$\Omega_{V,a} = \{c = (\overline{\Gamma}_1, \cdots, \overline{\Gamma}_k); 各 \Gamma_i \subset V, \overline{\Gamma}_i \in C_a, \Gamma_i \cap \Gamma_j = \emptyset \ (i \neq j)\}$$

を考える．次に，C_a 上で定義された関数 F_a で

$$F_a(\overline{\Gamma}) \geq \tau |\Gamma|$$

をみたすものを考え，$\Omega_{V,a}$ 上に

$$\tilde{P}_{V,a}(\zeta) = \frac{1}{\tilde{Z}_{V,a}} \exp\left\{-\sum_{i=1}^k F_a(\overline{\Gamma}_i)\right\}$$

によって確率分布 $\tilde{P}_{V,a}$ を定義する．これをコントゥアーモデルとよぶ．$\zeta = (\overline{\Gamma}_1, \cdots, \overline{\Gamma}_k) \in \Omega_{V,a}$ に属するすべてのコントゥアー $\overline{\Gamma}_i$ は a タイプであるから，このコントゥアーの組に対応するスピン配置 ξ が存在するとは限らない．例えば，コントゥアー $\overline{\Gamma}_1 \in C_A$ の穴の境界条件が B であり，この穴の中に $\overline{\Gamma}_2 \in C_A$ が存在しているとき，このような $(\overline{\Gamma}_1, \cdots, \overline{\Gamma}_k)$ に対応するスピン配置は存在しない．以上の例からもわかるように，$\tilde{P}_{V,a}(\cdot)$ はスピン配置に関する確率分布ではなく，仮想的なコントゥアー配置に関する確率分布である．

しかし，この仮想的なモデルにおいては1つのタイプのコントゥアーしか現れないから，$\tilde{P}_{V,a}$ についてコントゥアーの相関関数を定義しパイエルスの不等式などの性質を導くことは容易である．すなわち，$\tilde{\rho}_{V,a}(\overline{\Gamma}), \tilde{\rho}_{V,a}(\overline{\Gamma}_1, \overline{\Gamma}_2)$ を

$$\tilde{\rho}_{V,a}(\overline{\Gamma}) = \tilde{P}_{V,a}(\{\zeta \in \Omega_{V,a}; \overline{\Gamma} \in \zeta\}),$$

$$\tilde{\rho}_{V,a}(\overline{\Gamma}_1, \overline{\Gamma}_2) = \tilde{P}_{V,a}(\{\zeta \in \Omega_{V,a}; \overline{\Gamma}_1, \overline{\Gamma}_2 \in \zeta\})$$

8.4 ピロゴフ・シナイの相転移理論

によって相関関数を定義すると

$$\tilde{\rho}_{V,a}(\overline{\Gamma}) \leq e^{-\tau|\Gamma|}, \tag{8-50}$$

$$\left| \tilde{\rho}_{V,a}(\overline{\Gamma}_1, \overline{\Gamma}_2) - \tilde{\rho}_{V,a}(\overline{\Gamma}_1)\tilde{\rho}_{V,a}(\overline{\Gamma}_2) \right| \leq e^{-cd(\Gamma_1, \Gamma_2)} \tag{8-51}$$

という評価が成り立つ (図 8.11).

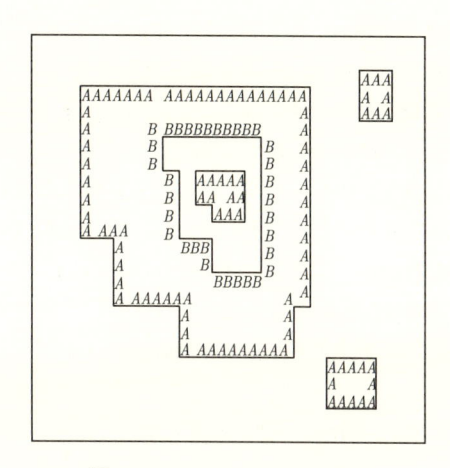

図 8.11 コントゥアーモデル

ピロゴフとシナイは現実のモデルと仮想のコントゥアーモデルとの間の対応関係を導くことによって，現実のモデルの相関関数 $\rho_{V,a}(\overline{\Gamma})$ をコントゥアーモデルの相関関数 $\tilde{\rho}_{V,a}(\overline{\Gamma})$ で表現し，現実のモデルの相関関数についても上の性質 (8-50), (8-51) が成立することを示した．以下に彼らの理論の概要を述べるが，詳しくは [65], [66], [72] を参照されたい．

以後，相互作用のパラメータの間に

$$(*) \quad \epsilon_{AA} = \epsilon_{BB} = \epsilon_{CC} = 0, \mu_C = 0, \epsilon_{AB} > 0, \epsilon_{BC} > 0, \epsilon_{CA} > 0$$

という関係が成立すると仮定しておく．

次に，(μ_A, μ_B) の値に対して $\omega_A, \omega_B, \omega_C$ のどの状態が基底状態になるのかを考えてみよう．$\mu_A > 0$ で $\mu_A > \mu_B$ となるときは ω_A だけが基底状態となり，$\mu_B > 0$ で $\mu_B > \mu_A$ のときは ω_B だけが，また $\mu_A < 0$, $\mu_B < 0$ のときは ω_C だけが基底状態となる．(μ_A, μ_B) 平面において $\delta_A, \delta_B, \delta_C$ という領域を次のように定める．

$$\delta_A = \{(\mu_A, \mu_B); \mu_A > 0, \mu_A > \mu_B\},$$
$$\delta_B = \{(\mu_A, \mu_B); \mu_B > 0, \mu_B > \mu_A\},$$
$$\delta_C = \{(\mu_A, \mu_B); \mu_A < 0, \mu_B < 0\}.$$

ここで，$\delta_A, \delta_B, \delta_C$ を (μ_A, μ_B) 平面において図示すると図 8.12 のようになる.

δ_A と δ_B の共通の境界 δ_{AB} 上においては ω_A と ω_B が基底状態になり，δ_B と δ_C の共通の境界 δ_{BC}, δ_A と δ_C の共通の境界 δ_{CA} 上ではそれぞれ ω_B と ω_C，ω_A と ω_C が基底状態となる．また，$\delta_A, \delta_B, \delta_C$ 3 つの共通の境界点となる O では，$\omega_A, \omega_B, \omega_C$ が基底状態となる．

基底状態になるということと，それらに対応する境界条件をもつギブス測度が共存することとは同値ではない．例えば，$(\mu_A, \mu_B) = O$ では $\omega_A, \omega_B, \omega_C$ が基底状態となるのであるが，このことは境界条件 A, B, C から定まる極限ギブス測度 P_A, P_B, P_C が $\mathcal{G}_\beta$ の相異なる端点になるということを意味しない．図 8.12 のような基底状態のダイアグラムが相共存のダイアグラムと一致するとは限らないのである．

ピロゴフとシナイは (μ_A, μ_B) 平面の原点近傍

$$U(a) = \{(\mu_A, \mu_B); |\mu_A| < a, |\mu_B| < a\}$$

に次のような相共存の意味におけるダイアグラムが得られることを示した．

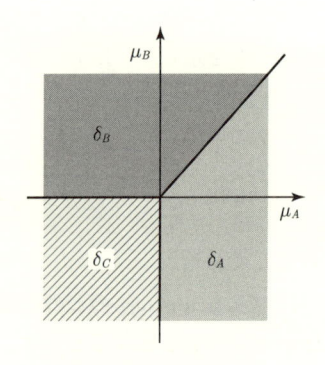

図 8.12　基底状態

8.4 ピロゴフ・シナイの相転移理論

定理 8-24 a を十分小さくとると，十分大きい β に対して $U(a)$ は次のように分割される．

(1) ある点 $\mu_0 \in U(a)$ が存在して，$(\mu_A, \mu_B) = \mu_0$ のとき境界条件 A, B, C に対応するコントゥアーモデルが存在し，$\rho_{V,A}(\overline{\Gamma}), \rho_{V,B}(\overline{\Gamma}), \rho_{V,C}(\overline{\Gamma})$ はコントゥアーモデルの相関関数で表され，$\rho_{V,A}(\overline{\Gamma}), \rho_{V,B}(\overline{\Gamma}), \rho_{V,C}(\overline{\Gamma})$ は (8–47), (8–48) の性質をみたす．したがって，A, B, C を境界条件にもつ極限ギブス測度 P_A, P_B, P_C は相異なる $\mathcal{G}_\beta$ の端点となる．さらに，シフト不変な $\mathcal{G}_\beta$ の端点はこの 3 つに限られる．

(2) μ_0 から出発する $\gamma_{AB}, \gamma_{BC}, \gamma_{CA}$ という 3 本の曲線が存在し，$(\mu_A, \mu_B) \in \gamma_{AB}$ のとき境界条件 A, B に対応するコントゥアーモデルが存在し，シフト不変な $\mathcal{G}_\beta$ の端点は A, B を境界条件にもつ極限ギブス測度 P_A, P_B の 2 つに限られる．同様のことが γ_{BC}, γ_{CA} についても成り立つ．

(3) γ_{AB}, γ_{BC} によって囲まれた領域 $\gamma_B, \gamma_{BC}, \gamma_{CA}$ によって囲まれた領域 $\gamma_C, \gamma_{CA}, \gamma_{AB}$ によって囲まれた領域 γ_A においては，それぞれ P_B, P_C, P_A が $\mathcal{G}_\beta$ のただ 1 つのシフト不変な測度となる (図 8.13)．

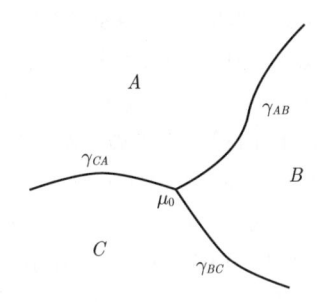

図 8.13 フェイズダイアグラム

上の定理において，シフト不変な端点が基底状態からの極限ギブス測度に限られるという部分を示したのはザーラドニク (M. Zahradnik) [78] である．

ピロゴフ・シナイの定理を特殊なモデルに限って述べたが，この定理はもっと一般的な相互作用系に対して成り立つ．つまり，有限領域相互作用系で周期的な基底状態が有限個しかなく，(8–49) に相当するパイエルスの条件とよばれる条件をみたすものについて上の定理は成立する．パイエルスの条件とは，スピン配置が基底状態とは異なるところが生じたとき，その領域の面積に比例した分だけエネルギーが基底状態よりも大きくなるという条件である．詳しくはピロゴフ・シナイの論文 [65], [66] およびシナイの本 [72] を参照されたい．

また，この定理の量子場モデルへの拡張はインブリー (J. Imbrie) [50] によりなされ，ウィダム・ロウリンソン モデルを含む連続系モデルへの拡張はブリクモン・クロダ・レボヴィッツ (Bricmont-Kuroda-Lebowitz) [6],[7] によりなされている．

8.5 ストキャスティック イジングモデル

イジングモデルのギブス測度は平衡状態とよばれるが，平衡状態とはもともと運動があって，それがだんだん安定な方向に向かっていった行き先というイメージがある．では，ギブス測度に対する運動は何か？ このモデルとして考えられたのがストキャスティック イジングモデル (stochastic Ising model) である．このモデルは配置空間上のマルコフ過程として定まるが，運動のメカニズムが簡単であることと，ギブス測度を不変にするので，ギブス測度の研究のためのシミュレーションによく用いられるモデルである．ここでは，簡単にモデルを説明し，関連する話題をいくつか紹介する．話を簡単にするため，この節では有限相互作用距離をもつ相互作用のみを考える．まず，モデルを紹介しよう．簡単のためにまず $\mathbf{Z}^d$ の有限集合 Λ をとり，Λ 上でストキャスティック イジングモデルを定義することにする．このモデルの動き方は直観的にいうと次のようになる．$\Omega_\Lambda = \{-1, +1\}^\Lambda$ の任意の点 σ から出発して時間が δt だけ進んだとき，$j \in \Lambda$ におけるスピンの状態は $c_\Lambda(j, \sigma)\delta t + o(\delta t)$ の確率で反転する．この反転は場所が違うと独立に起こる．つまり，$i \neq j$ で同時にスピンが反転する確率は $(\delta t)^2$ に比例し，(δt) に対して無限小となる．

関数 $c_\Lambda(\cdot, \cdot) : \Lambda \times \Omega_\Lambda \to [0, \infty)$ はこの運動のメカニズムを支配するものであり**スピード関数**とよばれる．この運動がギブス測度を不変にするために

$$c_\Lambda(j, \sigma)P_\Lambda^{\beta,h}(\sigma) = c_\Lambda(j, \sigma^j)P_\Lambda^{\beta,h}(\sigma^j) \qquad (8\text{--}52)$$

をすべての $j \in \Lambda$ と $\sigma \in \Omega_\Lambda$ に対してみたすことが要求される．この条件は**詳細つりあい (detailed balance) 条件**とよばれる．ここで，σ^j は σ において j でのスピンだけを反転させたスピン配置である．つまり，σ^j は次で与えられる．

$$\sigma^j(i) = \begin{cases} -\sigma(j) & (i = j \text{ のとき}), \\ \sigma(i) & (i \neq j \text{ のとき}). \end{cases}$$

(8-49) をみたす c_Λ は必然的に有界となる．さらに，

8.5 ストキャスティック イジングモデル

$$\sup_{j,\sigma} c_\Lambda(j,\sigma)$$

は Λ にもよらないと仮定しておく.このメカニズムに対応する Ω_Λ 上のマルコフ過程 σ_t は次のようにつくることができる.$\lambda = \sup_{j,\sigma} c_\Lambda(j,\sigma)$ とする.パラメータ λ の独立なポアソン過程の系 $\mathcal{N} = \{N_j^+, N_j^-; j \in \Lambda\}$ と,これと独立な $[0,1]$ 上に一様に分布する独立同分布の確率変数列 $\{U_n\}_{n=1}^\infty$ を用意する.任意の初期状態 σ から出発したとき

$$\tau_1 \equiv \min \left\{ \begin{array}{l} t > 0;\ \text{ある}\ j \in \Lambda\ \text{において}\ N_j^+(t) = N_j^+(t-) + 1 \\ \text{または}\ N_j^-(t) = N_j^-(t-) + 1\ \text{が成立} \end{array} \right\}$$

とおく.$0 \le t < \tau_1$ では σ_t は何も動かない.いま,τ_1 で $N_j^+(\tau_1) = N_j^+(\tau_1-) + 1$ とする.$\sigma(j) = -1$ ならば $\sigma_{\tau_1} = \sigma$ のままとする.$\sigma(j) = +1$ のとき $U_1 \le c_\Lambda(j,\sigma)/\lambda$ ならば $\sigma_{\tau_1} = \sigma^j$ となる.つまり,τ_1 において j でのスピンだけを反転する.一方,$U_1 > c_\Lambda(j,\sigma)/\lambda$ ならば $\sigma_{\tau_1} = \sigma$ のままとする.時刻 τ_1 で $N_j^-(\tau_1) = N_j^-(\tau_1-) + 1$ であるときには,同様に $\sigma(j) = -1$ かつ $U_1 \le c_\Lambda(j,\sigma)/\lambda$ のときにのみ $\sigma_{\tau_1} = \sigma^j$ とし,それ以外のときは $\sigma_{\tau_1} = \sigma$ とおくことになる.これによってマルコフ過程 σ_t が τ_1 までつくられた.この後は,σ_{τ_1} を初期状態として上の作業を繰り返す.こうして,σ_t が Ω_Λ 上につくられることになる.

いま,このマルコフ過程 σ_t に対して Ω_Λ 上の連続関数 f を考え,σ を初期状態として出発したときの $f(\sigma_t)$ の期待値 $E_\sigma[f(\sigma_t)]$ を $(T_t^\Lambda f)(\sigma)$ と書くと,作り方から $(T_{t+s}^\Lambda f)(\sigma) = E_\sigma[f(\sigma_{t+s})]$ となる.

σ_{t+s} は σ_t という初期状態から出発した時刻 s のときの状態となるので

$$E[f(\sigma_{t+s})|\sigma_{t'}, t' \le t] = E_{\sigma_t}[f(\sigma_s)]$$

となる.これより

$$T_{t+s}^\Lambda f = T_t^\Lambda(T_s^\Lambda f) = T_s^\Lambda(T_t^\Lambda f)$$

がわかり,T_t^Λ は Ω_Λ 上の関数に作用する半群になる.T_t の生成作用素を求めてみると,$h \downarrow 0$ のとき

$$T_h^\Lambda f(\sigma) - f(\sigma) = E_\sigma[f(\sigma_h) - f(\sigma)]$$

$$= \sum_{j \in \Lambda} [f(\sigma^j) - f(\sigma)] P \left(\begin{array}{l} [0,h]\ \text{の間に}\ j\ \text{でのみ} \\ 1\ \text{回だけ}\ \sigma_t\ \text{は変化する} \end{array} \right) + O(h^2)$$

となる. j で変化するには $[0,h]$ で $N_j^{\sigma(j)}$ が1回だけジャンプし, $c_\Lambda(j,\sigma) \geq U_1$ であればよい. この確率は $\lambda h e^{-\lambda h}(c_\Lambda(j,\sigma)/\lambda) = c_\Lambda(j,\sigma)h + O(h^2)$ となる. したがって,

$$\frac{d}{dt}T_t^\Lambda f(\sigma)\bigg|_{t=0} = \sum_{j\in\Lambda} c_\Lambda(j,\sigma)[f(\sigma^j) - f(\sigma)] \qquad (8\text{--}53)$$

である. つまり, T_t^Λ の生成作用素は

$$L_\Lambda f(\sigma) = \sum_{j\in\Lambda} c_\Lambda(j,\sigma)[f(\sigma^j) - f(\sigma)]$$

となる. このとき, 同様にして

$$\frac{d}{dt}T_t^\Lambda = L_\Lambda T_t^\Lambda = T_t^\Lambda L_\Lambda$$

が成立することが示せる.

定理 8-25 T_t^Λ は Λ 上の有限ギブス測度を不変にする.

証明 Ω_Λ 上の関数 f に対して

$$\frac{d}{dt}\int T_t^\Lambda f(\sigma) P_\Lambda^{\beta,h}(d\sigma) = 0$$

を証明すればよいから

$$\int L_\Lambda f(\sigma) P_\Lambda^{\beta,h}(d\sigma) = 0 \qquad (8\text{--}54)$$

を示せばよい. $j \in \Lambda$ のとき

$$\int c_\Lambda(j,\sigma)f(\sigma^j) P_\Lambda^{\beta,h}(d\sigma) = \sum_{\sigma\in\Omega_\lambda} c_\Lambda(j,\sigma)f(\sigma^j) P_\Lambda^{\beta,h}(\sigma)$$

となるから, $\sigma^j = \eta$ と変数変換をすると

$$\text{右辺} = \sum_{\eta\in\Omega_\lambda} c_\Lambda(j,\eta^j)f(\eta) P_\Lambda^{\beta,h}(\eta^j)$$

となる. 詳細つりあい条件 (8--52) により

$$\text{右辺} = \sum_{\eta\in\Omega_\Lambda} c_\Lambda(j,\eta)f(\eta) P_\Lambda^{\beta,h}(\eta)$$

となる. これより

$$\int Lf(\eta) P_\Lambda^{\beta,h}(d\eta) = 0$$

がわかる. ∎

8.5 ストキャスティック イジングモデル

境界条件付きのマルコフ過程 $\sigma_{t,\Lambda}^\omega$ も考えられる.これは c_Λ を (8–52) の代わりに

$$c_\Lambda(j,\sigma^j) P_{\Lambda,\omega}^{\beta,h}(\sigma^j) = c_\Lambda(j,\sigma) P_{\Lambda,\omega}^{\beta,h}(\sigma) \tag{8–55}$$

をみたすようにすればよい.このとき $\sigma_{t,\Lambda}^\omega$ は $P_{\Lambda,\omega}^{\beta,h}$ を不変にする.

われわれはパラメータ β, h, ω ごとに異なるマルコフ過程 $\sigma_{t,\Lambda}^\omega$ をつくったことになるが,これらのマルコフ過程は同じポアソン過程の系 N,独立同分布の列 $\{U_n\}_{n=1}^\infty$ を用いてつくられているため比較することができる.

定理 8-26 σ_t^1, σ_t^2 がそれぞれ $c_{1,\Lambda}(j,\sigma), c_{2,\Lambda}(j,\sigma)$ からつくられたマルコフ過程として

$$(c_{1,\Lambda}(j,\sigma) - c_{2,\Lambda}(j,\eta))(\sigma(j) + \eta(j)) \leq 0 \tag{8–56}$$

がすべての $j \in \Lambda$ と $\sigma \geq \eta$ となる $\sigma, \eta \in \Omega_\Lambda$ に対して成立するものとする.σ_t^1 と σ_t^2 の初期条件が,$\sigma_0^1 \geq \sigma_0^2$ をみたすならば,任意の $t > 0$ で $\sigma_t^1 \geq \sigma_t^2$ が成立する.

証明 最初のジャンプ時刻 τ_1 で考える.いま,j で N_j^+ がジャンプするとき $\sigma_0^1(j) + \sigma_0^2(j) = 0$ ならば $\sigma_0^1(j) = +1$, $\sigma_0^2(j) = -1$ なので,σ_t^1 だけしか j で変化しない(N_j^+ がジャンプしている).したがって $\sigma_{\tau_1}^1 \geq \sigma_{\tau_1}^2$ である.$\sigma_0^1(j) = \sigma_0^2(j) = -1$ のとき σ_t^1 も σ_t^2 も変化しないので,$\sigma_{\tau_1}^1 = \sigma_0^1 \geq \sigma_0^2 = \sigma_{\tau_1}^2$ となる.

$\sigma_0^1(j) = \sigma_0^2(j) = +1$ のとき,仮定から

$$c_{1,\Lambda}(j,\sigma_0^1) \leq c_{2,\Lambda}(j,\sigma_0^2)$$

となるので,σ_t^1 が $t = \tau_1$ で変化するのは $U_1 \leq c_{1,\Lambda}(j,\sigma_0^1)$ のときで,このとき $U_1 \leq c_{2,\Lambda}(j,\sigma_0^2)$ となり,σ_t^2 も $t = \tau_1$ で変化し,

$$\sigma_{\tau_1}^1(j) = \sigma_{\tau_1}^2(j) = -1$$

となる.

一方,$c_{1,\Lambda}(j,\sigma_0^1) < U_1 \leq c_{2,\Lambda}(j,\sigma_0^2)$ ならば $t = \tau_1$ において σ_t^2 のみが j でのみ変化する.したがって,$\sigma_{\tau_1}^2(j) = -1$ となり

$$\sigma_{\tau_1}^2 \leq \sigma_{\tau_1-}^2 = \sigma_0^2 \leq \sigma_0^1 = \sigma_{\tau_1}^1$$

が導ける.よって,このとき $\sigma_{\tau_1}^1 \geq \sigma_{\tau_1}^2$ が成立する.j で N_j^- がジャンプするときも同様の議論で $\sigma_{\tau_1}^1 \geq \sigma_{\tau_2}^2$ が示せる.このとき,$c_{1,\Lambda} = c_{2,\Lambda} = c_{\Lambda,\omega}$ と

おくと (8–56) は成立するので,初期条件が $\sigma_0^1 \geq \sigma_0^2$ ならば,同じパラメータのストキャスティック イジングモデルでは $\sigma_t^1 \geq \sigma_t^2$ がつねに成立する.さらに,$\omega \geq \xi$ ならば $c_{1,\Lambda} = c_{\Lambda,\omega}^{\beta,h}$, $c_{2,\Lambda} = c_{\Lambda,\xi}^{\beta,h}$ として (8–56) が成立する.h についても比較可能である. ∎

無限系のストキャスティック イジングモデル

有限集合 Λ 上のギブス測度から $\mathbf{Z}^d$ 全体の上のギブス測度を定義したように,Λ 上のストキャスティック イジングモデルから $\Lambda \uparrow \mathbf{Z}^d$ とした極限のマルコフ過程を考えることができる.これを無限系のストキャスティック イジングモデルとよぶ.(無限) ギブス測度はこの運動の不変測度となる.(半群による構成法がリゲット (T.M. Liggett) の本 [55] に詳しく書いてある.)

[Advanced study]

スピード関数 c は

$$c(j, \omega^j) P_{\{j\},\omega}(-\omega(j)) = c(j, \omega) P_{\{j\},\omega}(\omega(j)) \tag{8-57}$$

をみたすように与えればよいことになる.(8–52) や (8–55) から有限系のときにつくったのと同じ方法で無限系のマルコフ過程をつくることができる.ただし,少しだけ注意が必要でそれは無限個のポアソン過程 $\{N_j^+(t), N_j^-(t); j \in \mathbf{Z}^d\}$ を全部一気に考えたとき,最初に起こるジャンプを見つけることはできない.いくらでも早い時刻にどこかでジャンプが起こっている可能性があるからだ.しかし,この問題はパーコレーションの考え方を使えば解決できる.イジングモデル (1–8) の場合に説明しよう.つまり,$\delta > 0$ を十分小さくとるとき,$j \in \mathbf{Z}^d$ で $N_j^+(t)$ か $N_j^-(t)$ が時刻 0 から時刻 δ までにジャンプをしている確率を p とすると,p は δ が十分小さいとき,d 次元のパーコレーションの臨界確率 $p_c(d)$ よりも小にできる.各 $j \in \mathbf{Z}^d$ において $\{N_j^+, N_j^-\}$ のどちらかが $[0, \delta]$ の時間にジャンプをするとき,この j を active な点とよぶ.このとき,active な点のパーコレーションを考えるとポアソン過程 $\{N_j^+, N_j^-; j \in \mathbf{Z}^d\}$ が独立なことから,4 章と同じような話を考えることができ,原点から出発して active な点の連結集合は $p < p_c(d)$ なので確率 1 で有限であり,その境界点上のスピンはすべて $[0, \delta]$ で動いてない.したがって,この連結集合内のスピン運動は外の運動とは無関係に起こる.すると有限集合内のストキャスティック イジングモデルの時間発展を考えればよい.原点でなくても active な点の連結成分は確率 1 ですべて有限集合となることがわかるので (8.1 節の議論を参照),各連結成分の中で時間発展を考えればよい.

無限系においても定理 8–26 は成立することが知られている.これを使うと,例えば次のようなことがわかる.

8.5 ストキャスティック イジングモデル

定理 8-27 相互作用は強磁性的とする．このとき，単調増加なシリンダー関数 f に対して

(1) $E[f(\sigma_t^+)]$ は t について単調に減少，

(2) $E[f(\sigma_t^-)]$ は t について単調に増加

が成立する．ただし，σ_t^+, σ_t^- は，それぞれ初期配置が ω^+, ω^- から出発したマルコフ過程の時刻 t での配置を表す．

証明は，例えばリゲットの本 [55] を参照されたい．この定理によって σ_t^+ と σ_t^- の分布は $t \to \infty$ で極限をもつことがわかる．さらに，初期配置 ω から出発したマルコフ過程を σ_t^ω と書くと，比較定理により

$$\sigma_t^+ \geq \sigma_t^\omega \geq \sigma_t^- \quad \text{a.s.}$$

が成り立ち，σ_t^+ と σ_t^- の $t \to \infty$ での極限分布が一致すれば，すべての出発点に対して σ_t^ω の分布は同じ極限に収束するので，特に対応する無限ギブス測度が (この無限系のマルコフ過程の不変測度であることがいえるので) ただ 1 つしかないことがわかる．σ_t^+ の分布の極限はじつは P_+^β である ([55])．したがって，σ_t^- の分布の極限は P_-^β であり，$t \to \infty$ での 2 つの分布の極限が違うときはギブス測度で相転移が起こっている．

1 つの問題として考えられるのはギブス測度とこのマルコフ過程の不変測度との関係はどうなっているのかという問題であるが，1 次元または 2 次元の場合には不変測度はギブス測度しかないことがホリー (R. Holley) とシュトゥルック (D.W. Stroock) により知られている ([47])．一方，3 次元以上ではまだ知られていない．このマルコフ過程のシフト不変な不変測度はギブス測度であることが知られている [45] ので，反例があるとするとシフト不変でない不変測度を探さないといけない．有限系のこのマルコフ過程はエルゴード的であり，不変測度は対応した有限ギブス測度しかない．このとき，任意の Ω_Λ 上の関数 f に対し，$t \to \infty$ のとき

$$\int E[f(\sigma_t^\omega)] P_\Lambda(d\omega)$$

は

$$P_\Lambda(f) = \int f(\omega) P_\Lambda(d\omega)$$

に指数的に収束する．

生成作用素 L_Λ の言葉でいうと，$-L_\Lambda$ の $L^2(P_\Lambda)$ 上での固有値は有限個で

$\{0, \alpha_1, \alpha_2, \cdots\}$ と並ぶ．0 は単純な固有値となり $\alpha_1 > 0$ である．これにより上記の指数的収束は $Ce^{-\alpha_1 t}$ の形になっていることになる．α_1 は一般に Λ によるわけだが，もし

$$\inf\{\alpha_\Lambda; \Lambda \text{は box} \subset \mathbf{Z}^d\} > 0 \tag{8-58}$$

が成立すれば無限系のギブス測度は一意的で，上記の指数的な収束が無限系でも成り立つ．このあたりの話はドブリュシン・シュロスマンの混合性の条件や完全解析性とよばれる研究 ([19], [20], [21]) などと深く関連しており，現在研究が進行中の話題である．2 次元イジングモデルでは $\beta < \beta_c$ または $h \neq 0$ のときにギブス測度は 1 つしかないが，このとき (8-58) が成立することがションマン・シュロスマン [71] によって証明されている．

相転移が起こる場合は，このマルコフ過程自身の挙動も複雑になる例として 2 次元のイジングモデルで $h > 0$ のとき，有限系で初期配置を ω^- にしたとき，σ_t^- はどのくらいの時間をかけて平衡状態に達するのか，その典型的な軌跡はどのような運動をするかという問題がある．h が非常に小さいとき $P_{\Lambda,-}^{\beta,0}$ は準安定な状態であり，かなりの時間 σ_t^- はこの状態に近いところにとどまっていることが知られている ([70] など)．

十分温度が低い場合の有限系のスペクトルギャップは系のサイズと境界条件によって大きさがいろいろと変化するようであり，境界条件に対する依存性は極限ギブス測度を考えるときよりもデリケートなもののようである ([57], [43])．やや駆け足になってしまったが，興味をもたれる人は上記参考文献を参照されたい．最初から勉強したい人にはリゲットの本 [55] をお勧めする．基本的なことはすべて書いてある．

8.6 相分離曲線の挙動

8.2 節では，1 辺 L の正方形の領域において $+$ 境界条件のもとで $-$ スピンの数を固定したカノニカルギブス測度を考えたとき，$-$ スピンの大きなかたまりができ，それがほぼ正方形の形をしているというミンロスとシナイの結果について述べた．

この問題はその後，ドブリュシン・コテツキー・シュロスマンらにより精密化され，$-$ スピンのかたまりの境界がなす閉曲線の形状に関してより詳しい結果が得られている．

8.6 相分離曲線の挙動

閉曲線 γ について

$$\mathcal{W}_\beta(\gamma) = \int_\gamma \tau_\beta(\boldsymbol{n}_s)\, ds$$

という積分を考える．ここで，$\boldsymbol{n}_s$ は γ 上の s での法線ベクトルであり，$\tau_\beta(\boldsymbol{n}_s)$ は 8.3 節の (8–48) で定義された表面張力である．$\mathcal{W}_\beta$ は表面張力を閉曲線 γ に沿って積分したものである (図 8.14)．

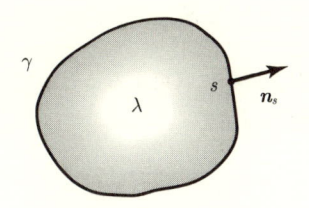

図 8.14 $\mathcal{W}_B(\gamma)$ について

β が十分に大きいとき，彼らは $-$ スピンのかたまりの境界線がなす閉曲線 γ_β は，囲まれる面積が λ であるという条件のもとで $\mathcal{W}_\beta(\gamma)$ を最小にする曲線であるということを示した．ここで，λ とはミンロス・シナイの結果で決まる $-$ スピンのかたまりの面積である．

この問題を定式化して述べるには紙面が足りないので，文献 [22], [67] をあげるにとどめるが，以下において，ドブリュシン・フリニフ [23] によって得られたランダムウォークに関する同様の問題について述べよう．

ドブリュシン・フリニフの理論

ドブリュシンとフリニフにより，『面積』に条件をつけたランダムウォーク (random walk) や 2 次元イジングモデルの挙動に関する極限定理が得られている．ランダムウォークはソリッド-オン-ソリッド モデル (Solid-on-Solid model) とよばれる 1 次元境界面モデルと本質的に同じであり，彼らの結果は境界線より下側の面積に条件をつけたときの極限定理であるといえる．

まず，ランダムウォークに関する結果について述べよう．

$\xi_1, \cdots, \xi_n, \cdots$ を独立同分布となる確率変数の列とし，有限値をとる平均 $E[\xi] = a$, 分散 $V[\xi] = \sigma^2$ をもつとする．さらに，

$$\mathfrak{D}_\xi = \{h \in \mathbf{R};\, L(h) = \log E[e^{h\xi_i}] < \infty\}$$

は区間であるとし，$\{u \in \mathbf{Z};\, P(\xi = u) > 0\}$ に属する数の最大公約数は 1 であるとする．

ランダムウォーク S_n は

$$S_n = \xi_1 + \cdots + \xi_n$$

で定義される.

$E[\xi_i] = 0$, $V[\xi_i] = 1$ のとき, S_n を時間と空間に関してスケールしたプロセス

$$Z^n(t) = \frac{1}{\sqrt{n}} S_{[nt]} \qquad (0 < t < 1)$$

は $n \to \infty$ のとき, ブラウン運動に収束することは知られている.

ランダムウォークの軌跡の面積を

$$Y_n = \sum_{k=0}^{n-1} S_k$$

で定義し, プロセス $x_n(t)$ ($t \in [0,1]$, $n = 1, 2, \cdots$) を

$$x_n(t) = \begin{cases} S_k & (t = \frac{k}{n} \ (k = 0, 1, \cdots, n), \\ (nt-k)S_{k+1} + (k+1-nt)S_k & (t \in [\frac{k}{n}, \frac{k+1}{n}]) \end{cases}$$

で定める.

これから行なうことは, $Y_n = nq_n$ という条件をつけたもとでの $x_n(t)$ の挙動を調べることである. ランダムウォークのモデルは $\mathbf{Z}^2$ における 2 つの相の間の境界を表す 1 次元ソリッド-オン-ソリッド モデルとみなすこともできる. Y_n に条件をつけることは, 2 つの相が占めている領域の面積の差に条件をつけることと同等である.

$q_n > 0$ のときには $Y_n = nq_n$ という条件のもとでは, ランダムウォークは正の領域に滞在することが多いということがいえる. そこで, このような条件を反映させるために, 外場 $h > 0$ をもつ新たな確率分布 $P^h(\cdot)$ を

$$P^h(\xi_i = k) = \frac{e^{kh} P(\xi_i = k)}{\sum_k e^{kh} P(\xi = k)}$$

によって定める. $h > 0$ のときには $\xi_i = k > 0$ となる確率のほうが $\xi_i = -k < 0$ となる確率よりも大きくなり, ξ_i の P^h による期待値 $E[\xi_i]$ は h の増加関数となる.

$E^h[\xi_i] = r$ をみたす $h \in \mathfrak{D}_\xi$ が存在するとき, r は $\xi-$ 両立的であるという.

8.6 相分離曲線の挙動

$L(h)$ の定義から

$$E^h[\xi_i] = L'(h), \qquad V^h[\xi_i] = L''(h)$$

であることに注意すると,上の条件は $L'(h) = r$ という条件に置き換えられる.

次に,

$$L_{Y_n}(h) = \log E[e^{hY_n}]$$

とおくと, $Y_n = \sum_{j=1}^{n}(1-\frac{j}{n})\xi_j$ であることに注意すると

$$\frac{1}{n}L_{Y_n}(h) = \frac{1}{n}\sum_{j=1}^{n} L\left(\left(1-\frac{j}{n}\right)h\right)$$
$$\to \int_0^1 L((1-x)h)\,dx = \int_0^1 L(xh)\,dx$$

となる.そこで,

$$L_{Y,\infty}(h) = \int_0^1 L(xh)\,dx$$

とおくと, $L'_{Y,\infty}(h)$ は $P^h(\cdot)$ に関する $\frac{Y_n}{n}$ の期待値の $n \to \infty$ における挙動を表している.

$n^2 q_n$ が整数となり,

$$q_n - q = o\left(\frac{1}{\sqrt{n}}\right) \qquad \left(q \neq \frac{a}{2} = L'(a)\right)$$

をみたす q, q_n をとり,さらに次の3条件

(i) $P(Y_n = nq_n) > 0$,

(ii) $L'_{Y_n}(h_n^0) = nq_n$ をみたす $h_n^0 \in \mathfrak{D}_\xi^o$ が存在する,

(iii) $L'_{Y,\infty}(\bar{h}) = q$ をみたす $\bar{h} \in \mathfrak{D}_\xi^o$ が存在する

をみたす列 $\{nq_n\}$ を Y_n-正則列とよぶ.

以後, Y_n-正則列を固定して考え, $Y_n = nq_n$ という条件のもとでの条件付き確率過程

$$\theta_n(t) = \{x_n(t) \,|\, Y_n = nq_n\}$$

を考える.

まず, $x_n(t)$ の条件付き期待値の $n \to \infty$ での挙動に関して,大数の法則

$$\frac{E[x_n(t) \,|\, Y_n = nq_n]}{n} \to \frac{L(\bar{h}) - L(\bar{h} - \bar{h}t)}{\bar{h}} = e_{\bar{h}}(t)$$

がいえ，$\theta_n(t)$ から $ne_{\bar{h}}(t)$ を引いて $\sqrt{n}$ でスケールしたプロセスを

$$\theta_n^*(t) = \frac{1}{\sqrt{n}}(\theta_n(t) - ne_{\bar{h}}(t))$$

で定義し，これにより導かれた $\mathbf{C}[0,1]$ 上の確率測度を μ_n^* とする．ここで，$\mathbf{C}[0,1]$ は区間 $[0,1]$ で定義された連続関数の空間である．

定理 8-28 μ_n^* は $n \to \infty$ のとき，$\mathbf{C}[0,1]$ 上のガウス測度 μ^* に収束する．μ^* は

$$\bar{\xi}(t) = \int_0^t L''(\bar{h} - \bar{h}x)^{\frac{1}{2}} dB_s$$

で定められるプロセス $\bar{\xi}(t)$ の条件

$$\int_0^1 \bar{\xi}(t) \, dt = 0$$

に対する条件付き分布となる．

証明の概略 $Z_n = (Y_n, S_{[ns_1]}, \cdots, S_{[ns_k]})$ $\quad (0 < s_1 < s_2 < \cdots < s_k)$ となるベクトルを考え，$\boldsymbol{H} = (h^0, h^1, \cdots, h^k)$, $\boldsymbol{M} = (m^0, m^1, \cdots, m^k)$ に対して

$$P^{\boldsymbol{H}}(Z_n = \boldsymbol{M}) = \frac{e^{(\boldsymbol{M}, \boldsymbol{H})} P(Z_n = \boldsymbol{M})}{\sum_{\boldsymbol{M}} e^{(\boldsymbol{M}, \boldsymbol{H})} P(Z_n = \boldsymbol{M})}$$

によって確率分布 $P^{\boldsymbol{H}}(\cdot)$ を考える．この確率分布に関して

$$Z_n^* = \frac{1}{\sqrt{n}}(Z_n - E^{\boldsymbol{H}}[Z_n])$$

で定義される Z_n^* の確率分布が $n \to \infty$ のときガウス分布に収束することを示す．具体的には Z_n^* の特性関数がガウス分布の特性関数に収束することを示し，その共分散行列 $B(\boldsymbol{H})$ を求める．

フーリエの逆変換により，Z_n^* に関する局所極限定理

$$n^{\frac{k+3}{2}} P(Z_n^* = \boldsymbol{M}) - \bar{p}_{\boldsymbol{H}}\left(\frac{1}{\sqrt{n}}(\boldsymbol{M} - \boldsymbol{E})\right) \to 0 \quad (n \to \infty)$$

が導かれる．ここで，$p_{\boldsymbol{H}}(\cdot)$ は共分散行列 $B(\boldsymbol{H})$ に関するガウス分布の確率密度関数である．

8.6 相分離曲線の挙動

このあとは
$$\frac{P(Z_n = \boldsymbol{M})}{P(Y_n = nq_n)} = \frac{P^{H_n}(Z_n = \boldsymbol{M})}{P^{h_n^0}(Y_n = nq_n)}$$
なる関係を用いて，定理の証明を導いていく． ∎

以上がランダムウォークに関する結果であるが，彼らは2次元イジングモデルについても，同様の結果 [24] を証明している．

次のような領域
$$V_N = \{(t_1, t_2) \in \mathbf{Z}^2; 0 < t_1 < N\}$$
における2次元イジングモデルを考える．境界条件をつけることにより $+$ 相，$-$ 相の境界曲線を考え，境界曲線と t_1 軸とで囲まれる領域の面積に符号をつけて総和をとったものとして境界線の下側の面積というものを定義する．

このとき，相分離境界線の端点の高さと，相分離境界線の下側の面積を固定するという条件のもとでの条件付き確率に関して，相境界曲線の漸近的な振舞いについて次の結果が得られている．

ランダムウォークのときと同様にして，ウルフ曲線 $e(t)$ が表面張力 $\tau_\beta(\boldsymbol{n})$ から定められる．t_1 座標が Nt $(0 < t < 1)$ となるときの相分離曲線の高さを $\theta_N(t)$ とし，
$$\theta_N^*(t) = \frac{1}{\sqrt{N}}(\theta_N(t) - Ne(t))$$
という確率過程を考えると，低温領域において $\theta_N^*(t)$ の $\mathbf{C}(0,1)$ 上の確率法則 μ_N^* は $N \to \infty$ のときガウス測度 μ^* に弱収束することが示され，ランダムウォークのときと同様の結果が得られる．

参 考 文 献

[1] M.Aizenman, "Translation invariance and instability of phase coexistence in the two dimensional Ising system", Comm. Math. Phys., **73**, 1980, pp.83-94.

[2] M.Aizenman and D.J.Barsky, "Sharpness of the phase transition in percolation models", Comm. Math. Phys., **108**, 1987, pp.489-526.

[3] M.Aizenman, D.J.Barsky and R.Fernández, "The phase transition in a general class of Ising-type models is sharp", J. Stat. Phys., **47**, 1987, pp.343-374.

[4] M.Aizenman and R.Holley, "Rapid convergence to equilibrium of stochastic Ising models in the Dobrushin-Shlosmann regime", In: *Percolation theory and ergodic theory of infinite particle systems*, IMA volumes in Math. and Appl., **8**, (edited by H.Kesten), Springer, 1987, pp.1-11.

[5] P.Billingsley, *Convergence of Probability Measures*, Wiley, New York, 1968.

[6] J.Bricmont, K.Kuroda and J.L.Lebowitz, "First Order Phase Transitions in Lattice and Continuous systems: Extension of Pirogov-Sinai Theory", Comm. Math. Phys., **101**, 1985, pp.501-538.

[7] J.Bricmont, K.Kuroda and J.L.Lebowitz, "The structure of Gibbs states and phase coexistence for non-symmetric continuum Widom-Rowlinson models", Z.Wahrsch. Verw.Geb., **67**, 1984, pp.121-138.

[8] J.Bricmont, J.L.Lebowitz, C.E.Phister and E.Olivieri, "Non-translation Invariant Gibbs States with Coexisting Phases I", Comm. Math. Phys., **66**, 1979, pp.1-20.

[9] J.Bricmont, J.L.Lebowitz and C.E.Phister, "Non-Translation Invariant Gibbs States with Coexisting Phases III: Analysity properties", Comm. Math. Phys., **69**, 1979, pp.267-291.

[10] J.T.Chayes, L.Chayes and C.M.Newman, "Bernoulli percolation above threshold: an invasion percolation analysis", Annals of Probab., **15**, 1987, pp.1272-1287.

[11] A.Coniglio, C.Nappi, F.Peruggi and L.Russo, "Percolations and phase transitions in the Ising model", Comm. Math. Phys., **51**, 1976.

[12] R.L.Dobrushin, "Existence of a phase transition in two- and three-dimensional lattice models", Teor. Veroyatn. Primen., **10**, 1965, pp.209-230, pp.315-323.

[13] R.L.Dobrushin, "The description of a random field by means of conditional probability and conditions of its regularity", Theo. Probab. Appl., **13**, 1968.

[14] R.L.Dobrushin, "Problem of uniqueness of a Gibbs random field and phase transitions", Funkts. Anal. Prilozh., **2**, 1968, pp.44-57.

[15] R.L.Dobrushin, "Gibbs field: the general case", Funkts. Anal. Prilozh., **3**, 1969, pp.27-35, pp.582-600.

[16] R.L.Dobrushin, "Prescribing a system of random variables by the help of conditional distributions", Theo. Probab. Appl., **15**, 1970, pp.469-497.

[17] R.L.Dobrushin, "Gibbs state describing coexistence of phases for a three dimensional Ising model", Theo. Probab. Appl., **17**, 1972, pp.582-600.

[18] R.L.Dobrushin, "Gibbsian state which describes co-existence of phases for a three-dimensional Ising model", **17**, 1972, pp.612-639.

[19] R.L.Dobrushin and S.B.Shlosman, "Constructive criterion for the uniqueness of Gibbs field", In: *Statistical Physics and Dynamical Systems*, (edited by J.Fritz, A.Jaffe and D.Szasz), Birkhäuser, 1985, pp.347-370.

[20] R.L.Dobrushin and S.B.Shlosman, "Completely analytical Gibbs fields", In: *Statistical Physics and Dynamical Systems*, (edited by J.Fritz, A.Jaffe and D.Szasz), Birkhäuser, 1985, pp.371-403.

[21] R.L.Dobrushin and S.B.Shlosman, "Completely analytical interactions: Constructive description", J. Stat. Phys., **46**, 1987, pp.983-1014.

[22] R.Dobrushin, R.Kotecký and S.Shlosman, *Wulff Construction; A Global Shape from Local Interaction*, (Translations of Mathematical Monographs, **104**), Providence, R.I.; Amer. Math. Soc., 1992.

[23] R.Dobrushin and O.Hryniv, "Fluctuations of shapes of large areas under paths of random walks", Probab. theory Relat. Fields, **105**, 1996, pp.423-458.

[24] R.Dobrushin and O.Hryniv, "Fluctuations of the Phase Boundary in the 2D Ising Ferromagnet", Comm. Math. Phys., **189**, 1997, pp.395-445.

[25] R.S.Ellis, *Entropy, Large Deviations and Statistical Mechanics*, Springer-Verlag, 1985.

参考文献

[26] H.Föllmer, "Phase trnasition and Martin boundary", In: *Sém. Probab. Strasbourg* IX, Lecture Notes in Math., **465**, Springer, 1975, pp.305-317.

[27] C.M.Fortuin, P.W.Kasteleyn and J.Ginibre, "Correlation inequalities on some partially ordered sets", Comm. Math. Phys., **22**, 1971, pp.89-103.

[28] 福田博, "2次元 Ising model と Gibbs 分布——Percolation の方法を使って", 修士論文 (大阪大学), 1995.

[29] G.Gallavotti and A.Martin-Löf, "Surface Tension in the Ising Model", Comm. Math. Phys., **25**, 1972, pp.87-126.

[30] G.Gallavotti, "The phase separation line in the two dimensional Ising model", Comm. Math. Phys., **25**, 1972, pp.103-136.

[31] G.Gallavotti, A.Martin-Löf and S.Miracle-Sole, "Some problems connected with the Description of Coexisting Phases at Low Temperatures in the Ising Model", Lecture Notes in Phys., **20**, Springer, 1973, pp.162-204.

[32] H-O.Georgii, "Two remarks on extremal equilibrium states", Comm. Math. phys., **32**, 1973, pp.107-118.

[33] H-O.Georgii, *Gibbs measures and phase transitions*, Walter de Gruyter, 1988.

[34] H-O.Georgii and Y.Higuchi, "Percolation and number of phases in the two-dimensional Ising model", J. Math. Phys., **41**, 2000, pp.1153-1169.

[35] J.Ginibre, "General formulation of Griffiths' inequalities", Comm. Math. Phys., **16**, 1970, pp.310-328.

[36] J.Glimm and A.Jaffe, "Expansions in Statistical Physics", Comm. Math. Phys., **38**, 1985, pp.613-630.

[37] R.B.Griffiths, "Correlations in Ising ferromagnets I", J. Math. Phys., **8**, 1967, pp.478-483.

[38] R.B.Griffiths, "Correlations in Ising ferromagnets II", J. Math. Phys., **8**, 1967, pp.484-489.

[39] R.B.Griffiths, C.A.Hurst and S.Sherman, "Concavity of magnetization of an Ising ferromagnet in a positive external field", J. Math. Phys., **11**, 1970, pp.790-795.

[40] G.Grimmett and J.M.Marstrand, "The supercritical phase of percolation is well behaved", Proc. Roy. Soc. London, **A430**, 1990, pp.439-457.

[41] G.Del Grosso, "On the local Central Limit Theorem for Gibbs Processes", Comm. Math. Phys., **37**, 1974, pp.141-160.

[42] Y.Higuchi, "On the absence of non-translation invariant Gibbs states for the two-dimensional Ising model", In: *Random Fields*, (edited by J.Fritz, J.L.Lebowitz and D.Szasz), Colloquia Math. Societatis János Bolyai, **27**, Esztergom (Hungary), North-Holland, 1981, pp.517-534.

[43] Y.Higuchi and N.Yoshida, "Slow relaxation of 2-D stochastic Ising models with random and non-random boundary conditions", Proceedings of Taniguchi Symposium, 1995 (to appear).

[44] Y.Higuchi, "On some Limit Theorems Related to the Phase Separation Line in the Two-dimensional Ising Model", Z. Wahrsch. Verw. Geb., **50**, 1979, pp.287-315.

[45] R.Holley, "Free energy in a Markovian model of lattice spin system", Comm. Math. Phys., **23**, 1971, pp.87-99.

[46] R.Holley, "Remarks on the FKG inequalities", Comm. Math. Phys., **36**, 1974, pp.227-231.

[47] R.Holley and D.W.Stroock, "In one and two dimensions, every stationary measure for a stochastic Ising model is a Gibbs state", Comm. Math. Phys., **55**, 1977, pp.37-45.

[48] R.Holley and D.W.Stroock, "Logarithmic Sobolev inequality and stochastic Ising models", J. Stat. Phys., **46**, 1987, pp.1159-1194.

[49] R.B.Israel, *Convexity in the Theory of Lattice Gases*, Princeton University Press, 1978.

[50] J.Imbrie, "Phase Diagrams and Cluster Expansions for Low Temperature $\mathcal{P}(\Phi)$ Models, I. The Phase Diagram", Comm. Math. Phys., **82**, 1981, pp.261-305.

[51] D.G.Kelly and S.Sherman, "General Griffiths inequalities on correlations in Ising ferromagnets", J. Math. Phys., **9**, 1968, pp.466-484.

[52] O.E.Lanford and D.Ruelle, "Observables at infinity and states with short range correlations in statistical mechanics", Comm. Math. Phys., **13**, 1969, pp.194-215.

[53] J.L.Lebowitz and A.Martin-Löf, "On the uniqueness of the equilibrium state for Ising spin systems", Comm. Math. Phys., **25**, 1972, pp.276-282.

[54] T.D.Lee and C.N.Yang, "Statistical theory of equations of state and phase transitions II, lattice gas and Ising model", Phys. Rev., **87**, 1952, pp.410-419.

[55] T.M.Liggett, *Interacting particle systems*, Springer, 1985.

[56] S.L.Lu and H.T.Yau, "Spectral gap and logarithmic Sobolev inequality for Kawasaki and Glauber dynamics", Comm. Math. Phys., **156**, 1993, pp.399-433.

[57] F.Martinelli, "On the two dimensional dynamical Ising model in the phase coexistence region", J. Stat. Phys., **76**, 1994, pp.1179-1246.

[58] M.V.Menshikov, "Coincidence of critical points in percolation problems", Soviet Math. Doklady, **33**, 1986, pp.856-859.

[59] R.A.Minlos, "Lectures on statistical physics", Uspehi Mat. Nauk., **23**, 1968, pp.133-190.

[60] R.A.Minlos and Ya.G.Sinai, "The phenomenon of phase separation at low temperature in some lattice gas models I", Math. Sb., **73**, 1967, pp.375-448.

[61] R.A.Minlos and Ya.G.Sinai, "The phenomenon of phase separation at low temperature in some lattice gas models II", Trudy Mosk. Mat. Obshch., **19**, 1968, pp.113-178.

[62] M.Miyamoto, "Martin-Dynkin boundaries of random fields", Comm. Math. Phys., **36**, 1974, pp.321-324.

[63] 宮本宗実, 統計力学, 日本評論社, 2004.

[64] 池田信行, 小倉幸雄, 高橋陽一郎, 眞鍋昭治郎, 確率論入門 I, 培風館, 2006.

[65] S.A.Pirogov and Ya.Sinai, "Phase diagrams of classical lattice systems I", Teor. Mat. Fiz., **25**, 1975, pp.358-369.

[66] S.A.Pirogov and Ya.Sinai, "Phase diagrams of classical lattice systems II", Teor. Mat. Fiz., **26**, 1976, pp.61-76.

[67] C.E.Pfister, "Large deviations and phase separation in the two-dimensional Ising model", Helv. Phys. Acta, **64**, 1991, pp.953-1054.

[68] D.Ruelle, *Statistical Mechanics. Rigorous Results*, Benjamin, New York, Amsterdam, 1969.

[69] L.Russo, "The infinite cluster method in the two-dimensional Ising model", Comm. Math. Phys., **67**, 1979, pp.251-266.

[70] R.H.Schonmann, "Slow-droplet driven relaxation of stochastic Ising model in the vicinity of the phase coexistence region", Comm. Math. Phys., **161**, 1994, pp.1-49.

[71] R.H.Schonmann and S.Shlosman, "Complete analyticity for 2D Ising completed", Comm. Math. Phys., **170**, 1995, pp.453-482.

[72] Ya.G.Sinai, *Theory of Phase Transitions; Rigorous Results*, Pergamon Press, Oxford, 1982.

[73] F.Spitzer, *Random fields and interacting particle systems*, Mathematical Association of America, Washington, 1971.

[74] D.W.Stroock, "Logarithmic Sobolev inequalities for Gibbs states", In: *Dirichlet Forms*, (edited by G.Dell'Antonio and U.Mosco), Lecture Notes in Math., **1563**, Springer, 1993, pp.194-228.

[75] D.W.Stroock and B.Zegarlinski, "The equivalence of the logarithmic Sobolev inequality and the Dobrushin-Shlosman mixing condition", Comm. Maht. Phys., **144**, 1992, pp.303-323.

[76] D.W.Stroock and B.Zegarlinski, "The logarithmic Sobolev inequality for discrete spin systems on a lattice", Comm. Math. Phys., **149**, 1992, pp.175-193.

[77] S.R.S.Varadhan, *Large deviations and Applications*, SIAM, Philadelphia, 1984.

[78] M.Zahradnik, "An alternate version of Pirogov-Sinai theory.", Comm. Math. Phys., **93**, 1984, pp.559-581.

[79] B.D.Zegarlinski, "Dobrushin uniqueness theorem and logarithmic Sobolev inequalities", J. Funct. Anal., **105**, 1992, pp.77-111.

索　引

あ 行

アーセル関数　140
　——の木による表現　143
イジングモデル　10, 57
裏格子　192
FKG(Fortuin-Kasteleyn-Ginibre)不等
　式　49
エントロピー　11, 75

か 行

確率測度　5
確率変数　5
可測空間　4
完全グラフ　141
期待値　6
基底状態　199, 203, 204
ギブス測度　64
ギブスの自由エネルギー　15
強磁性的　8
極限ギブス測度　61, 63
キルクウッド・ザルズブルグ方程式
　119, 122
クラスター展開　135
グラフ　141
クラマー・ワニィアーの双対性　191
グリフィスの不等式　17

結合数　148
格子気体　120
コルモゴロフの拡張定理　60
コントゥアー　129
コントゥアーモデル　202

さ 行

GHS(Griffiths-Hurst-Sherman)不等式
　17
磁化　16
σ-algebra　4
σ-加法族　4
GKS(Griffiths-Kelley-Sherman)不等式
　17
指示関数　49
自発磁化　20
シフト不変
　——な確率測度　78
シフト変換　78
詳細つりあい　206
乗法的　139
シリンダー関数　66
シリンダー集合　60
＊半輪　165
＊路　164
＊隣接　164
＊連結　164

*輪　164
ストキャスティック イジングモデル　206
スピン確率変数　7
スピン配置　7
スピン配置空間　7
スピン和　16
相関関数　121
相関方程式　121
相境界　179
相互作用　8
　——の空間　57
相互作用関数　8
相対エントロピー　13
相転移　52, 128, 163, 199
外側コントゥアー　153

た 行

滞磁率　53
大偏差原理　21
ドブリュシンの定理　107
ドブリュシン・フリニフの理論　213

な 行

熱力学的極限　38
熱力学的極限関数　38, 81

は 行

パイエルスの不等式　131
パーコレーション　47
バラダンの定理　24, 25
半輪　165
比磁化　19

表面張力　197, 198
ピロゴフ・シナイの相転移理論　199
フェイズダイアグラム　205
部分グラフ　141
ブラケット　191
分配関数　8
平均場モデル　9, 31
平衡状態　11
変分原理　87, 91
ボンド　141

ま 行

mass gap　197
路　164
ミンロス・シナイの相分離定理　178
無限領域ギブス測度　59

や 行

有限ギブス測度　8
有限ギブス分布　8

ら 行

ランダムウォーク　213
李政道・楊振寧の定理　40
臨界確率　48, 51
隣接　164
連結　164
連結グラフ　141
連結性関数　54

わ

輪　164

著者略歴

黒田耕嗣
（くろだこうじ）

1974年　東京教育大学理学部卒業
1976年　東京教育大学大学院応用数理学専攻
　　　　修士課程修了
現　在　日本大学大学院総合基礎科学研究科
　　　　教授，理学博士

樋口保成
（ひぐちやすなり）

1972年　京都大学理学部卒業
1974年　京都大学大学院理学研究科数学専攻
　　　　修士課程修了
1977年　京都大学大学院理学研究科数学専攻
　　　　博士課程修了
現　在　神戸大学理学部数学科教授，
　　　　理学博士

Ⓒ　黒田耕嗣・樋口保成　2006

2006年5月8日　初版発行

確率論教程シリーズ6
統　計　力　学
──相転移の数理──

著　者　黒田耕嗣
　　　　樋口保成
発行者　山本　格

発行所　株式会社　培風館
東京都千代田区九段南4-3-12・郵便番号102-8260
電話(03)3262-5256(代表)・振替00140-7-44725

中央印刷・三水舎製本
PRINTED IN JAPAN

ISBN4-563-01086-3 C3333